校企合作土木建筑类专业精品教材

建筑制图与CAD

主审 张 平

主编 赵 丹 刘浩胜 张 璐

内容提要

本书注重理实一体、学做结合，系统地介绍了建筑制图与CAD的相关知识。全书共7个项目，包括制图基本知识、正投影基础、立体及其轴测投影、组合体及建筑形体的表达、建筑施工图识读、结构施工图识读、AutoCAD绘图基本知识和操作。

本书具有结构合理、内容全面、语言精练等特点，可作为各类院校土建施工类、建筑设备类专业及其他相关专业的教材，也可作为相关从业人员的自学参考书。

图书在版编目（CIP）数据

建筑制图与CAD / 赵丹，刘浩胜，张璐主编. -- 上海 : 上海交通大学出版社，2024.9
ISBN 978-7-313-30351-6

Ⅰ. ①建… Ⅱ. ①赵… ②刘… ③张… Ⅲ. ①建筑制图－计算机辅助设计－AutoCAD软件－高等职业教育－教材 Ⅳ. ①TU204

中国国家版本馆CIP数据核字(2024)第032005号

建筑制图与CAD
JIANZHU ZHITU YU CAD

主　　编：赵　丹　刘浩胜　张　璐
出版发行：上海交通大学出版社　　地　　址：上海市番禺路951号
邮政编码：200030　　电　　话：021-64071208
印　　制：三河市祥达印刷包装有限公司　　经　　销：全国新华书店
开　　本：787 mm×1092 mm　1/16　　印　　张：17
字　　数：393千字
版　　次：2024年9月第1版　　印　　次：2024年9月第1次印刷
书　　号：ISBN 978-7-313-30351-6　　电子书号：ISBN 978-7-89564-033-7
定　　价：59.80元

PREFACE 前言

在浩瀚的人类文明长河中，建筑始终以其独特的姿态，承载着历史的记忆，映射着文化的光辉，同时也是技术与艺术完美融合的典范。从远古时期简陋的洞穴居所，到古代宽敞舒适的木结构建筑，再到现代都市中的摩天大楼，每一次建筑形态的演变，都是人类智慧与创新精神的集中展现。而在现代建筑技术中，建筑制图与 CAD 技术如同建筑师手中的魔法棒，将创意与构想精准地转化为可实施的图纸，为建筑从构想到实现铺设了坚实的道路。

如今，建筑制图与 CAD 技术已成为建筑行业中不可或缺的一部分，为了培养适应未来建筑行业需求的专业人才，各大院校纷纷将“建筑制图与 CAD”课程纳入核心教学体系，并不断对课程内容进行改革与优化，力求为学生提供最前沿的知识与技能。在此背景下，编者深感责任重大，精心策划并编写了本书。

具体来说，本书主要具有以下几个特色。

1 素质教育，立德树人

党的二十大报告指出：“育人的根本在于立德。”本书积极贯彻党的二十大精神，认真践行“价值塑造、能力培养、知识传授”三位一体的育人理念，将素质教育贯穿整个教学过程。本书在每个项目的开头都明确了“素质目标”，注重提升学生的职业素养。此外，本书还在每个项目中设置了“拓展升华”模块，旨在培养学生的综合素质，使他们在掌握专业技能的同时，成长为有担当、有情怀的建筑行业栋梁之材。

2 校企合作，工学结合

在编写本书的过程中，编者获得了多位企业专家和一线教师的大力支持，充分考虑了相关岗位的实际情况，按照“工学结合、任务引导、教学做一体”的思路组织内容，力求使理论知识和岗位需求有机结合，让学生切实掌握相关技能。

3 活页理念，全新形态

为落实教育主管部门的相关文件精神，满足新时代教育教学改革要求，本书采用“活页式理念”进行编写，坚持以应用为主线，在传授理论知识的同时，着力培养学生的专业技能，旨在培养既精通理论又擅长实践的高素质人才。

4 标准最新，课证融通

本书相关内容采用最新的国家标准和行业标准，从而保证了知识点的规范性和时效性。为了有效落实1+X证书制度，本书将职业证书的标准和要求融入课程中，实现职业标准和课程内容的无缝对接。

5 任务驱动，理实一体

为满足各类院校多元化教学需求，本书采用项目任务式体例编写。全书分成若干个项目，每个项目分成若干个任务，每个任务按照“任务引入”→“任务工单”→“相关知识”→“实践操作”的结构安排内容。

任务引入：以实际案例、情景故事等引出任务内容，让学生初步了解知识的实际应用情况或相关背景，以激发学生的学习兴趣。

任务工单：以二维码的形式配套设计于每个任务中，引导学生分组制订工作计划、完成工作任务，帮助学生培养自主学习的意识和能力。

相关知识：结合教学改革和课程改革的需要，本着“必需、够用”的原则精讲建筑制图与CAD的相关知识，语言精练、通俗易懂，便于学生掌握。

实践操作：以工作岗位所需要的知识和技能为出发点设置任务，注重培养学生的实践能力。

此外，本书在每个项目的最后设置了“项目考核”和“项目评价”。前者让学生通过做题，巩固所学知识；后者从知识、技能、素质三个方面对学生的学习成果进行评价，并通过“指导教师评价”和“自我评价”帮助学生了解自己对本项目的掌握情况。

6 模块丰富，助力学习

本书在介绍理论知识时设置了“知识加油站”“小贴士”“学以致用”“笔记”等模块。其中，“知识加油站”介绍了相关拓展知识，可以丰富学生的知识面，开阔学生的思维；“小贴士”以提示的形式补充说明相关内容，帮助学生更好地理解理论知识；“学以致用”设置了相关例题，可以帮助学生更好地掌握知识点，提高学生解决问题的能力；“笔记”可以引导学生在学习过程中整理和归纳重要知识点，巩固学习成果。

7 立体教学，平台支撑

本书配有丰富的数字资源，读者可以借助手机或其他移动设备扫描二维码观看微课视频，也可以登录文旌综合教育平台“文旌课堂”查看和下载本书配套资源，如教学课件、课后习题答案等。读者在学习过程中有任何疑问，都可以登录该平台寻求帮助。

此外，本书还提供了在线题库，支持“教学作业，一键发布”，教师只需要通过微信或“文旌课堂”App扫描扉页二维码，即可迅速选题、一键发布、智能批改，并查看学生

的作业分析报告，提高教学效率、提升教学体验。学生可在线完成作业，巩固所学知识，提高学习效率。

本书由张平担任主审，由赵丹、刘浩胜、张璐担任主编，周项锦、潘玉棉、薛军、杨亚楠、康丽芳、胡慧、陆进保担任副主编。本书在编写过程中，参考了大量资料并引用了部分文章。在此，向这些资料的作者表示衷心的感谢！这些引用的资料大部分已获授权，但由于部分资料来自网络，我们暂时无法联系到原作者。对此，我们深表歉意，并欢迎原作者随时与我们联系，我们将按规定支付酬劳。

由于编者水平有限，书中难免存在疏漏或不当之处，敬请广大读者批评指正。

本书配套资源下载网址和联系方式

网址：https://www.wenjingketang.com

电话：400-117-9835

邮箱：book@wenjingketang.com

片 头

CONTENTS

目录

项目一

制图基本知识

项目导读

在工程建筑中，无论是设计环节、施工环节还是维护环节，都离不开工程图样。工程图样作为工程界技术交流的“语言”，必须遵守统一的标准，即严格按照制图标准的相关规定绘制，否则将不利于工程建筑中各环节的技术交流。为此，在绘制工程图样前，需要先了解制图标准的相关规定。此外，还要掌握常见绘图工具的使用方法、几何作图方法、平面图形的分析与绘制方法等。

项目目标

知识目标

（1）了解制图标准中关于图纸幅面和格式、图线、字体、比例、尺寸标注的规定。
（2）掌握常见绘图工具的使用方法。
（3）掌握常用几何作图方法。
（4）掌握平面图形的分析与绘制方法。

技能目标

（1）能够查阅和运用 GB/T 50001—2017《房屋建筑制图统一标准》。
（2）能够正确使用绘图工具绘制平面图形。

素质目标

（1）增强团队协作意识，践行精益求精、追求卓越的工匠精神。
（2）养成严谨细致、认真负责的工作习惯。

任务一 了解制图标准的相关规定

任务引入

小王，作为一位优秀的房屋建筑师，近期在求职过程中展现了他的专业素质。面对公司的严格考核，他尤为从容地应对了关于制图标准的测试环节，展现出了极高的专业水准。他不仅能够准确无误地绘制符合制图标准的建筑图纸，还能灵活运用制图标准中的各项规定，解决复杂的制图问题，体现了其深厚的专业知识和丰富的实践经验。

最终，小王凭借出色的表现赢得了考官的高度评价，顺利通过了考试。这次经历不仅证明了他的专业能力，还预示着他将在未来的工作中继续以高标准要求自己，为建筑行业的发展贡献自己的力量。

思考 你知道制图标准具体有哪些相关规定吗？

任务工单

请扫描下方二维码，获取任务工单。根据任务工单，学生可以在课前预习相关知识，在课后进行实施。

一、图纸幅面和格式

1. 图纸幅面

制图基本知识

图纸幅面是指由图纸宽度与长度组成的图面。为了便于保管和装订图纸，GB/T 50001—2017《房屋建筑制图统一标准》规定了图纸幅面及尺寸，图纸的基本幅面共有A0，A1，A2，A3，A4五种规格，对应的尺寸如表1-1所示。

表 1-1　图纸幅面及尺寸

图纸幅面代号		A0	A1	A2	A3	A4
尺寸/mm	$b \times l$	841×1 189	594×841	420×594	297×420	210×297
	c	10			5	
	a	25				

注：b 为幅面短边尺寸，l 为幅面长边尺寸，c 为图框线与幅面线之间的宽度，a 为图框线与装订边之间的宽度。

绘图时应优先选用上述五种基本幅面，必要时可以加长幅面。加长幅面时，图纸幅面的短边尺寸不应加长，A0～A3 图纸幅面的长边尺寸可加长，但应符合表 1-2 中的规定。

表 1-2　图纸长边加长尺寸

幅面代号	长边尺寸/mm	长边加长后的尺寸/mm
A0	1 189	1 486，1 783，2 080，2 378
A1	841	1 051，1 261，1 471，1 682，1 892，2 102
A2	594	743，891，1 041，1 189，1 338，1 486，1 635，1 783，1 932，2 080
A3	420	630，841，1 051，1 261，1 471，1 682，1 892

注：有特殊需要的图纸，可采用 $b \times l$ 为 841 mm×891 mm 和 1 189 mm×1 261 mm 的幅面。

图纸幅面有横式幅面和立式幅面两种。图纸以长边作为水平边时应采用横式幅面，以短边作为水平边时应采用立式幅面，如图 1-1 所示。A0～A3 图纸宜采用横式幅面，必要时也可采用立式幅面；A4 图纸只能采用立式幅面。一个工程设计中，每个专业所用的图纸不宜多于两种幅面（不含目录及表格所采用的 A4 立式幅面）。

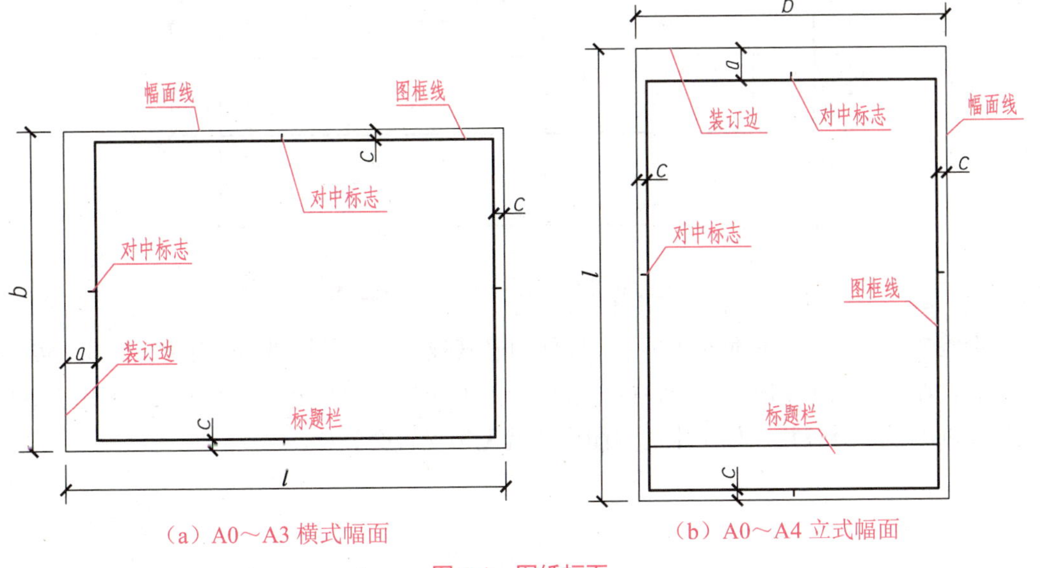

（a）A0～A3 横式幅面　（b）A0～A4 立式幅面

图 1-1　图纸幅面

知识加油站

为了便于对图纸进行微缩复制，图纸的 4 个边上均应附有对中标志。对中标志是位于 4 条图框线中点处的一段长为 5 mm 的实线，线宽为 0.35 mm，且应从图框线的中点向外画，如图 1-1 所示。

2. 标题栏和会签栏

每张图纸都应在下方、右侧或右下角处设置标题栏，标题栏应包括设计单位名称区、工程名称区、图名区、签字区和图号区等内容。标题栏的尺寸、格式和分区，应根据工程需要进行设置，文字方向与看图方向一致。图 1-2 为工程中常用的标题栏。

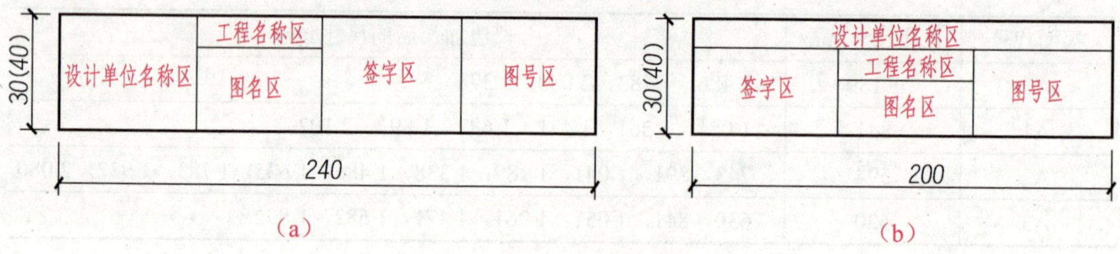

图 1-2　工程中常用的标题栏

对于学生的制图作业，推荐采用图 1-3 所示的标题栏，其外框采用粗实线，内框采用细实线。

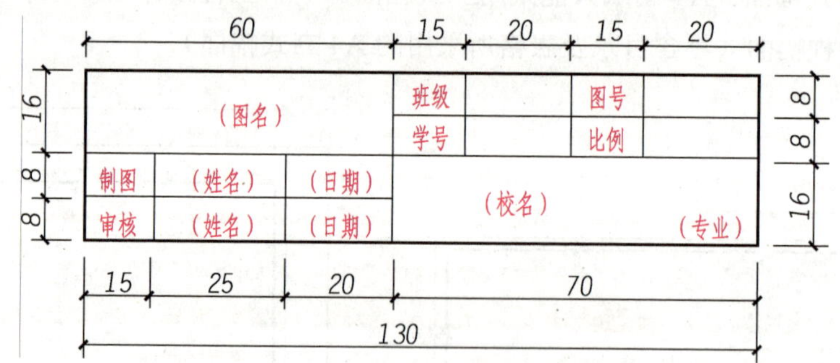

图 1-3　学生制图作业中采用的标题栏

会签栏是用于各工种负责人签字，以便明确其技术职责的区域，栏内填写专业、实名、签名和日期，如图 1-4 所示。会签栏一般位于图框线外侧的左上或右上区域，不用会签的图纸可以不设置会签栏，如学生的制图作业就无须设置会签栏。

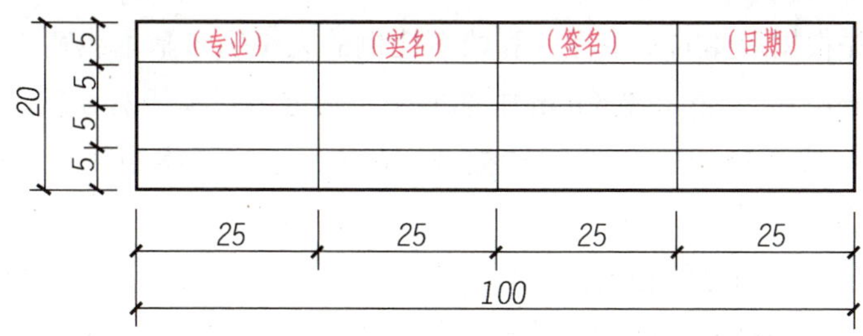

图 1-4 会签栏

二、图线

图线是一种起点和终点间以任何方式连接的几何图形。在工程制图中，为了使图样层次分明、便于识读，通常用不同线型和线宽的图线来表达不同的内容。

1. 线型和线宽

在 GB/T 50001—2017《房屋建筑制图统一标准》中，图线包括实线、虚线、单点长画线、双点长画线、折断线和波浪线。这些图线的线型、线宽及一般用途如表 1-3 所示。

表 1-3 图线的线型、线宽及一般用途

名称		线型	线宽	一般用途
实线	粗		b	主要可见轮廓线
	中粗		0.7b	可见轮廓线、变更云线
	中		0.5b	可见轮廓线、尺寸线
	细		0.25b	图例填充线、家具线
虚线	粗		b	见各有关专业制图标准
	中粗		0.7b	不可见轮廓线
	中		0.5b	不可见轮廓线、图例线
	细		0.25b	图例填充线、家具线
单点长画线	粗		b	见各有关专业制图标准
	中		0.5b	见各有关专业制图标准
	细		0.25b	中心线、对称线、轴线等
双点长画线	粗		b	见各有关专业制图标准
	中		0.5b	见各有关专业制图标准
	细		0.25b	假想轮廓线、成型前原始轮廓线
折断线	细		0.25b	断开界线
波浪线	细		0.25b	断开界线

绘图时，应先根据形体的复杂程度和绘图比例的大小确定基本线宽 b。基本线宽 b 可从 1.4 mm，1.0 mm，0.7 mm 和 0.5 mm 中选取。当确定了基本线宽 b 后，中粗线线宽应按 $0.7b$ 计，中线线宽按 $0.5b$ 计，细线线宽按 $0.25b$ 计，这样一组粗线、中粗线、中线、细线的线宽称为线宽组。

同一张图纸上，绘图比例相同的图样应采用相同的线宽组，且同类线粗细应一致。图纸的图框线、标题栏外框线和标题栏分格线，可采用表 1-4 所示的线宽。

表 1-4 图框和标题栏的线宽

幅面代号	图框线的线宽	标题栏外框线的线宽	标题栏分格线的线宽
A0，A1	b	$0.5b$	$0.25b$
A2，A3，A4	b	$0.7b$	$0.35b$

2. 绘制图线的注意事项

绘制图线时，除了明确各种图线的一般用途外，还应注意下列事项。

（1）虚线、单点长画线或双点长画线的线段长度和间隔，宜各自相等。

（2）单点长画线或双点长画线在较小图形中绘制有困难时，可用实线代替。

（3）单点长画线或双点长画线的两端，不应采用点。点画线与点画线交接或点画线与其他图线交接时（这里点画线是指单点长画线或双点长画线），应采用线段交接；虚线与虚线交接或虚线与其他图线交接时，应采用线段交接；虚线为实线的延长线时，不得与实线相接，如表 1-5 所示。

表 1-5 图线交接处的画法

序号	内容	正确	错误
1	点画线与点画线交接		
2	虚线与虚线交接或虚线与其他图线交接		
3	虚线为实线的延长线		

（4）图线不得与文字、数字或符号重叠和混淆，若不可避免，应先保证文字清晰。

三、字体

图样中除了用图线来表达物体的形状外，还要用汉字、数字或字母说明其含义、大小、

相关技术要求等。汉字、数字和字母必须遵守相关字体规定，以保证图样的规范性、通用性和美观性。

1. 汉字

图样及说明中的汉字宜采用长仿宋体，且字高一般不小于 3.5 mm，字宽与字高应符合表 1-6 中的规定。

表 1-6 长仿宋体字的高宽关系

单位：mm

字高	20	14	10	7	5	3.5
字宽	14	10	7	5	3.5	2.5

长仿宋体字的书写要领是结构匀称、起落分明、横平竖直、清晰好认，如表 1-7 所示。

表 1-7 长仿宋体字的书写

书写示例	门	窗	基	板
结构特点				
说明	缩格书写	上略小，下略大	上略大，下略小	左略小，右略大

2. 数字和字母

图样及说明中的数字和字母有斜体和直体两种形式，且字高不应小于 2.5 mm。当数字和字母需要写成斜体字时，其斜度应是从字的底线按逆时针向上倾斜 75°，斜体字的高度和宽度应与相应的直体字相等，如图 1-5 所示。

ABCDEFGHJKMN
abcdefghjkmn
0123456789

（a）斜体字

ABCDEFGHJKMN
abcdefghjkmn
0123456789

（b）直体字

图 1-5 数字和字母

分数、百分数和比例数的注写，应采用阿拉伯数字和数字符号。当注写的数字小于 1 时，应写出个位的“0”，小数点应采用圆点，齐基准线书写。

四、比例

比例是指所绘图形与对应实物相应要素的线性尺寸之比。比例宜注写在图名的右侧，字的基准线应取平；比例的字高宜比图名的字高小一号或两号。此外，图名下方还应画出一条粗实基准线，如图 1-6 所示。

平面图 1∶100

图 1-6　图名及比例的标注

绘图所用的比例应根据图样用途与所绘对象的复杂程度，从表 1-8 中选用，并优先选用常用比例。一般情况下，一个图样应选用一种比例，但有时为了专业制图的需要，同一图样可以选用两种比例。无论绘图中选用哪种比例，最终图样上所注尺寸都是物体的实际尺寸，如图 1-7 所示。

表 1-8　绘图所用的比例

常用比例	1∶1，1∶2，1∶5，1∶10，1∶20，1∶30，1∶50，1∶100，1∶150，1∶200，1∶500，1∶1 000，1∶2 000
可用比例	1∶3，1∶4，1∶6，1∶15，1∶25，1∶40，1∶60，1∶80，1∶250，1∶300，1∶400，1∶600，1∶5 000，1∶10 000，1∶20 000，1∶50 000，1∶100 000，1∶200 000

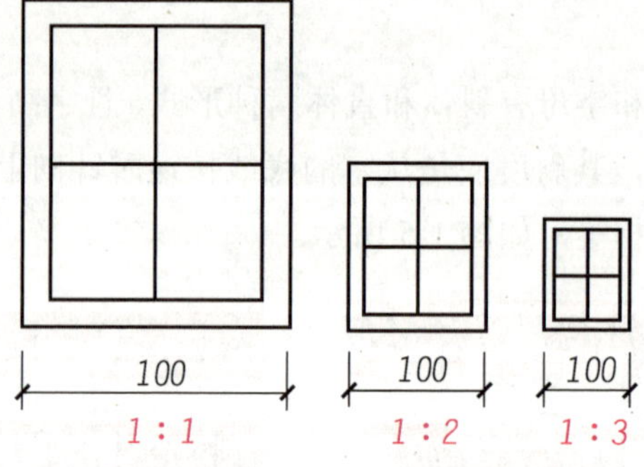

图 1-7　不同比例图样的尺寸标注

五、尺寸标注

尺寸能够反映物体的实际大小，是绘图中的重要组成部分，也是实际施工的重要依据。在绘图时务必保证所标注尺寸准确、完整和清晰，否则将会给施工带来困难和损失。

1. 尺寸的组成

一个完整的尺寸应包括尺寸界线、尺寸线、尺寸起止符号及尺寸数字，如图 1-8 所示。

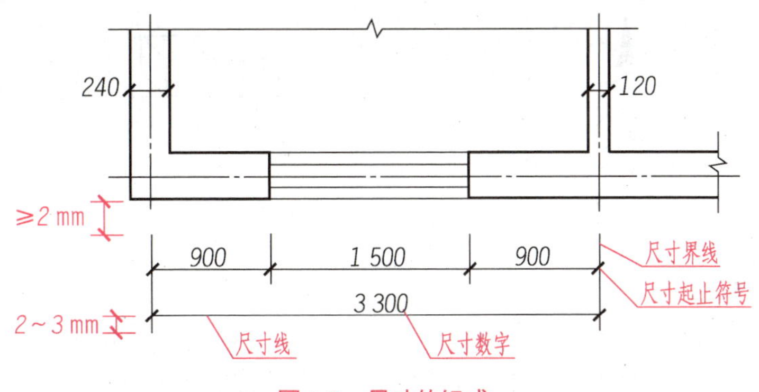

图 1-8 尺寸的组成

1）**尺寸界线**

尺寸界线能够表示所标注尺寸的范围，用细实线绘制。尺寸界线应与被注长度垂直，其一端应距离图样轮廓线不小于 2 mm，另一端宜超出尺寸线 2～3 mm。必要时，尺寸界线可用图样的轮廓线、轴线或中心线来代替。

2）**尺寸线**

尺寸线能够表示所标注尺寸的方向，用细实线绘制。尺寸线应与被注长度平行，两端宜以尺寸界线为边界，也可以超出尺寸界线 2～3 mm。图样中任何图线都不能作为尺寸线使用，尺寸线也不能与任何图线重合或位于任何图线的延长线上，如图 1-9 所示。

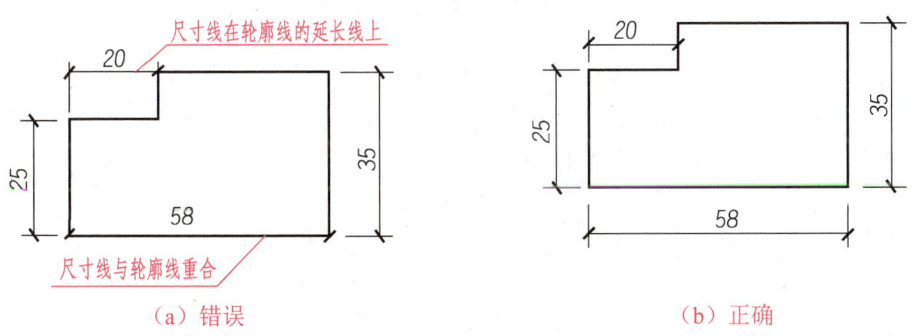

（a）错误　　（b）正确

图 1-9 尺寸线的位置

当图样上需要标注的尺寸较多时，互相平行的尺寸线应按与被注轮廓线的距离由近向远整齐排列，并遵循“小尺寸在内，大尺寸在外”的标注原则，平行排列的尺寸线的间隔距离应为 7～10 mm，并应保持一致。

3）**尺寸起止符号**

尺寸起止符号应采用中粗斜短线绘制，倾斜方向应与尺寸界线成顺时针 45°，长度宜为 2～3 mm。半径、直径、角度与弧长的尺寸起止符号宜用箭头来表示，箭头宽度 *b* 不小于 1 mm；轴测图中的尺寸起止符号用小圆点来表示，如图 1-10 所示。

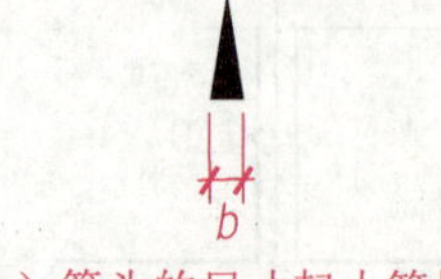

（a）箭头的尺寸起止符号

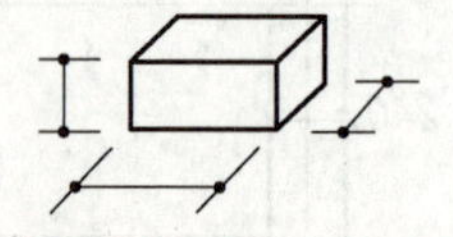
（b）轴测图中的尺寸起止符号

图 1-10　尺寸起止符号

4）尺寸数字

尺寸数字能够表示所标注对象的尺寸大小。图样上尺寸数字的方向应按图 1-11（a）所示的形式注写，当尺寸数字在 30°斜线区内时，也可按图 1-11（b）所示的形式注写。

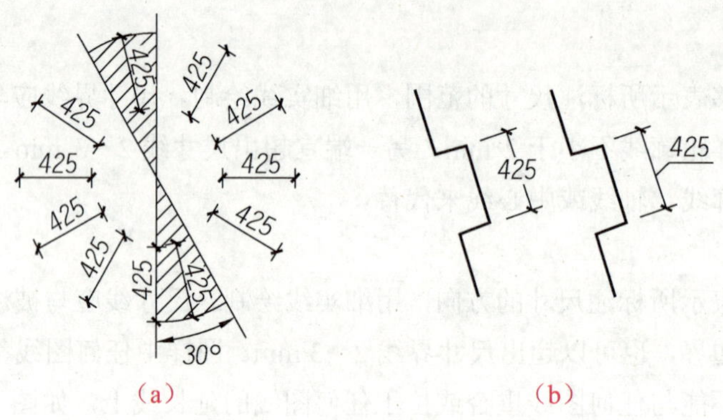

图 1-11　尺寸数字的注写方向

尺寸数字应依据其方向注写在靠近尺寸线的上方中部。若没有足够的注写位置，则最外边的尺寸数字可注写在尺寸界线的外侧，中间相邻的尺寸数字可以错开注写，也可以用引出线来表示自身的位置，如图 1-12 所示。

图 1-12　尺寸数字的注写位置

小贴士

尺寸宜标注在图样轮廓线之外，不宜与图线、文字或符号等相交，实在无法避免时，可以将图线断开。

2. 常见的尺寸标注

在工程制图中，常见的尺寸标注有半径、直径、角度、坡度、弧长和弦长的标注，以及简化标注，具体如下。

1）半径、直径的标注

（1）半径的标注。

半圆或小于半圆的圆弧常标注半径。标注半径时，尺寸线一端从圆心出发，另一端画指向圆弧的箭头，且在半径数字前加注半径符号“*R*”，如图 1-13 所示。

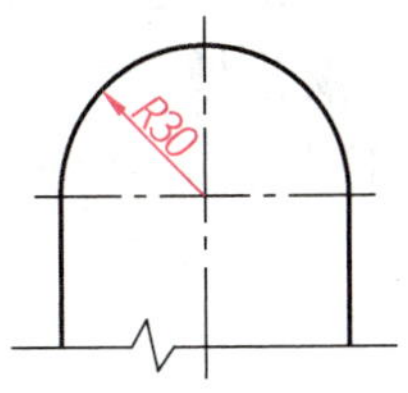

图 1-13 半径的标注

较小圆弧半径可以按图 1-14（a）标注，较大圆弧半径可以按图 1-14（b）标注。

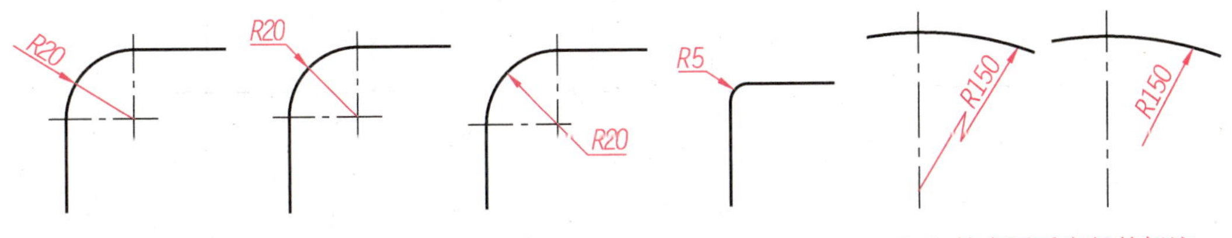

（a）较小圆弧半径的标注 （b）较大圆弧半径的标注

图 1-14 较小和较大圆弧半径的标注

（2）直径的标注。

圆或大于半圆的圆弧需要标注直径。标注直径时，尺寸线应通过圆心，两端的箭头指向圆弧，且在直径数字前加注直径符号“ϕ”，如图 1-15 所示。小圆的直径可标注在圆外，如图 1-16 所示。

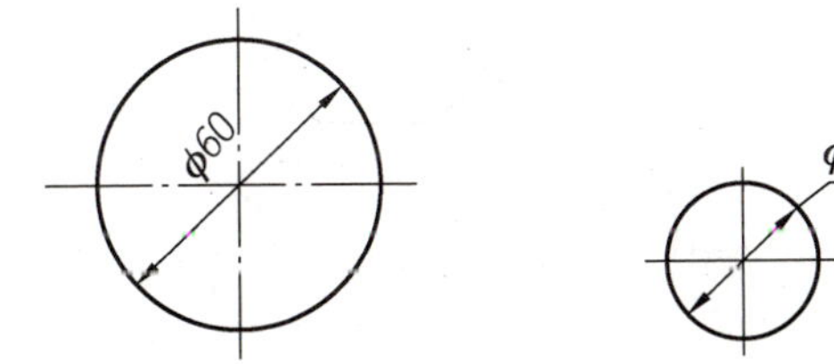

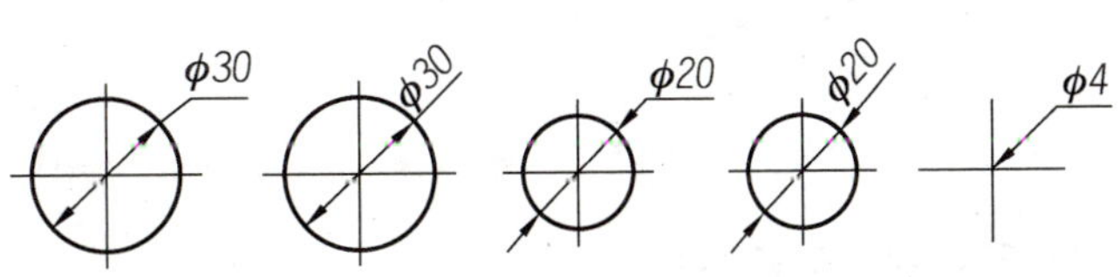

图 1-15 圆直径的标注

图 1-16 小圆直径的标注

小贴士

标注球体的半径时，应在半径数字前加注符号“*SR*”；标注球体的直径时，应在直径数字前加注符号“$S\phi$”。球体的注写方法与半径、直径的注写方法相同。

2）角度、坡度的标注

（1）角度的标注。

标注角度时，其尺寸线应用圆弧表示；尺寸界线为角的两边或两边的延长线；尺寸起止符号为箭头，如没有足够的位置画箭头，可以用圆点代替；角度数字应按尺寸线方向注写，如图 1-17 所示。

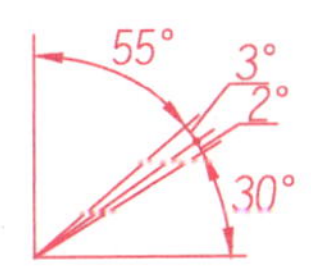

图 1-17 角度的标注

（2）坡度的标注。

标注坡度时，应在坡度数字下面加注坡度符号“←”或“←”，坡度符号的箭头应指向下坡方向，如图 1-18（a）所示；坡度数字可以是百分比形式，也可以是比例形式，如图 1-18（b）所示；坡度也可用直角三角形的形式标注，如图 1-18（c）所示。

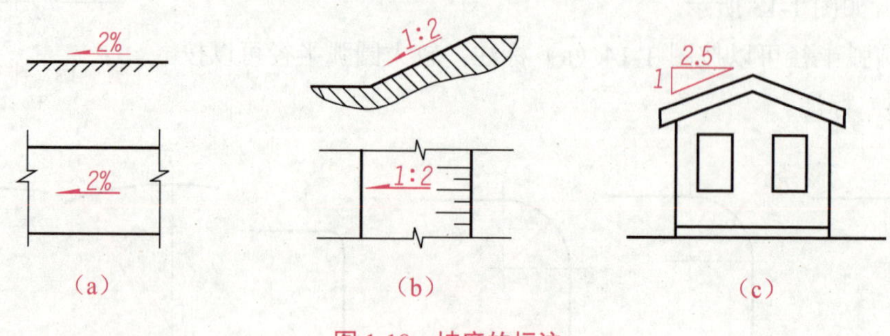

图 1-18　坡度的标注

3）弧长、弦长的标注

标注圆弧的弧长时，尺寸线应以与该圆弧同心的圆弧线表示，尺寸界线指向圆心，尺寸起止符号用箭头表示，尺寸数字上方或前方应加注圆弧符号“⌒”，如图 1-19（a）所示。

标注圆弧的弦长时，尺寸线应平行于圆弧弦，尺寸界线应垂直于圆弧弦，如图 1-19（b）所示。

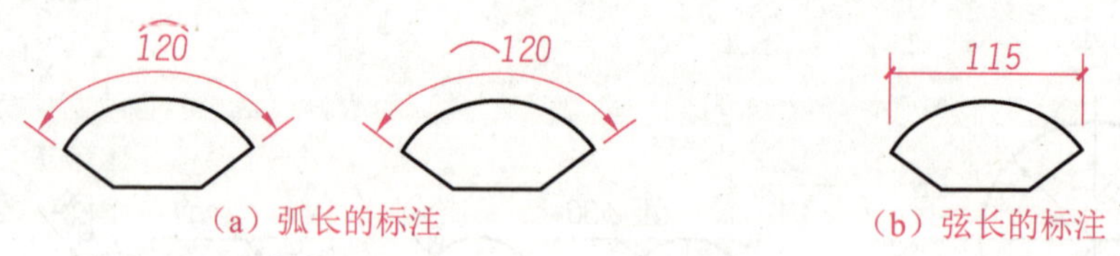

图 1-19　弧长、弦长的标注

4）尺寸的简化标注

（1）单线图尺寸标注。

杆件或管线在单线图（如桁架简图、钢筋简图、管线简图等）上表示长度时，可以直接将尺寸数字沿杆件或管线的一侧注写，如图 1-20 所示。

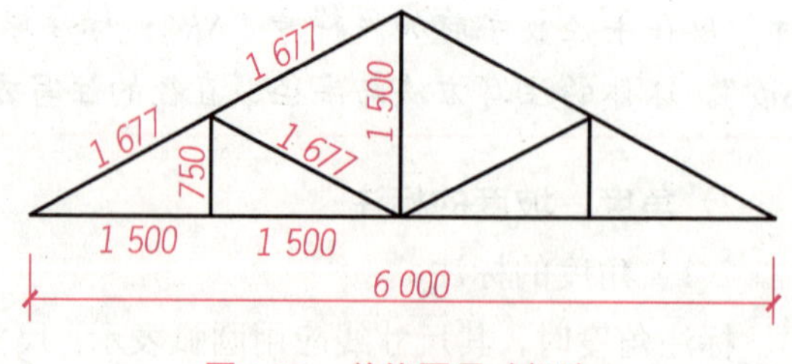

图 1-20　单线图尺寸标注

（2）连续排列的等长尺寸标注。

连续排列的等长尺寸，可以用“等长尺寸×个数=总长”或者“总长（等分个数）”的形式标注，如图 1-21 所示。

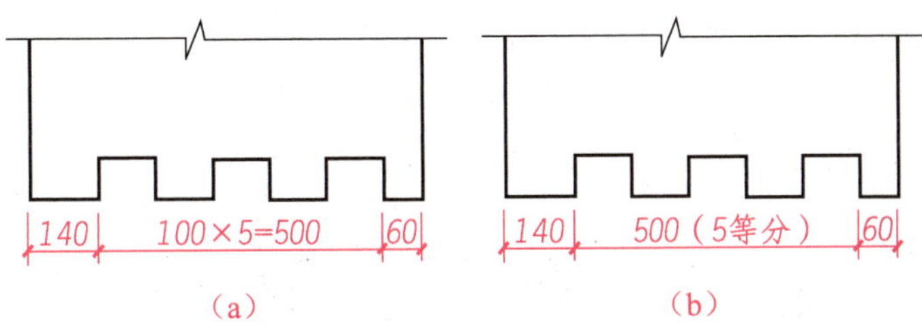

图 1-21　连续排列的等长尺寸标注

（3）对称构（配）件尺寸标注。

当对称构（配）件采用对称省略画法时，其尺寸线应略超过对称符号，仅在尺寸线的一端画尺寸起止符号，尺寸数字应按整体全尺寸注写，其注写位置宜与对称符号对齐，如图 1-22 所示。

（4）相同要素尺寸标注。

若构（配）件内的构造要素（如孔、槽等）相同，则可仅标注其中一个要素的尺寸，并注写个数，如图 1-23 所示。

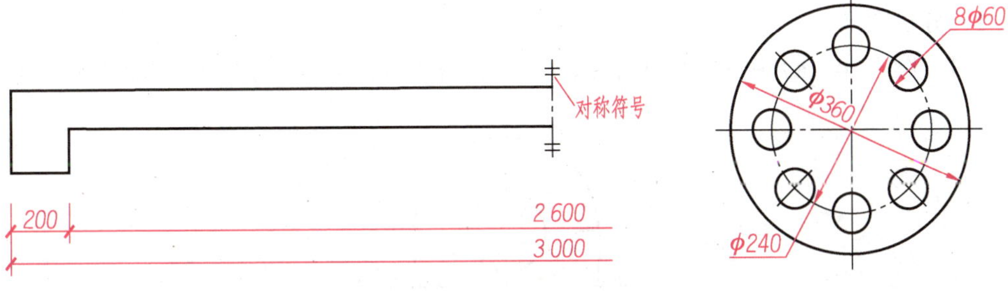

图 1-22　对称构（配）件尺寸标注

图 1-23　相同要素尺寸标注

实践操作——正确分析简单图样

1. 任务描述

根据制图标准的要求，指出图 1-24 所示图样的错误之处。

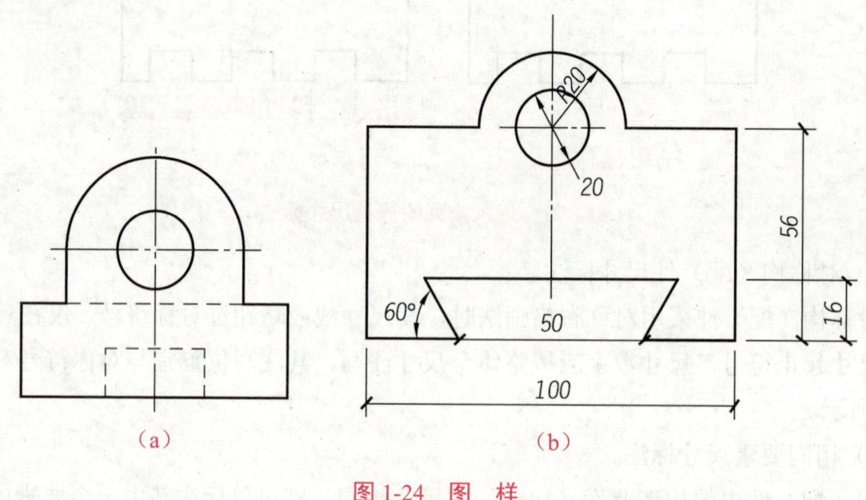

图 1-24 图 样

2. 实施内容

1）分析图样

（1）图 1-24（a）中的错误共有六处，它们分别标注在图 1-25 中，具体分析如下。

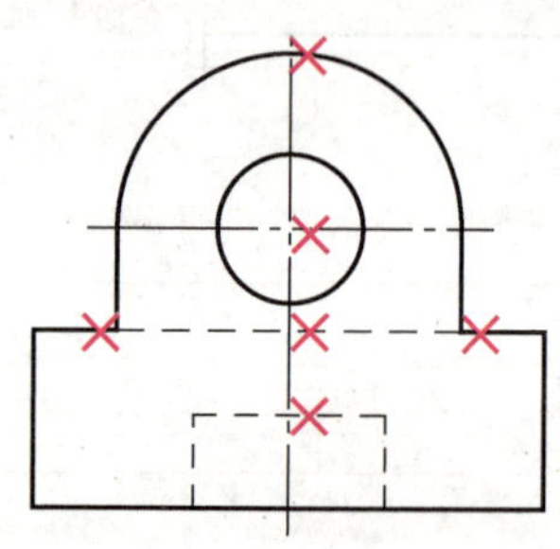

图 1-25 图样中的错误

① 图样顶端处为单点长画线与轮廓线相交，中上部小圆圆心处为两单点长画线相交，两交接处都不是线段交接。由于点画线与点画线交接或点画线与其他图线交接时，应采用线段交接，因此这两处错误。

② 图样中下部左右两侧虚线为实线的延长线，虚线与实线相接。由于虚线为实线的延长线时，不得与实线相接，因此这两处错误。

③ 图样中下部两处虚线与单点长画线交接，交接处不是线段交接。由于虚线与虚线

交接或虚线与其他图线交接时，应采用线段交接，因此这两处错误。

（2）图 1-24（b）中的错误共有四处，它们分别标注在图 1-26 中，具体分析如下。

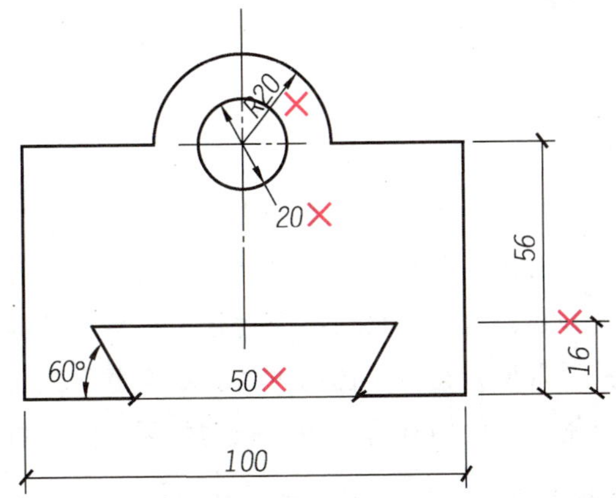

图 1-26 图样中的错误

① *R*20 不能被任何图线通过，可将其引出标注在尺寸延长线的上方。

② 应在直径数字 20 前加注直径符号“ϕ”，且将 ϕ20 写在尺寸延长线的上方。

③ 50 处的尺寸线不能位于任何图线的延长线上。

④ 56 和 16 的标注没有遵循“小尺寸在内，大尺寸在外”的标注原则。

2）修正图样

修正后的图样如图 1-27 所示。

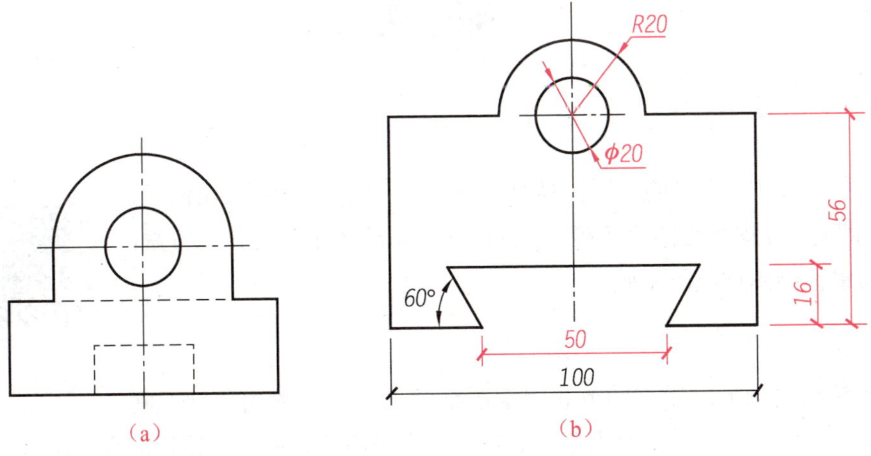

图 1-27 修正后的图样

任务二 绘制平面图形

任务引入

小李目睹了学校举办的“绘制校园平面图”实践活动。他发现，绘制校园平面图看似简单，但要使校园平面图真正达到精确且清晰的效果，却需要深入了解和掌握绘制平面图形的诸多相关知识。这次观察让小李对绘图产生了浓厚的兴趣，他渴望学习如何使用绘图工具，并深入研究几何作图的方法。小李意识到，通过学习和实践，他将能够更好地理解和应用这些绘图技巧，为将来的学习和工作打下坚实的基础。

思考 如果让你参加该实践活动，你知道绘图工具的使用方法和几何作图方法吗？

任务工单

请扫描下方二维码，获取任务工单。根据任务工单，学生可以在课前预习相关知识，在课后进行实施。

一、常见的绘图工具

在工程制图中，常见的绘图工具有图板、丁字尺、三角板、比例尺、曲线板、圆规、分规和绘图铅笔等。了解这些常见绘图工具的使用方法，是学习与掌握绘图技能的基础。

认知绘图工具

1. 图板、丁字尺

图板是绘制图形时用来铺放和固定图纸的工具，一般由胶合板制成。丁字尺又称 T 形尺，由垂直相交的尺头和尺身组成，能够与图板配合绘制水平线，如图 1-28 所示。

图板要求表面平整光滑，图板工作边必须保持平直。为保护图板，应避免墨汁污染板面或在图板上方堆放重物，防止图板受潮、暴晒，切勿用图钉、小刀等坚硬物损伤图板。

如图 1-29 所示，丁字尺和图板配合绘制水平线时，应先用专门的胶带纸将图纸固定到图板上；然后将丁字尺的尺头紧靠在图板工作边上，并使丁字尺上下滑动到需要画线的位

置；最后左手压住尺身，右手画线。应当注意的是，移动丁字尺时不能直接推动尺身，这样会使尺头脱离图板工作边，也不能将丁字尺靠在图板的其他边画线。为防止尺身变形，用完丁字尺后应将其挂置起来。

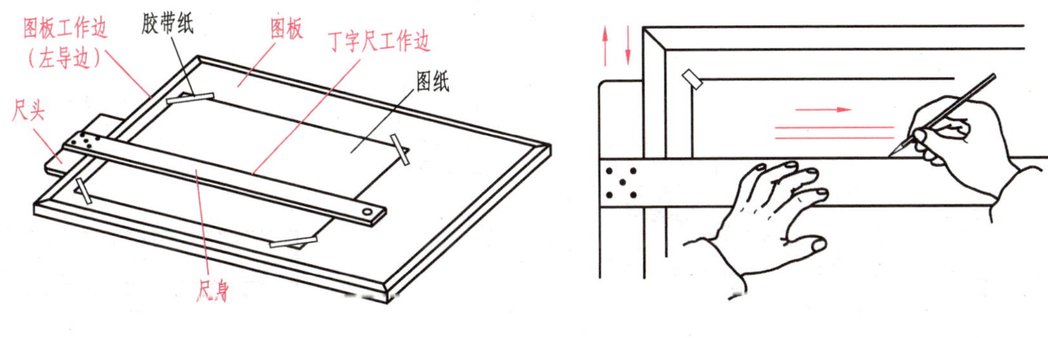

图 1-28　图板与丁字尺　　　　图 1-29　用丁字尺和图板绘制水平线

2. 三角板

三角板是量取角度的主要绘图工具之一。一般一副三角板有两个，一个三角板的两锐角均为 45°，另一个三角板的两锐角分别为 30°和 60°。

三角板可以与丁字尺配合绘制各种特殊角度的直线，如图 1-30（a）所示。两个三角板配合使用，不仅可以画出 15°和 75°的斜线，还可以画出已知直线的平行线或垂直线，如图 1-30（b）所示。

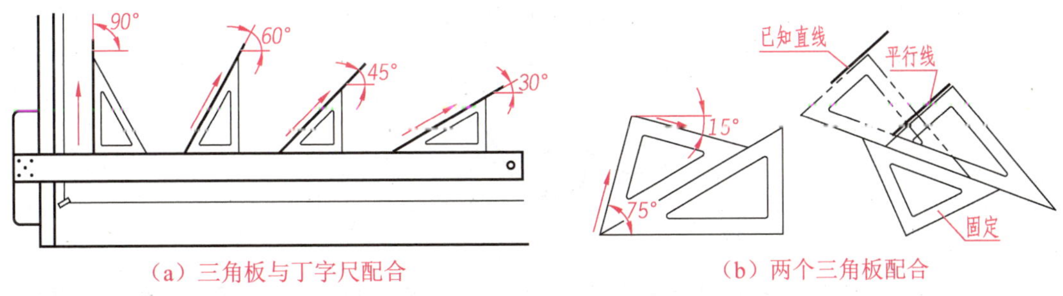

（a）三角板与丁字尺配合　　（b）两个三角板配合

图 1-30　三角板的使用方法

3. 比例尺

比例尺是测量、换算图纸比例尺度的工具。绘图时，可以借助比例尺量取线段的长度。常见的比例尺为三棱比例尺（见图 1-31），它的三个尺面上有 1∶100，1∶200，1∶300，1∶400，1∶500，1∶600 这六个常用的比例。使用三棱比例尺时，先依据绘图比例选取对应比例的尺面，再按需量取线段的长度。

如图 1-32 所示，要将 3 300 mm 长的线段按 1∶100 的比例在图纸上绘制出来，可先画一条直线，然后用三棱比例尺的 1∶100 尺面量取标记为“3.3 m”的长度，即可得到所需线段。注意，不可以将比例尺当作直尺来画线。

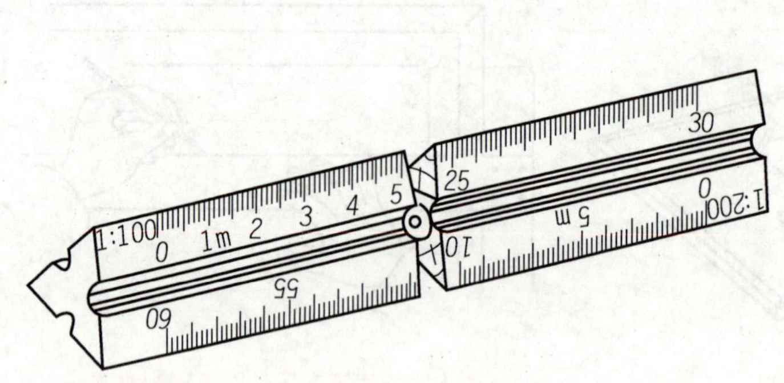

图1-31 三棱比例尺

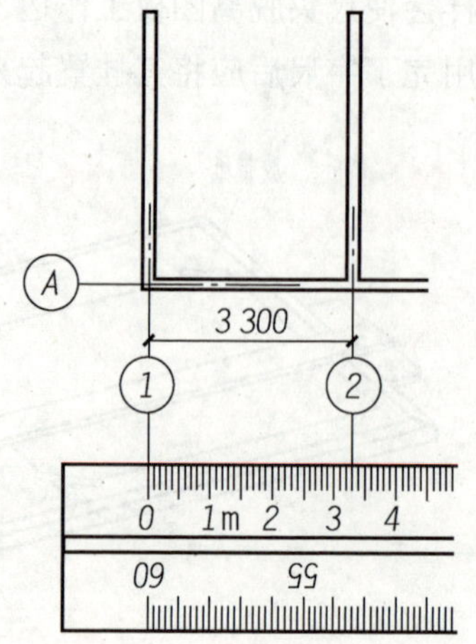

图1-32 量取线段的长度

4. 曲线板

曲线板又称**云形尺**，是一种内外边缘均为曲线的薄板，如图1-33所示。它一般由塑料制成，无正反面之分，可以用来绘制曲率半径不同的非圆曲线。

图1-33 曲线板

绘制图线时，只需要找出曲线板上与拟绘曲线吻合的一段，将笔沿着曲线板边缘移动，即可绘制出所需曲线。为了保证曲线流畅、准确，绘制时需要先按照相应的绘图方法定出拟绘曲线上一定数量的点，然后再用曲线板将各点连接起来。连接时为了保证曲线光滑，每绘制一段曲线时，应有一小段与前一段所绘制的曲线重叠。

5. 圆规、分规

圆规是用来绘制圆和圆弧的工具。使用圆规绘图时，应先调整钢针和铅芯，确保圆规两插脚并拢时钢针略长于铅芯，且使铅芯的尖端与钢针的台阶面平齐，如图1-34（a）所示；然后将圆规两插脚分开，定好两插脚间的距离（半径），将针尖轻轻插入所绘图形的圆心处，转动圆规手柄，使圆规按顺时针方向画圆，保证画圆过程中钢针与铅芯始终垂直

于纸面，如图 1-34（b）所示。绘制较大圆或圆弧时，应加延长杆，如图 1-34（c）所示。

分规是用来量取尺寸、等分线段等的工具。它的形状与圆规相似，但两插脚末端均为钢针。分规有普通分规和弹簧分规两种。使用分规前，应先并拢两插脚，使钢针的针尖平齐。分规的用法如图 1-35 所示。

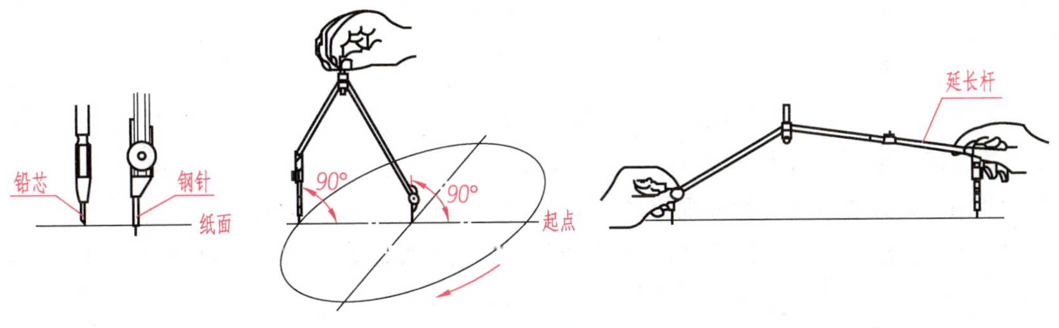

（a）钢针略长于铅芯 （b）钢针与铅芯始终垂直于纸面 （c）加延长杆

图 1-34 圆规的用法

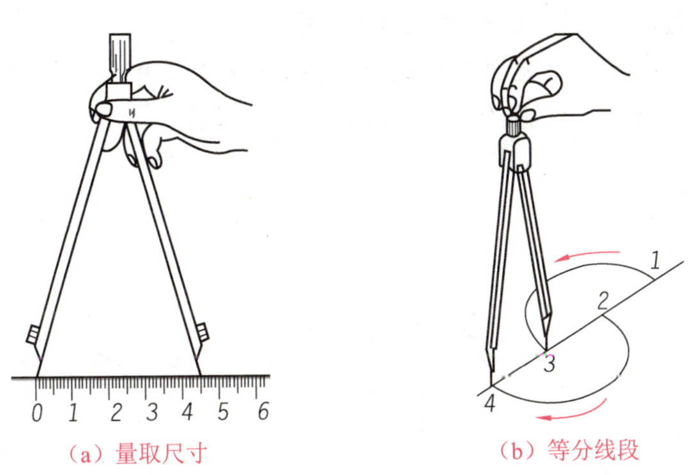

（a）量取尺寸 （b）等分线段

图 1-35 分规的用法

6. 绘图铅笔

绘图铅笔的铅芯有软硬之分。根据铅芯软硬程度的不同，绘图铅笔可划分为 H，HB，B 三个等级。H 表示铅芯的硬度，H 前的数值越大，表明铅芯越硬，所绘制图线的颜色越淡；HB 表示铅芯软硬适中；B 表示铅芯的软度，B 前的数值越大，表明铅芯越软，所绘制图线的颜色越黑。在工程制图中，一般使用 H 或 2H 铅笔绘制底稿，使用 HB 铅笔写字、画中粗线和箭头，使用 B 或 2B 铅笔加深图线。

削绘图铅笔时，将 H 或 HB 铅笔的铅芯削成圆锥形，将 B 或 2B 铅笔的铅芯削成截面为 $d \times d$（d 为要画图线的宽度）的四棱柱形。此外，削绘图铅笔时注意保留有标号的一端，以便识别。

二、几何作图

绘制工程图样时，经常需要等分线段、等分两平行线间的距离、等分圆，或绘制圆弧、椭圆等几何图形。下面介绍几种常用的几何作图方法。

1. 等分线段、等分两平行线间的距离

1）等分线段

等分线段就是将已知线段等分为所需的几份。等分线段可采用试分法，即先凭目测估计出每份的长度，然后用分规自线段的一端开始进行试分。若不能恰好将线段分尽，可按剩余或不足部分的长度调整分规的张角，再次进行试分，直到分尽为止。

除了试分法，还可采用辅助平行线法等分线段。下面以五等分线段 *AB* 为例，介绍等分线段的作图步骤。

（1）已知线段 *AB*，如图 1-36（a）所示。

（2）过点 *A* 作任意一条直线 *AC*，在直线 *AC* 上用直尺从点 *A* 开始以任意长度截取 5 个等分点，得点 1，2，3，4，5，如图 1-36（b）所示。

（3）连接点 *B* 和 5，然后过其他各点分别作 *B*5 的平行线，并使其分别交 *AB* 于 4 个点，这 4 个点就是线段 *AB* 的等分点，如图 1-36（c）所示。

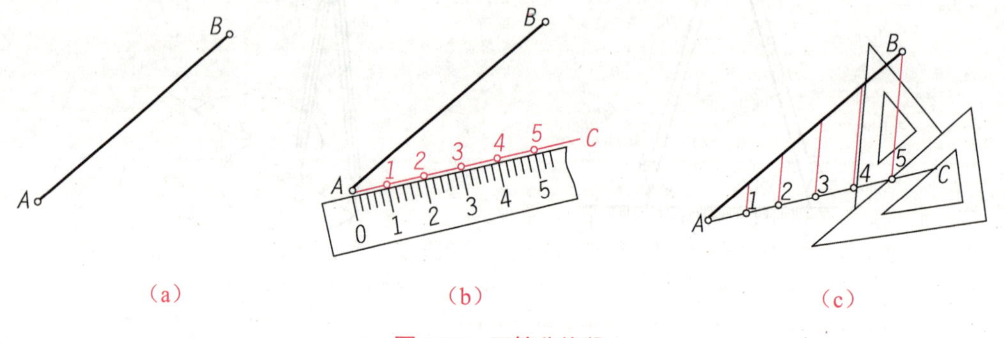

图 1-36　五等分线段

2）等分两平行线间的距离

等分两平行线间的距离，需要用带刻度的直尺或三角板来辅助作图。下面以五等分两相互平行的直线 *AB* 和 *CD* 间的距离为例，介绍等分两平行线间距离的作图步骤。

（1）已知两相互平行的直线 *AB* 和 *CD*，如图 1-37（a）所示。

（2）将直尺的刻度 0 置于直线 *CD* 上，摆动直尺，使刻度 5（或 5 的倍数）落在直线 *AB* 上，根据直尺上的刻度确定点 1，2，3，4，这 4 个点即为直线 *AB* 和 *CD* 间距离的等分点，如图 1-37（b）所示。

（3）过各等分点作直线 *AB*（或 *CD*）的平行线，如图 1-37（c）所示。

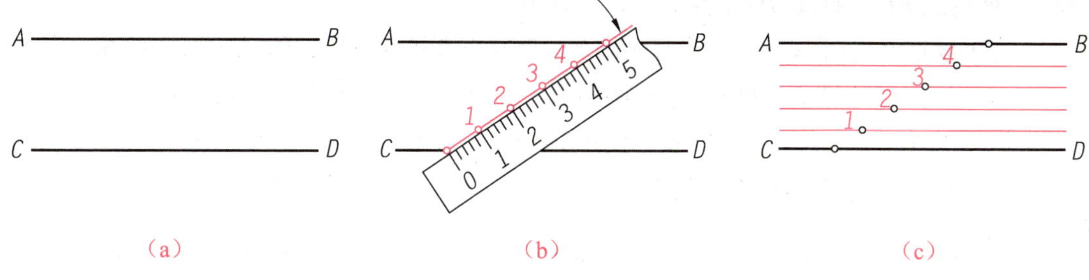

图 1-37 五等分两平行线间的距离

2. 等分圆

1）三、四、六等分圆

使用三角板和丁字尺，可以将圆进行三、四、六等分，作图步骤如下。

（1）取两个锐角分别为 30°和 60°的三角板，使其长直角边紧贴丁字尺，并使其斜边过圆心 *O*，斜边与圆交于点 2 和 3，垂直基准线与圆交于点 1。点 1，2，3 即为圆的三等分点，如图 1-38（a）所示。

（2）取两个锐角均为 45°的三角板，使其任一直角边紧贴丁字尺，并使其斜边过圆心 *O*，斜边与圆交于点 1，2，3，4，这 4 个点即为圆的四等分点，如图 1-38（b）所示。

（3）取两个锐角分别为 30°和 60°的三角板，使其短直角边紧贴丁字尺，并使其斜边过圆心 *O*，斜边与圆交于点 1，2，3，4，水平基准线与圆交于点 5，6，这 6 个点即为圆的六等分点，如图 1-38（c）所示。此外，六等分圆时也可以利用圆规和圆的半径来作图，如图 1-38（d）所示。

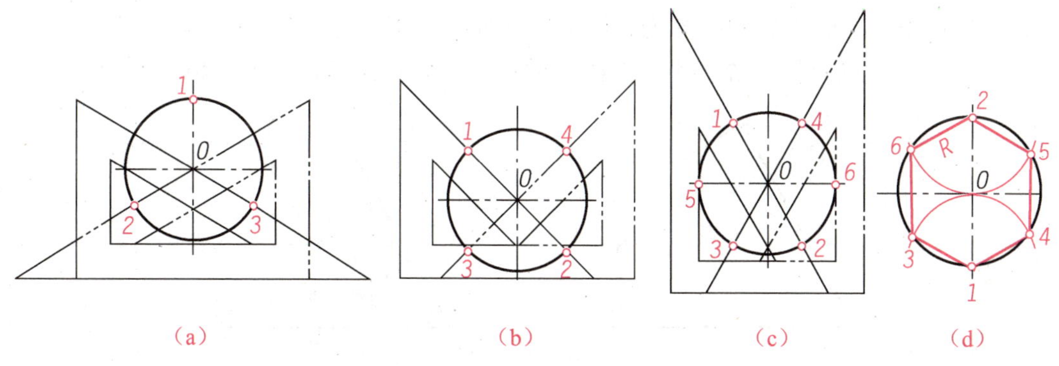

图 1-38 三、四、六等分圆

在等分圆后，依次连接各等分点，可得到相应的正多边形。

2）五等分圆

利用圆规和圆的半径可以将圆进行五等分，作图步骤如下。

（1）借助圆规，以点 *A* 为圆心、*AO* 为半径画圆弧，使其交圆于点 *E* 和 *F*。连接点 *E*

和 F，使直线 EF 交直线 AO 于点 B，如图 1-39（a）所示。

（2）以点 B 为圆心、BC 为半径画圆弧，使其交直线 AO 于点 D，如图 1-39（b）所示。

（3）以点 C 为圆心、CD 为半径画圆弧，使其交圆于点 G 和 H。再分别以点 G 和 H 为圆心，以 CG，CH 为半径画圆弧，使其交圆于点 M 和 N。点 C，G，M，N，H 即为圆的五等分点，如图 1-39（c）所示。

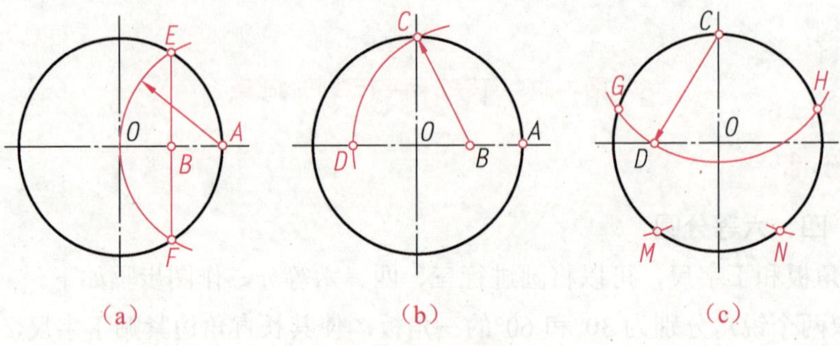

图 1-39　五等分圆

3. 圆弧连接

圆弧连接是指用已知半径的圆弧光滑地连接直线或圆弧的作图方法。在作图时，需要先求出连接圆弧的圆心和切点位置。常见的圆弧连接有圆弧与两直线连接，圆弧与两圆弧连接，以及圆弧与直线、圆弧连接。

1）圆弧与两直线连接

已知两直线和连接圆弧的半径 R，圆弧连接两直线的作图步骤如下。

（1）分别作与两直线相距为 R 的平行线，交点 O 即为连接圆弧的圆心；过点 O 分别向两直线作垂线，垂足 M 和 N 即为连接圆弧的切点，如图 1-40（a）所示。

（2）以点 O 为圆心、R 为半径，在点 M 和 N 之间画圆弧，如图 1-40（b）所示。

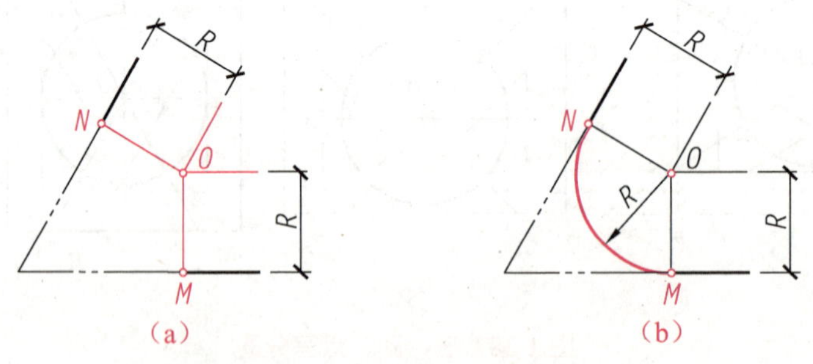

图 1-40　圆弧连接两直线

2）圆弧与两圆弧连接

常见的圆弧与两圆弧连接有内切连接、外切连接与内外切连接。已知半径为 R_1 和 R_2 的两圆弧以及连接圆弧的半径 R，三种连接的作图步骤分别如下。

（1）内切连接。

① 分别以点 O_1 和 O_2 为圆心、$R-R_1$ 和 $R-R_2$ 为半径画圆弧，两圆弧交于点 O，点 O 即为连接圆弧的圆心，如图 1-41（a）所示。

② 分别连接点 O 和 O_1、点 O 和 O_2 并延长，两延长线分别交两圆弧于点 A 和 B，点 A 和 B 即为连接圆弧的切点，如图 1-41（a）所示。

③ 以点 O 为圆心、R 为半径，在点 A 和 B 之间画圆弧，如图 1-41（b）所示。

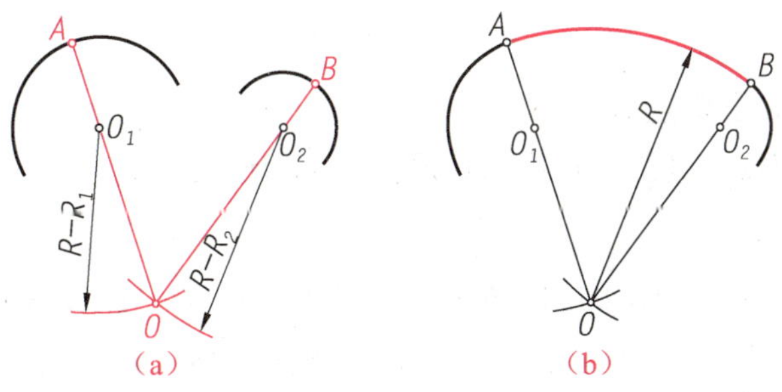

图 1-41　内切连接

（2）外切连接。

① 分别以点 O_1 和 O_2 为圆心、R_1+R 和 R_2+R 为半径画圆弧，两圆弧交于点 O，点 O 即为连接圆弧的圆心，如图 1-42（a）所示。

② 分别连接点 O 和 O_1、点 O 和 O_2，连接线与两圆弧的交点分别为点 A 和 B，点 A 和 B 即为连接圆弧的切点，如图 1-42（a）所示。

③ 以点 O 为圆心、R 为半径，在点 A 和 B 之间画圆弧，如图 1-42（b）所示。

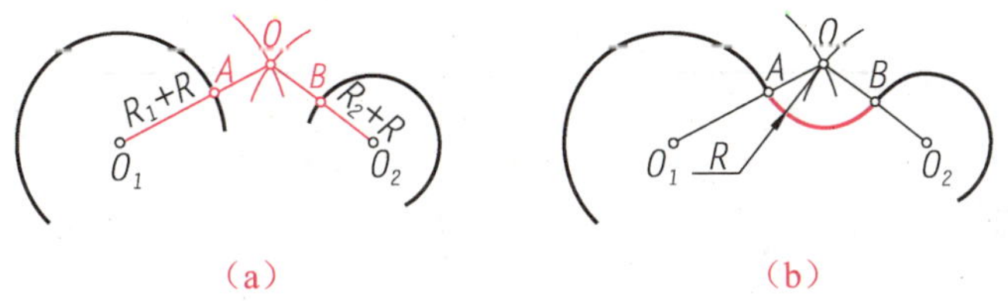

图 1-42　外切连接

（3）内外切连接。

① 分别以点 O_1 和 O_2 为圆心、R_1+R 和 R_2-R 为半径画圆弧，两圆弧交于点 O，点 O 即为连接圆弧的圆心，如图 1-43（a）所示。

② 分别连接点 O 和 O_1、点 O 和 O_2，连接线与两圆弧的交点分别为点 A 和 B，点 A 和 B 即为连接圆弧的切点，如图 1-43（a）所示。

③ 以点 O 为圆心、R 为半径，在点 A 和 B 之间画圆弧，如图 1-43（b）所示。

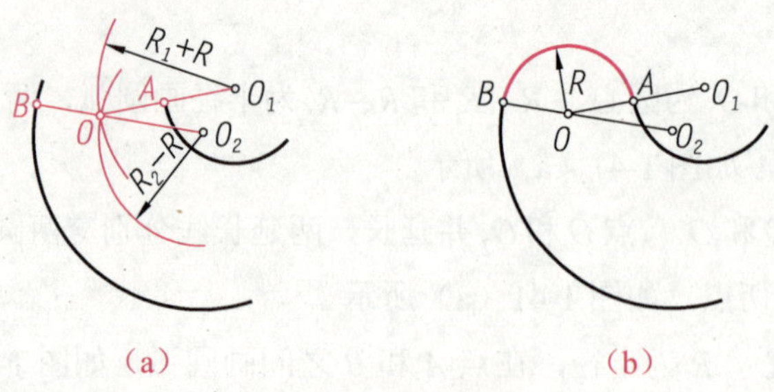

图 1-43　内外切连接

3）圆弧与直线、圆弧连接

常见的圆弧与直线、圆弧连接有内切连接、外切连接。

（1）内切连接。

已知一直线 L_1、半径为 R_1 的圆弧和连接圆弧的半径 R，内切连接的作图步骤如下。

① 作与直线 L_1 平行且相距为 R 的直线 L_2，如图 1-44（a）所示。

② 以点 O_1 为圆心、$R-R_1$ 为半径画圆弧，使其交直线 L_2 于点 O，点 O 即为连接圆弧的圆心。连接点 O 和 O_1，使连接线的延长线交圆弧于点 A，过点 O 作垂线，使其交直线 L_1 于点 B，点 A 和 B 即为连接圆弧的切点，如图 1-44（a）所示。

③ 以点 O 为圆心、R 为半径，在两切点 A 和 B 之间画圆弧，如图 1-44（b）所示。

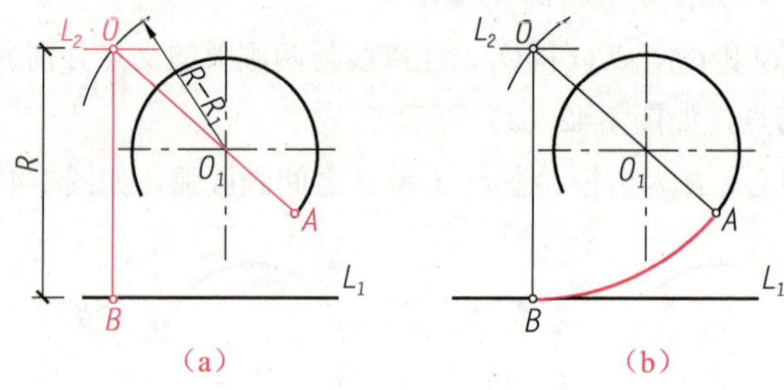

图 1-44　内切连接

（2）外切连接。

已知一直线 L_1、半径为 R_1 的圆弧和连接圆弧的半径 R，外切连接的作图步骤如下。

① 作与直线 L_1 平行且相距为 R 的直线 L_2，如图 1-45（a）所示。

② 以点 O_1 为圆心、$R+R_1$ 为半径画圆弧，使其交直线 L_2 于点 O，点 O 即为连接圆弧的圆心。连接点 O 和 O_1，使连接线交圆弧于点 A，过点 O 作垂线，使其交直线 L_1 于点 B，点 A 和 B 即为连接圆弧的切点，如图 1-45（a）所示。

③ 以点 O 为圆心、R 为半径，在点 A 和 B 之间画圆弧，如图 1-45（b）所示。

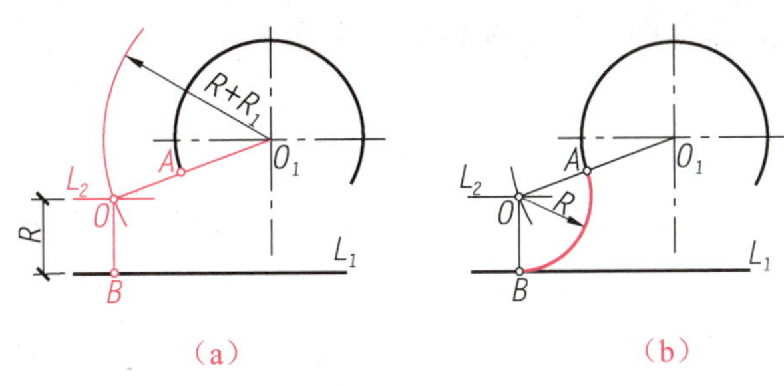

图 1-45 外切连接

4. 画椭圆

常用画椭圆的方法有同心圆法和四心圆法。

1）同心圆法

已知椭圆的长轴 AB、短轴 CD，用同心圆法画椭圆的步骤如下。

（1）分别以点 O 为圆心、长轴 AB 和短轴 CD 为直径画两个同心圆（大圆和小圆）。过圆心作一系列直径，使其与两个同心圆分别相交，如图 1-46（a）所示。

（2）过大圆上各交点作竖直线，过小圆上各交点作水平线，竖直线与水平线的交点即为所求椭圆上的点，用曲线板将这些点光滑地连接起来，即得椭圆，如图 1-46（b）所示。

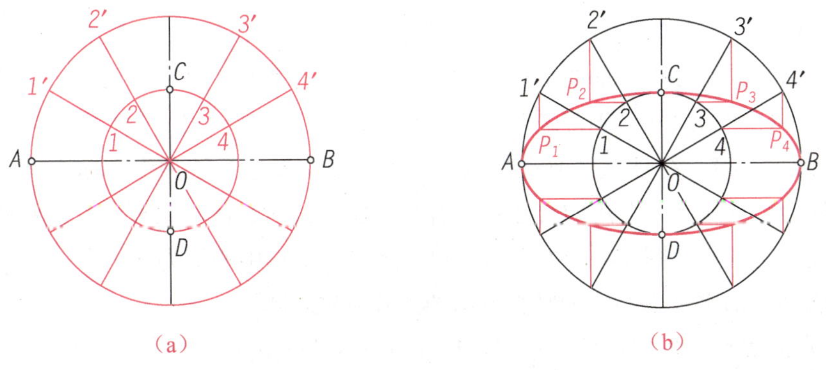

图 1-46 用同心圆法画椭圆

2）四心圆法

已知椭圆的长轴 AB、短轴 CD，用四心圆法画椭圆的步骤如下。

（1）以点 O 为圆心、OA 为半径画圆弧，使其交 OC 的延长线于点 E_1；以点 C 为圆心、CE_1 为半径画圆弧，使其交 AC 于点 E，如图 1-47（a）所示。

四心圆法

（2）作 AE 的中垂线，使其交长轴 AB 于点 O_1，交短轴 CD 于点 O_2，分别在长轴 AB 和短轴 CD 上作点 O_1 和 O_2 的对称点 O_3 和 O_4，如图 1-47（b）所示。

（3）分别以点 O_1 和 O_3 为圆心、O_1A 和 O_3B 为半径画圆弧，以点 O_2 和 O_4 为圆心、O_2C

和 O_4D 为半径画圆弧，即得椭圆，如图 1-47（c）所示。

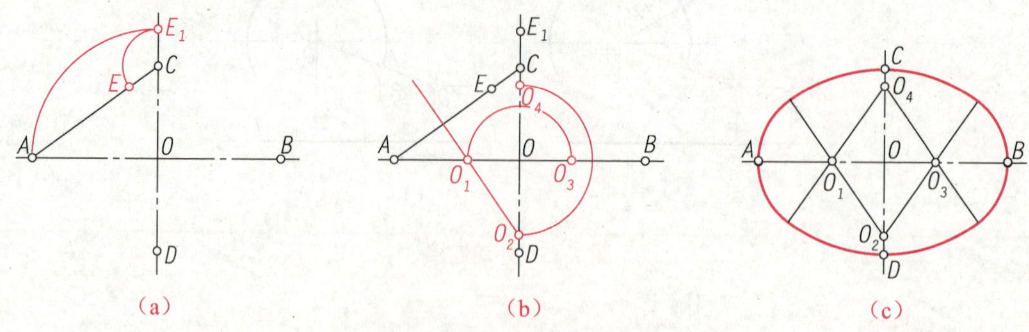

图 1-47 用四心圆法画椭圆

三、平面图形的分析与绘制

平面图形是指由若干线段连接而成，所有点都在同一平面内的图形。在平面图形中，有些线段是已知的，可以直接绘制，有些线段则需要借助已知条件绘制，因此应分析清楚平面图形的尺寸和线段，再着手绘制。

1. 平面图形的分析

1）尺寸分析

尺寸分析主要是分析平面图形中的尺寸基准和尺寸类型，以便确定绘制所需尺寸的情况，并根据所标注的尺寸来确定画图的先后顺序。

（1）尺寸基准。标注尺寸时都是从某些点、线出发的，这种作为标注尺寸起始位置的点和线称为**尺寸基准**。常用的尺寸基准有平面图形的对称线、主要垂直或水平轮廓线、较长的直线等。例如，图 1-48 中过 $R16$ 圆弧圆心的垂直中心线为水平方向的尺寸基准，过 $R16$ 圆弧圆心的水平中心线为竖直方向的尺寸基准。

（2）尺寸类型。根据作用的不同，尺寸可分为定形尺寸和定位尺寸。

① **定形尺寸**是用来确定平面图形中几何元素大小的尺寸。例如，图 1-48 中尺寸 32 和 10 分别代表矩形的长和宽，确定了矩形的大小；尺寸 $R16$，$R8$，$R5$ 和 $R60$ 等确定了圆弧的大小。

② **定位尺寸**是用来确定平面图形中几何元素位置的尺寸。例如，图 1-48 中尺寸 6 用来定位矩形在竖直方向的位置；尺寸 30 用来定位 $R5$ 圆弧在竖直方向上的位置。

2）线段分析

根据所给尺寸是否齐全，线段可分为已知线段、中间线段和连接线段。

（1）**已知线段**是指定形尺寸和定位尺寸齐全，作图时能直接画出的线段。例如，图 1-48 中根据尺寸 $R8$，$R16$，$R5$ 能直接画出所需的圆弧，根据尺寸 10，20，32，44 能直

接画出所需的线段，因此这些都是已知线段。

（2）中间线段是指定形尺寸齐全、定位尺寸不全的线段。作图时，这类线段要在与其相邻一端的线段画出后，根据相切或相接关系用几何作图方法画出。例如，图 1-48 中尺寸 *R*60 代表圆弧的定形尺寸，由于圆弧与尺寸为 44 的水平线右端的竖直线相切，该圆弧的圆心在水平方向上的位置尺寸为 60－44＝16，因此 *R*60 圆弧为中间线段。

（3）连接线段是指定形尺寸齐全、无定位尺寸的线段。作图时，这类线段依靠两端与相邻线段相切或相接关系画出。例如，图 1-48 中与 *R*8 和 *R*5 圆弧相切的线段、*R*35 圆弧属于连接线段。

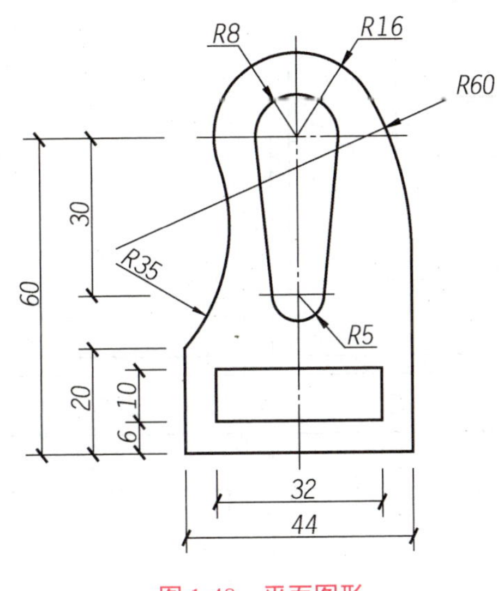

图 1-48　平面图形

2. 平面图形的绘制

以图 1-48 为例，结合上述分析绘制该平面图形，具体如下。

（1）确定比例，选取图纸幅面，准备绘图工具。根据拟绘制平面图形的尺寸确定绘图比例和图纸幅面，然后根据平面图形的特点准备图板、丁字尺、三角板、圆规和绘图铅笔等，并用胶带纸将图纸固定在图板上。

（2）布置图形。用 H 或 2H 铅笔依次轻轻画出图幅线、图框线和标题栏，然后根据拟绘制平面图形的大小和形状确定位置，最后在选定的位置绘制出平面图形的基准线，如图 1-49（a）所示。

（3）绘制底稿。用 H 或 2H 铅笔依次按照“已知线段→中间线段→连接线段”的顺序绘制出底稿线，底稿线的线型要分明，如图 1-49（a）～（b）所示。

（4）标注尺寸。标注定形尺寸和定位尺寸，如图 1-49（c）所示。

（5）检查并加深图线。绘制完底稿后应仔细检查并修正错误，擦去多余的图线。在确定底稿正确无误后，用 B 或 2B 铅笔将图线加深，如图 1-49（d）所示。

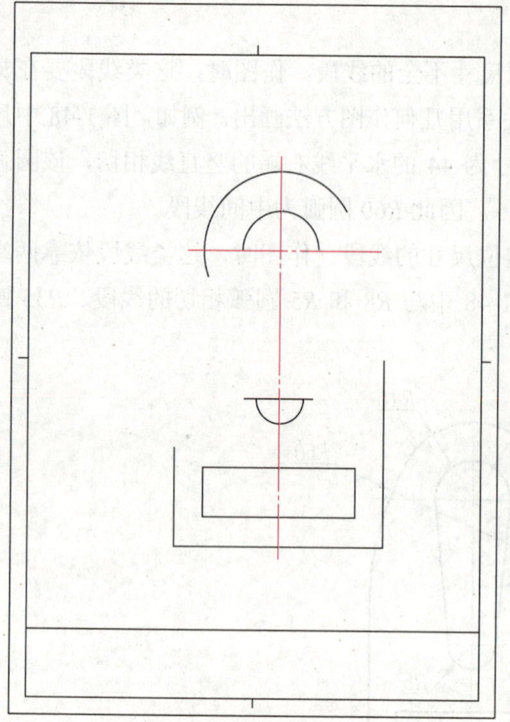
（a）绘制基准线和已知线段

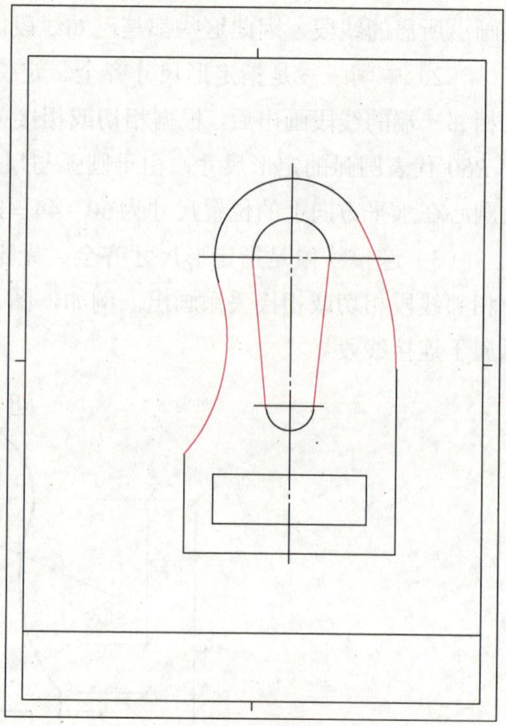
（b）绘制中间线段和连接线段

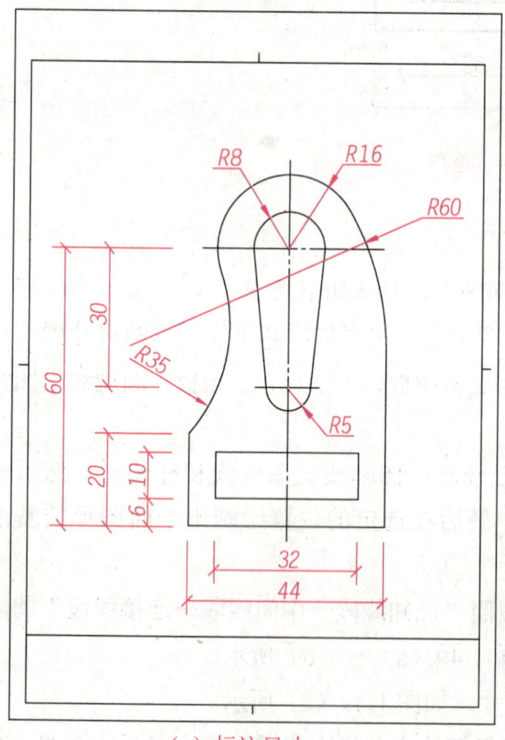

（c）标注尺寸

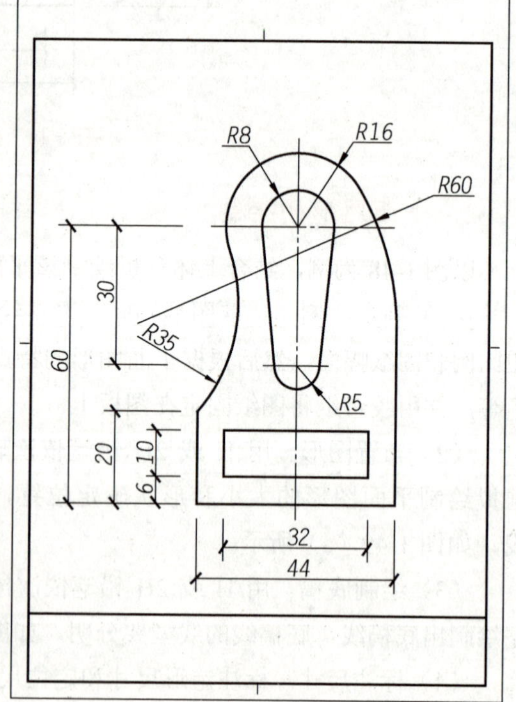

（d）检查并加深图线

图 1-49 平面图形的绘制

笔记

拓展升华

手工制图，培养匠心

在电脑绘图如此便利的时代，手工制图对于建筑类专业的学生还是必备技能吗？某校举办了建筑工程手工制图大赛，吸引了近百名学生参与。他们用实际行动回答了手工制图依然是当代建筑类专业大学生必备的基本功。

在整个比赛过程中，大家全身心地投入，用丁字尺、三角板、圆规等细心作图，绘制出了一幅幅线条粗细分明、工整标准的图形，充分展现了该校学生良好的绘图功底和水平。“绘制一张图很需要专注和耐心，通过一次次制图也能培养匠心。”获得比赛第一名的学生说道，“这次比赛是一次锻炼的机会，能够了解到自己的优势和不足，获得第一是对自己努力学习的肯定。”

“掌握制图技巧，在学习初期，能帮助学生看懂图纸，增强记忆，加深对结构的理解；在工作后，也能帮助他们在设计过程中随时将灵感记录下来，将自己的构思方案表达出来。”该校制图课程的授课教师说道，“一幅手工制图往往能反映一个人的个性和做事风格，学校一直十分重视学生手工制图这项基本功的培养。”

这次手工制图大赛起到了很好的示范作用，激发了学生学习建筑制图的热情，弘扬了工匠精神，对培养学生严谨细致、一丝不苟、精益求精的作图习惯具有极大的促进作用。

实践操作——绘制牛腿柱图

1. 任务描述

牛腿柱是钢结构中的一种重要构件，具有承载和传递荷载的作用。它是一种特殊形状的钢结构柱，由柱身和牛腿组成。牛腿是牛腿柱突出的部分，一般位于柱身的端部。为了让学生更好地掌握平面图形的绘制方法，请指导教师组织学生绘制图1-50所示的牛腿柱图。

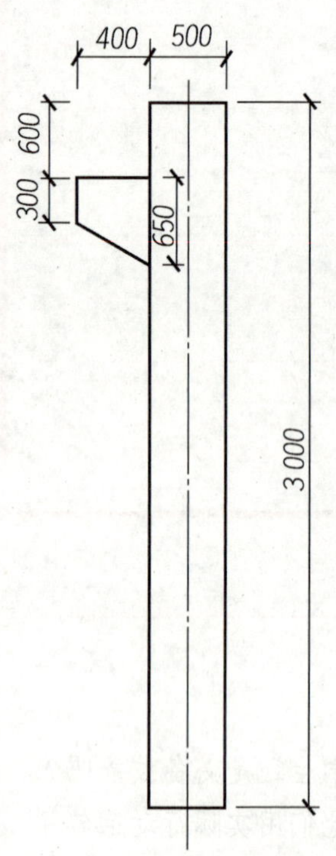

图1-50 牛腿柱图

2. 实施内容

（1）分析平面图形。

① 尺寸分析。作图1-50中矩形的对称线，将其作为水平方向的尺寸基准，将底面作为竖直方向的尺寸基准；尺寸500，3 000确定了矩形大小，尺寸400，300和650确定了梯形的大小，故它们都属于定形尺寸；尺寸600用来定位尺寸300在竖直方向的位置，属于定位尺寸。

② 线段分析。尺寸为3 000，500，400和300的线段为已知线段；梯形斜边在竖直方向上的位置尺寸为3 000－650－600＝1 750，故梯形斜边为中间线段；图1-50中无连接线段。

（2）确定比例，选取图纸幅面，准备绘图工具。根据牛腿柱图的尺寸选用1∶20的比例和A4图纸幅面，然后根据牛腿柱图的特点准备图板、丁字尺、三角板和绘图铅笔等，并用胶带纸将图纸固定在图板上。

（3）布置图形。用H或2H铅笔依次轻轻画出图幅线、图框线和标题栏，然后根据牛腿柱图的大小和形状确定位置，最后在选定的位置绘制出牛腿柱图的基准线。

（4）绘制底稿。用H或2H铅笔依次按照“已知线段→中间线段”的顺序轻轻画出底稿线，如图1-51（a）～（b）所示。

（5）标注尺寸。标注定形尺寸和定位尺寸，如图1-51（c）所示。

（6）检查并加深图线。绘制完牛腿柱底稿后仔细检查并修正错误，擦去多余的图线。在确定底稿正确无误后，用B或2B铅笔将图线加深，如图1-51（d）所示。

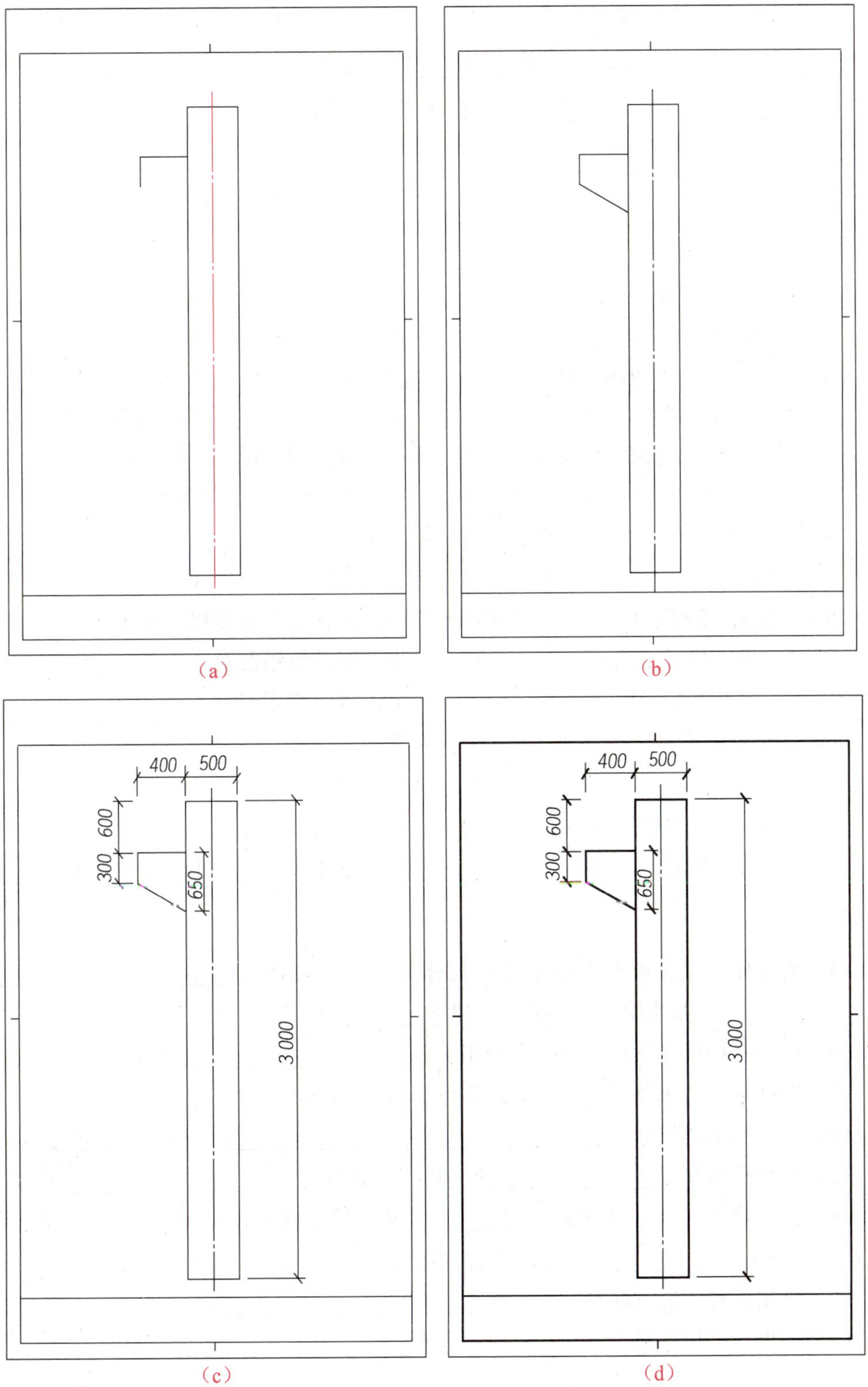

（a）　（b）

（c）　（d）

图 1-51　绘制牛腿柱图

项目考核

一、单选题

（1）A1图纸幅面的尺寸（$b \times l$）是（　　）。

A．841 mm×1 189 mm　　B．594 mm×841 mm

C．420 mm×594 mm　　D．297 mm×420 mm

（2）图样及说明中的汉字宜采用（　　）。

A．长仿宋体　　B．宋体　　C．黑体　　D．楷体

（3）尺寸界线应与被注长度垂直，其一端应距离图样轮廓线不小于（　　）。

A．1 mm　　B．2 mm　　C．5 mm　　D．10 mm

（4）标注球体的直径时，应在直径数字前加注符号（　　）。

A．R　　B．ϕ　　C．$S\phi$　　D．SR

（5）使用圆规绘图时，应先调整钢针和铅芯，确保圆规两插脚并拢时（　　）。

A．钢针略长于铅芯　　B．钢针与铅芯对齐

C．钢针略短于铅芯　　D．以上都不对

（6）削绘图铅笔时，将H或HB铅笔的铅芯削成（　　）。

A．三角形　　B．圆锥形　　C．四棱柱形　　D．圆柱形

（7）根据作用的不同，平面图形中的尺寸可分为定形尺寸和（　　）。

A．长度尺寸　　B．高度尺寸　　C．总体尺寸　　D．定位尺寸

二、填空题

（1）为了便于保管和装订图纸，绘制图样时，应优先选用______、______、______、______、______五种基本幅面，必要时可以________________。

（2）比例是指所绘图形与对应实物相应要素的________________之比。

（3）图样中长仿宋体字的高度一般不小于______mm。

（4）一个完整的尺寸应包括__________、__________、__________、__________。

（5）圆规是用来________________的工具；分规是用来____________________的工具。

（6）在工程制图中，一般使用____________铅笔绘制底稿，使用__________铅笔写字、画中粗线和箭头，使用____________铅笔加深图线。

（7）常用画椭圆的方法有_______________和_______________。

（8）根据所给尺寸是否齐全，线段可分为__________、__________和__________。

三、简答题

（1）绘制图线时有哪些注意事项？

（2）简述五等分线段的作图步骤。

四、实操题

利用本项目所学知识，绘制图 1-52 所示的拱门图。

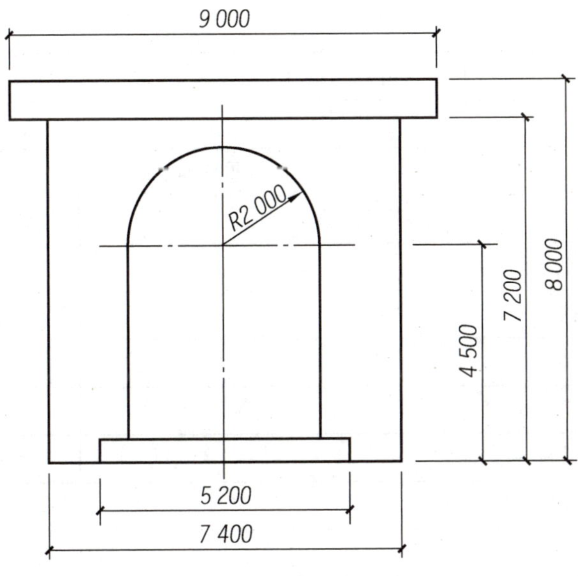

图 1-52 拱门图

项目评价

指导教师根据学生实际学习成果对其进行评价，学生配合指导教师共同完成如表 1-9 所示的项目评价表。

表 1-9　项目评价表

<table>
<tr><td>班级</td><td></td><td>组号</td><td></td><td>日期</td><td></td></tr>
<tr><td>姓名</td><td></td><td>学号</td><td></td><td>指导教师</td><td></td></tr>
<tr><td>项目名称</td><td colspan="5">制图基本知识</td></tr>
<tr><td>评价项目</td><td colspan="3">评价内容</td><td>满分/分</td><td>评分/分</td></tr>
<tr><td rowspan="8">知识
（40%）</td><td colspan="3">图纸幅面和格式</td><td>4</td><td></td></tr>
<tr><td colspan="3">图线</td><td>6</td><td></td></tr>
<tr><td colspan="3">字体</td><td>4</td><td></td></tr>
<tr><td colspan="3">比例</td><td>4</td><td></td></tr>
<tr><td colspan="3">尺寸标注</td><td>6</td><td></td></tr>
<tr><td colspan="3">常见的绘图工具</td><td>4</td><td></td></tr>
<tr><td colspan="3">几何作图</td><td>6</td><td></td></tr>
<tr><td colspan="3">平面图形的分析与绘制</td><td>6</td><td></td></tr>
<tr><td rowspan="4">技能
（40%）</td><td colspan="3">会查阅 GB/T 50001—2017《房屋建筑制图统一标准》</td><td>10</td><td></td></tr>
<tr><td colspan="3">正确分析图样</td><td>10</td><td></td></tr>
<tr><td colspan="3">正确使用绘图工具</td><td>10</td><td></td></tr>
<tr><td colspan="3">能够绘制平面图形</td><td>10</td><td></td></tr>
<tr><td rowspan="5">素质
（20%）</td><td colspan="3">积极参加教学活动，主动学习、思考、讨论</td><td>6</td><td></td></tr>
<tr><td colspan="3">认真负责，按时完成学习、实操任务</td><td>4</td><td></td></tr>
<tr><td colspan="3">团结协作，与组员密切配合</td><td>4</td><td></td></tr>
<tr><td colspan="3">服从指挥，遵守课堂纪律</td><td>4</td><td></td></tr>
<tr><td colspan="3">守正创新，自信自强</td><td>2</td><td></td></tr>
<tr><td colspan="4">合计</td><td>100</td><td></td></tr>
<tr><td>自我评价</td><td colspan="5"></td></tr>
<tr><td>指导教师评价</td><td colspan="5"></td></tr>
</table>

项目二

正投影基础

项目导读

工程界技术交流中，人们常用到各种工程图样，这些工程图样大多是按照正投影原理绘制的。为了正确、快速地识读与绘制这些工程图样，必须学习有关正投影的基础知识。本项目将主要介绍投影的概念和分类、工程中常用的投影图、三面投影图，以及点、直线与平面的投影等，为更好地识读与绘制工程图样打下坚实的基础。

项目目标

知识目标

（1）了解投影的概念和分类。

（2）了解工程中常用的投影图。

（3）熟悉三面投影图的形成与展开过程。

（4）掌握点、直线与平面的投影规律。

技能目标

（1）能够绘制三面投影图。

（2）能够分析点、直线与平面的投影规律。

素质目标

（1）培养空间想象能力，养成科学严谨的作图习惯。

（2）践行深入钻研、精益求精的工匠精神。

任务一 认识投影

任务引入

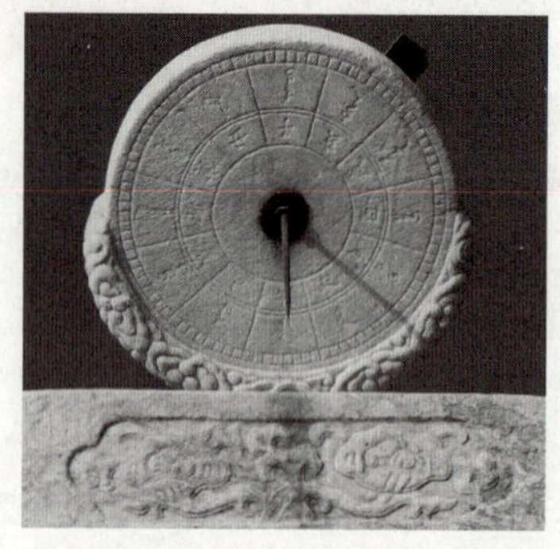
图 2-1 日 晷

我国古老的天文学和数学著作《周髀算经》中有着这样的记载："冬至日晷长，夏至日晷短。"这里的"晷"指的就是太阳的影子，即日影。在古代，把利用日影测定时间的装置称为日晷，如图 2-1 所示。它通常由晷针和晷面组成，晷针垂直穿过晷面，晷面有正反两面，每面分别刻有十二个格子，每个格子代表两个小时。当日光照射在日晷上时，晷针的影子会投在晷面上，而且随着时间的推移，晷针影子的长度和位置会在晷面上发生变化，进而反映时间的变化。

思考　你知道日晷用到了哪些投影知识吗？

任务工单

请扫描下方二维码，获取任务工单。根据任务工单，学生可以在课前预习相关知识，在课后进行实施。

一、投影的概念和分类

1. 投影的概念

日常生活中，物体在日光或灯光的照射下，在地面或墙面上会出现影子，我们可以通过影子看出物体的外形轮廓，但影子不能反映物体真实的形状、大小和内部结构。这是因为随着光照角度、物体位置的变化，影子的形状和大小会发生变化，且影子本身是一个黑影，无法反映物体的内部结构。

人们对上述物理现象科学地加以抽象与概括，把光线抽象为投射线（或投影线），把物体抽象为形体，把地面或墙面抽象为投影面。把产生的影子称为**投影**，用投影表示形体

的形状和大小的方法称为投影法，用投影法画出的图形称为投影图。要产生投影必须具备三个条件：投射线、形体和投影面。三者缺一不可，称为投影三要素。

2. 投影的分类

根据投射线是否平行，投影可分为中心投影和平行投影。

1）中心投影

投影中心离投影面有限远，所有投射线都汇聚于一点的投影称为中心投影，如图 2-2 所示。其中，投影中心是指投射线汇聚的点，如图 2-2 中的点 S。这种投影方法称为中心投影法。

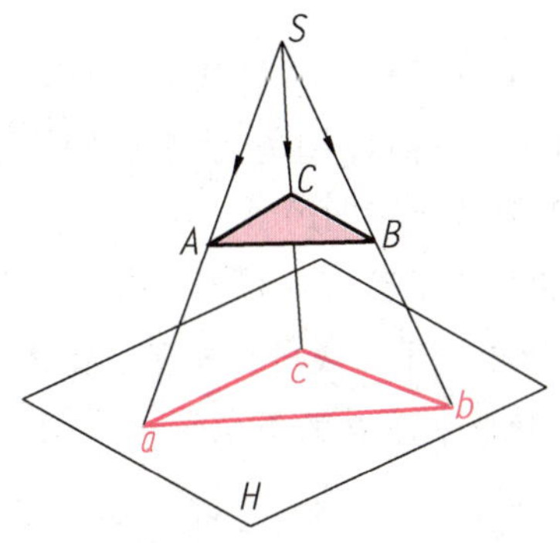

图 2-2　中心投影

中心投影的形状和大小，会随着物体、投影中心和投影面之间相对位置的变化而变化，度量性较差，因此中心投影一般不反映物体真实的形状和大小。

2）平行投影

投影中心离投影面无限远，所有投射线都变得几乎平行，投射线经过物体并在投影面上得到的投影称为平行投影。这种投影方法称为平行投影法。

在平行投影法中，若投射线与投影面垂直，则这种投影方法称为正投影法，所得到的投影称为正投影（也可简称投影），如图 2-3（a）所示；若投射线与投影面倾斜，则这种投影方法称为斜投影法，所得到的投影称为斜投影，如图 2-3（b）所示。

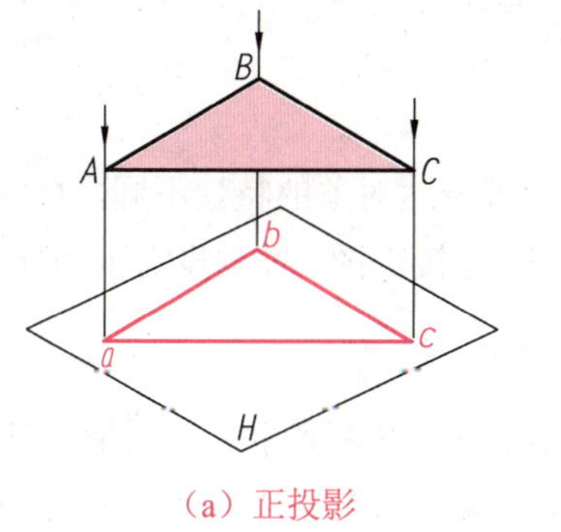

（a）正投影

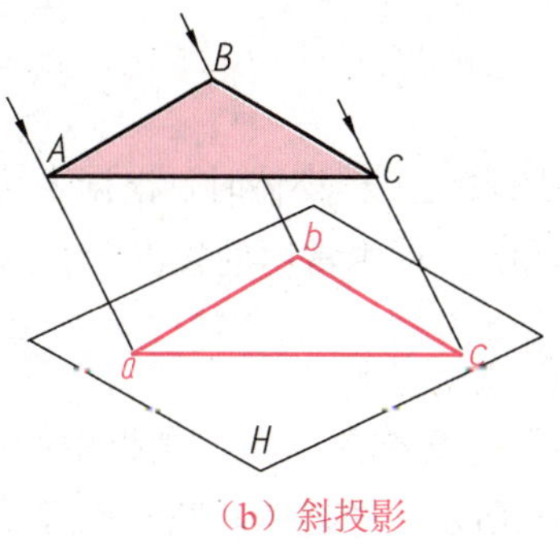

（b）斜投影

图 2-3　平行投影

平行投影的形状和大小，不会随着物体、投影中心和投影面之间相对位置的变化而变化，因此，平行投影能反映物体真实的形状和大小。

知识加油站

在实际工程中一般采用正投影进行制图。由于正投影的形成条件是投射线相互平行且与投影面垂直，因此正投影图具有以下三个基本特性。

（1）真实性。当物体的某一平面（或棱线）与投影面平行时，其投影反映实形（或实长）。如图 2-4（a）所示，平行于 *V* 面的平面 *P* 和形成平面 *P* 的所有棱线在该投影面上的投影反映其实形。

（2）积聚性。当物体的某一平面（或棱线）与投影面垂直时，其投影积聚成一条直线（或一点）。如图 2-4（b）所示，垂直于 *V* 面的平面 *Q* 在该投影面上的投影积聚成一条直线 *q*，棱线 *BC* 积聚成一点 *b*(*c*)。

（3）类似性。当物体的某一平面（或棱线）与投影面倾斜时，其投影与该平面（或棱线）类似，但平面图形变小了，线段变短了。如图 2-4（c）所示，倾斜于 *V* 面的平面 *R* 在该投影面上的投影是平面 *R* 的类似形 *r*。

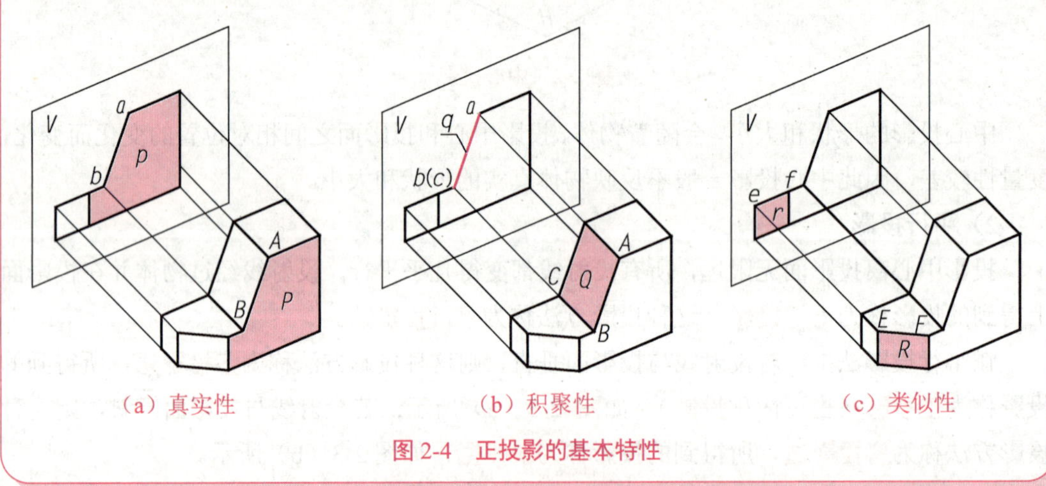

（a）真实性　（b）积聚性　（c）类似性

图 2-4　正投影的基本特性

二、工程中常用的投影图

用投影图表达工程物体时，根据表达的目的和被表达对象的特性不同，往往需要采用不同的投影图。工程中常用的投影图有透视投影图、正投影图、轴测投影图和标高投影图。

1. 透视投影图

透视投影图简称**透视图**，是指用中心投影法将物体投射到单一投影面上所得到的图形，如图 2-5 所示。透视图与照相原理相似，相当于将相机放在投影中心所拍的照片，具有形象逼真、立体感较强、符合“近大远小”的视觉特点。但透视图绘制烦琐且不能直接

反映物体真实的形状和大小，因此常用于建筑设计方案比较、绘制建筑物的效果表现图等。

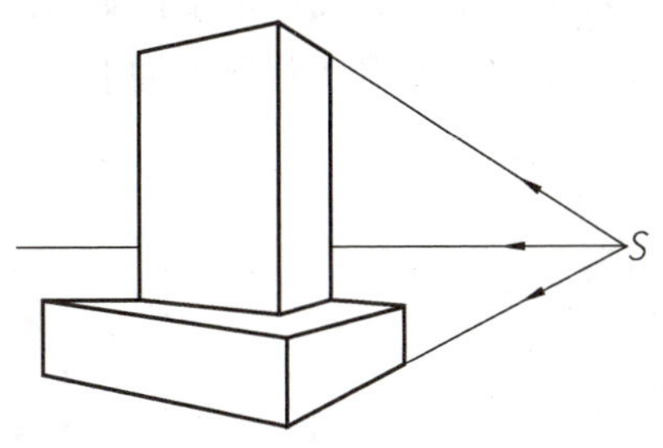

图 2-5 透视图

2. 正投影图

了解“正投影”

正投影图是指用正投影法将物体向两个或两个以上相互垂直的投影面投影，再按一定规律将投影面展开到一个平面上所得到的投影图。正投影图能反映物体真实的形状和大小，且具有制图方便、度量性好的特点，常用于绘制建筑施工图和结构施工图等。工程中常用的正投影图是三面投影图，如图 2-6 所示。

3. 轴测投影图

轴测投影图简称**轴测图**，是指将物体连同确定其位置的直角坐标系，沿不平行于任何一个坐标平面的方向，用平行投影法投射在某一选定的单一投影面上所得到的图形，如图 2-7 所示。轴测图能在一个投影面上同时反映物体在三个坐标面上的形状，形象逼真，富有立体感。但轴测图一般不能反映物体各表面的实形，度量性差，同时作图复杂，因此在工程上它常用作正投影图的辅助图样。

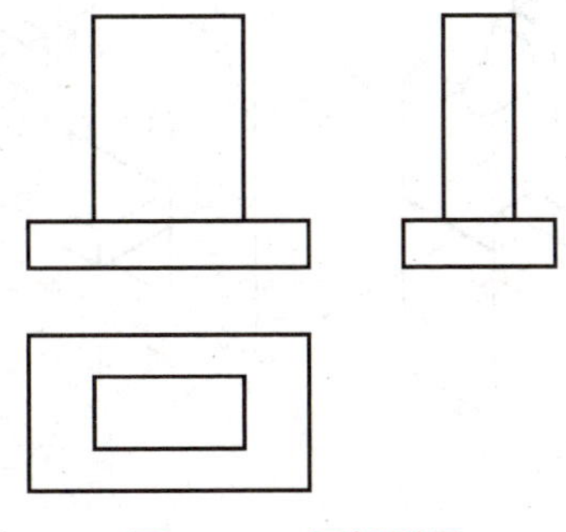

图 2-6 三面投影图

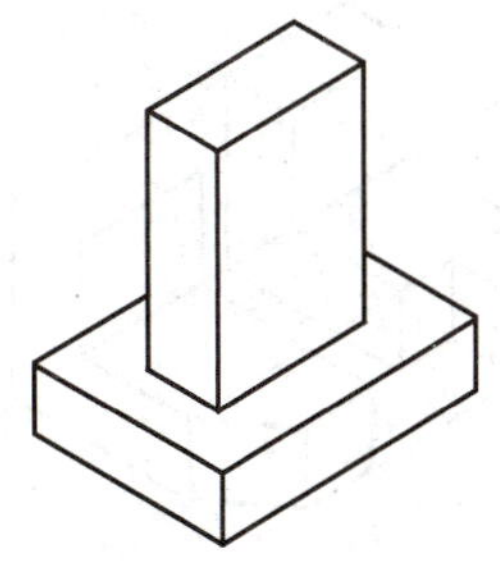

图 2-7 轴测图

4. 标高投影图

标高投影图是指在水平投影面上，通过加注高程来表示物体的单面正投影图。它常用来表达不规则曲面。作图时用一组等间隔的水平截面截割物体，得到一组水平截交线（即等高线），并将它们投射到水平投影面上，再标出其高程，即可得到标高投影图，如图 2-8 所示。其中，高程又称标高，是指水平截面高出水平投影面的高度。标高投影图常用来绘制地形图、建筑总平面图，以及道路、水利工程等方面的平面布置图等。

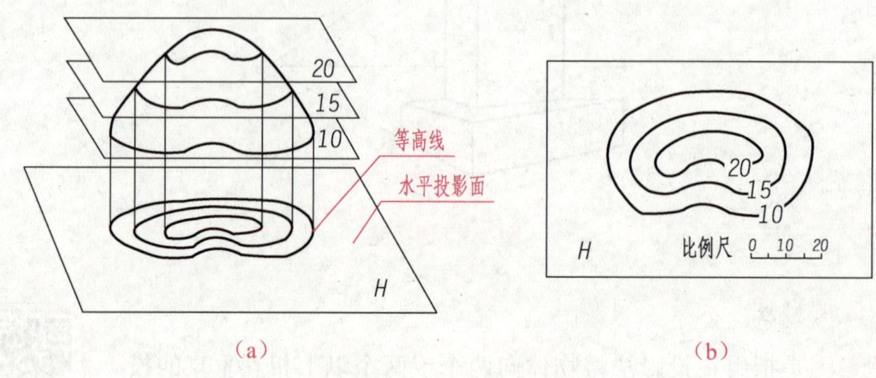

图 2-8 标高投影图的绘制

三、三面投影图

物体的单面投影只能反映两个方向的尺寸，不同的物体在同一投影面上的投影有可能相同，如图 2-9（a）所示。因此，一个投影不能准确地表达物体的形状和大小。

空间中用相互垂直的两个平面作投影面，将物体向这两个投影面作正投影，这两个投影联合起来能表达物体在长、宽、高三个方向上的尺寸。因此，一般情况下，两面投影能清楚地表达物体的形状，但有时不能，如图 2-9（b）所示。

因此，如果想准确地表达物体的形状和大小，就需要建立一个三投影面体系。

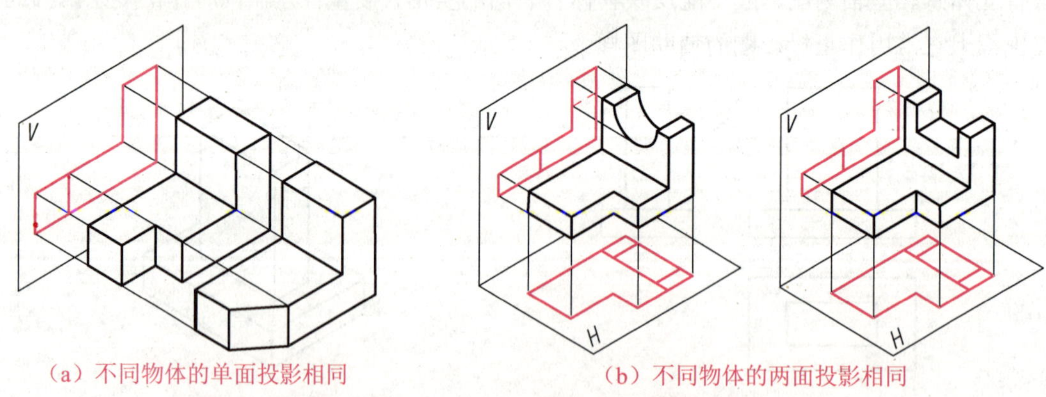

（a）不同物体的单面投影相同　　（b）不同物体的两面投影相同

图 2-9 物体的单面投影和两面投影

1. 三投影面体系的建立

要唯一确定物体的形状和大小，通常将物体放在由三个相互垂直的投影面组成的三投影面体系（见图 2-10）中，然后向这三个投影面分别进行投影。其中，处于正立位置的平

面称为正立投影面，简称正立面，用“V”标记；处于水平位置的平面称为水平投影面，简称水平面，用“H”标记；处于侧立位置的平面称为侧立投影面，简称侧立面，用“W”标记。三个投影面相互垂直的交线称为投影轴，分别用 OX 轴、OY 轴、OZ 轴表示，三个投影轴的交点 O 称为原点。

笔记

2. 三面投影图的形成与展开

将物体放置于三投影面体系中（与物体表面平行的投影面越多越好），并分别向三个投影面进行正投影，即可得到物体的三面投影图（也称三视图），如图 2-11 所示。

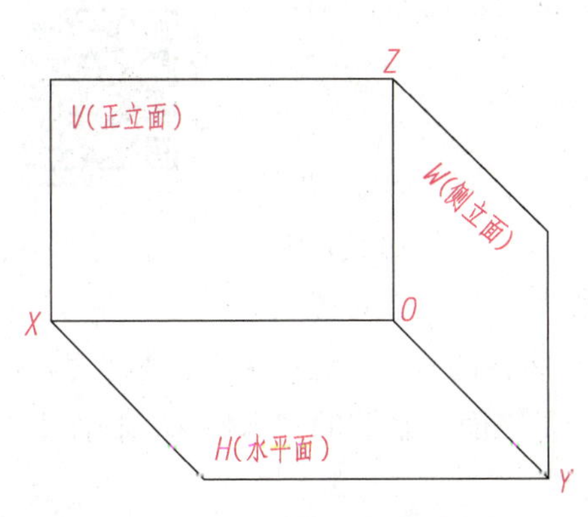

图 2-10 三投影面体系

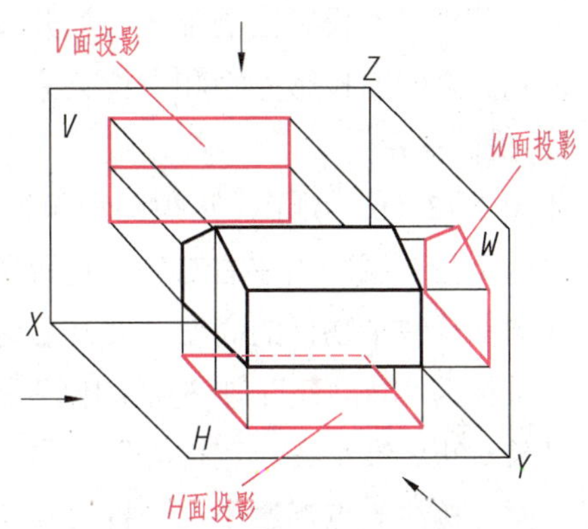

图 2-11 三面投影图的形成

三面投影包括 V 面投影、H 面投影和 W 面投影。其中，V 面投影又称正面投影，是由前向后投射时物体在正立面（V 面）上所得到的投影，由 V 面投影得到的图形称为正视图（又称正立面图）；H 面投影又称水平投影，是由上向下投射时物体在水平面（H 面）上所得到的投影，由 H 面投影得到的图形称为俯视图（又称平面图）；W 面投影又称侧面投影，是由左向右投射时物体在侧立面（W 面）上所得到的投影，由 W 面投影得到的图形称为侧视图（又称侧立面图）。

为了方便观看，把三个互相垂直的投影面画在同一张图纸上，并且将三个投影面按规定展开。展开时使 V 面保持不动，H 面绕 OX 轴向下旋转 90°，W 面绕 OZ 轴向右旋转 90°，使三个投影图摊开在同一个平面上。展开后 OY 轴分为两条，在 H 面上的用 OY_H 表示，在 W 面上的用 OY_W 表示，如图 2-12（a）所示。

由于投影面是假想的，投影面与投影图的形状和大小无关，因此展开后的投影图一般不画出投影面的边框，也不注写 V，H，W 字样，如图 2-12（b）所示。

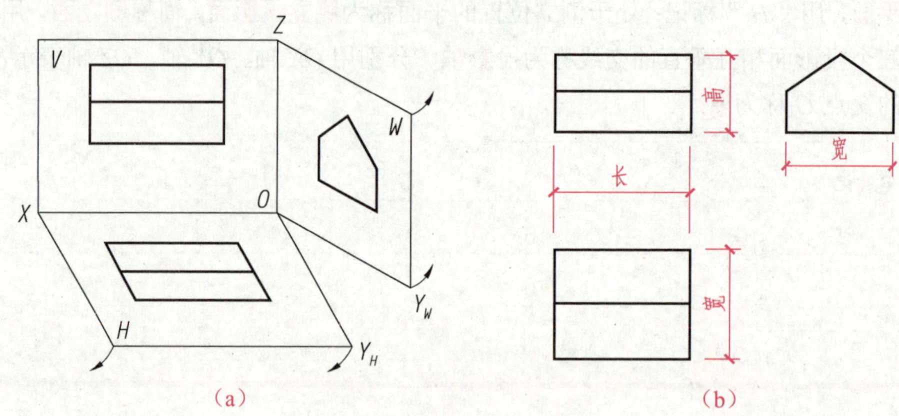

图 2-12　三面投影图的展开

3. 三面投影图的对应关系

通过分析三面投影图的形成与展开过程，可以得到正视图、俯视图与侧视图之间的投影关系和方位关系。

三视图之间的画法与对应关系

1）投影关系

如图 2-12（b）所示，正视图和俯视图都反映了物体的长度，展开后这两个投影图应当左右对齐，这种关系称为“长对正”；正视图和侧视图都反映了物体的高度，展开后这两个投影图应当上下对齐，这种关系称为“高平齐”；俯视图和侧视图都反映了物体的宽度，这种关系称为“宽相等”。

“长对正、高平齐、宽相等”又称三等规律，是三面投影图的基本规律，物体上的每一个平面、棱线、点都遵循这一投影规律。

绘制三面投影图时，“长对正”可利用靠在丁字尺工作边上的三角板将正视图和俯视图对正来实现；“高平齐”可利用丁字尺将正视图和侧视图拉齐来实现；“宽相等”可利用以原点为圆心所作的圆弧或 45°辅助线，将宽度在俯视图与侧视图之间互相转移来实现，如图 2-13 所示。

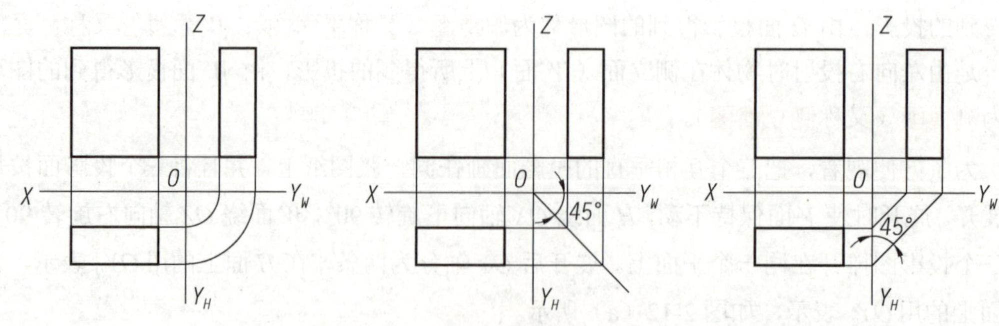

图 2-13　三面投影图的投影关系

2）方位关系

物体有上、下、左、右、前、后六个方位。如图 2-14 所示，正视图反映物体的上下、左右的相对位置关系；俯视图反映物体的左右、前后的相对位置关系；侧视图反映物体的上下、前后的相对位置关系。

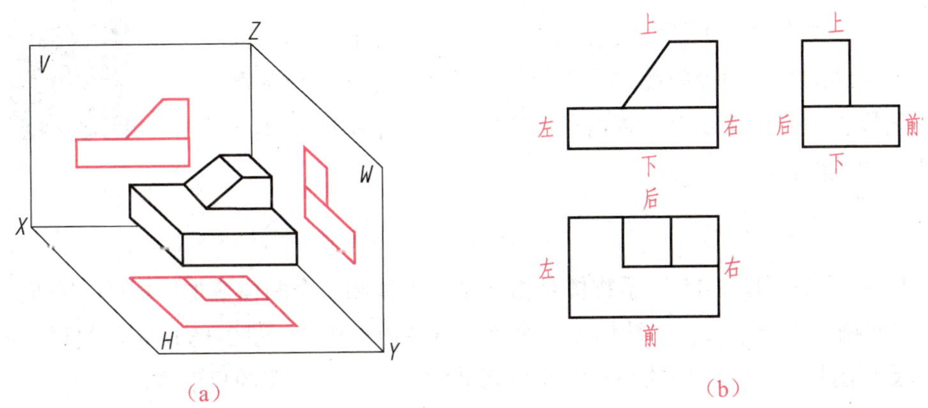

图 2-14　三面投影图的方位关系

4. 三面投影图的绘制步骤

三面投影图的主要绘制步骤如下。

（1）分析物体，确定正视图的投射方向。观察并分析物体的形状特征，确定正视图的投射方向（尽可能地反映物体的形状特征），其他投影图尽可能绘制简单、少虚线。

（2）确定绘图比例和图纸幅面。根据物体结构的复杂程度和尺寸大小来确定绘图比例和图纸幅面。

（3）整体布局，绘制底稿图。首先，绘制投影轴、45°辅助线和基准线（或对称中心线）；其次，从正视图入手，通过先主后次逐步绘制各部分的投影图；最后，根据三等规律绘制俯视图和侧视图，从而得到三面投影图的底稿图。

（4）检查并加深图线。绘制完底稿图后应仔细检查并修正错误，擦去多余的图线。在确定底稿图正确无误后，用 B 或 2B 铅笔将图线加深。

小贴士

绘制三面投影图时，可设想分别从物体的前、左、上三个方位观察，如果物体的棱边和轮廓线可见，则用粗实线表示；如果棱边和轮廓线不可见，则用细虚线表示。当粗实线与细虚线或点画线重合时，用粗实线表示；当细虚线与点画线重合时，用细虚线表示。

实践操作——绘制物体的三面投影图

1. 任务描述

通过绘制三面投影图，工程师可以更加清晰地表达设计意图，同时也可以在绘图过程中及时地发现和解决潜在的设计问题，因此能够准确地绘制三面投影图非常重要。为了让学生更好地掌握绘制三面投影图的相关知识，请指导教师组织学生绘制如图 2-15 所示物体的三面投影图。

三面投影图怎么绘制？

2. 实施内容

（1）经观察，图 2-15 所示物体是由一个长方体和一个凹槽叠加而成的。我们可以认为，上方凹槽是由一个长方体被切去一个小长方体而形成的。图 2-16 所示的投射方向最能清晰地反映出长方体和凹槽的叠加关系，因此它可作为正视图的投射方向。

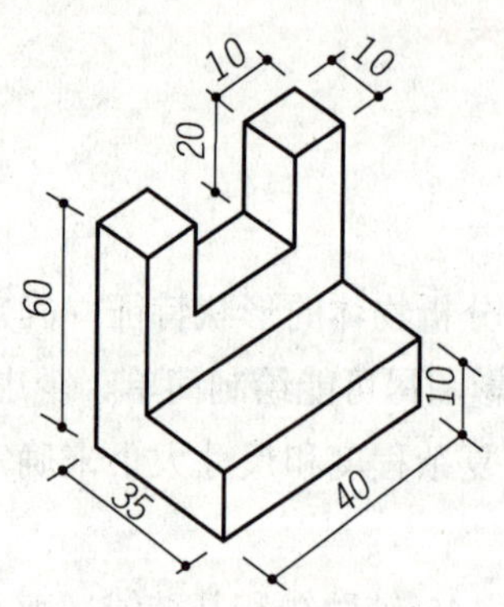

图 2-15　物体的立体图

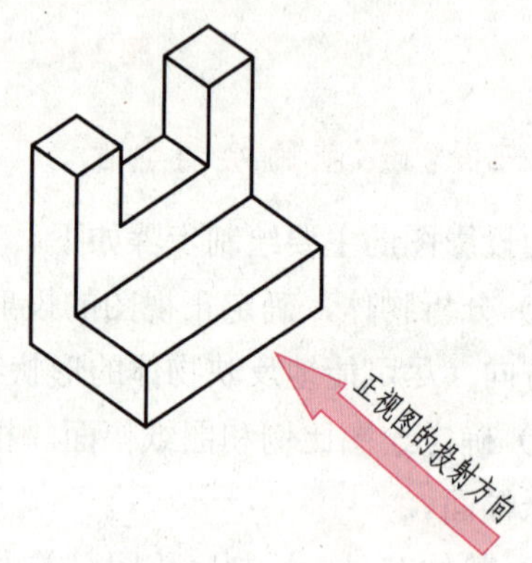

图 2-16　确定正视图的投射方向

（2）根据拟绘制图形的尺寸选用 1∶1 的比例和 A4 图纸幅面。

（3）首先，绘制出投影轴、45°辅助线和基准线，如图 2-17（a）所示；其次，根据投射方向绘制出两个叠加长方体的正视图；最后，利用三等规律绘制出两个叠加长方体的三面投影图，如图 2-17（b）所示。

（4）首先，根据投射方向绘制出切去的小长方体的正视图；其次，利用“长对正”绘制出切去的小长方体的俯视图；最后，利用“高平齐”补画挖去的小长方体的侧视图，由于挖去的部分在侧视图中不可见，因此用虚线表示，如图 2-17（c）所示。

（5）仔细检查并修正错误，擦去多余的图线、投影轴和 45°辅助线等，在确定底稿图正确无误后加深图线，得到物体的三面投影图，如图 2-18 所示。

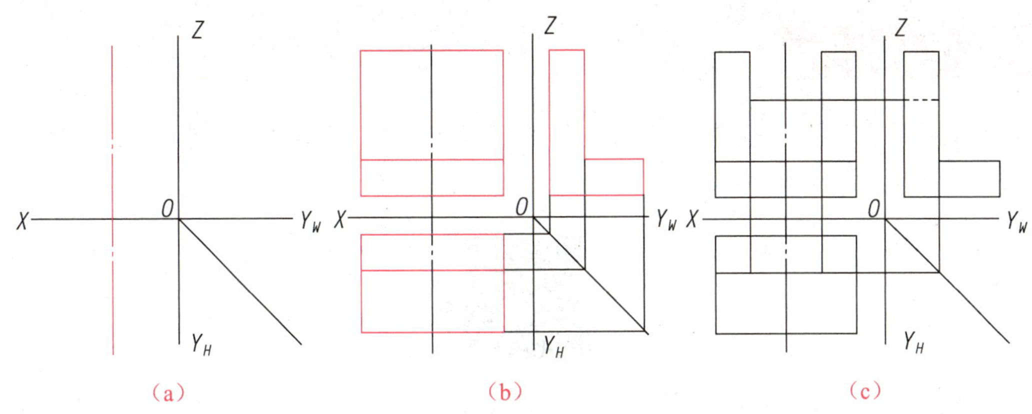

图 2-17 绘制物体的三面投影图

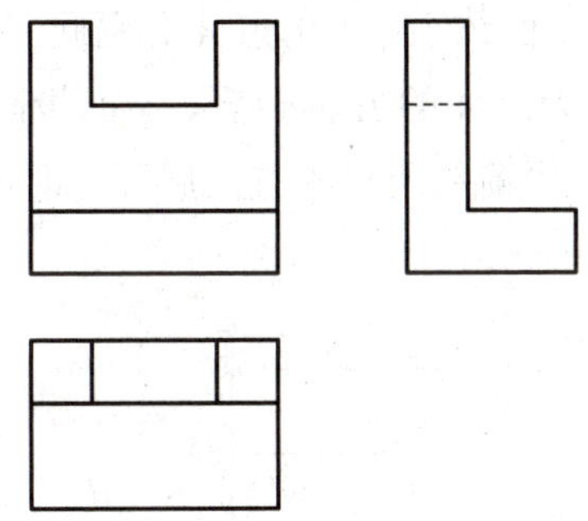

图 2-18 物体的三面投影图

任务二 进行点、直线与平面的投影

任务引入

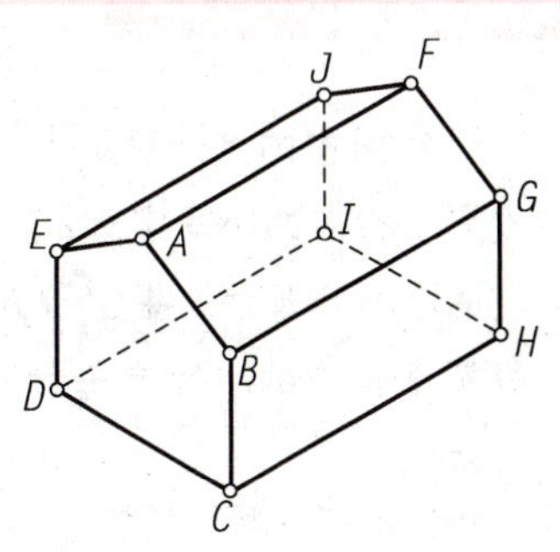

图 2-19 房屋的立体图

任何物体均可认为是由点、直线与平面构成的。如图 2-19 所示的房屋是由多个平面围成的，各平面相交于直线，各直线相交于点。

从构成角度来看，要想得到该房屋的投影，只需要先绘制出这些交点的投影，然后用直线将各交点的投影连接起来即可。由此可见，点的投影是直线与平面投影的基础。

思考 你知道如何得到点、直线与平面的投影吗？

任务工单

请扫描下方二维码，获取任务工单。根据任务工单，学生可以在课前预习相关知识，在课后进行实施。

一、点的投影

将空间中一点 A 置于三投影面体系中，由点 A 分别向三个投影面作垂线（即投射线），得到的三个垂足 a，a' 和 a'' 即为点 A 的 H 面投影、V 面投影和 W 面投影，如图 2-20（a）所示。将投影面按图 2-20（b）中箭头所指的方向展开，即可得到点 A 的三面投影图，如图 2-20（c）所示。

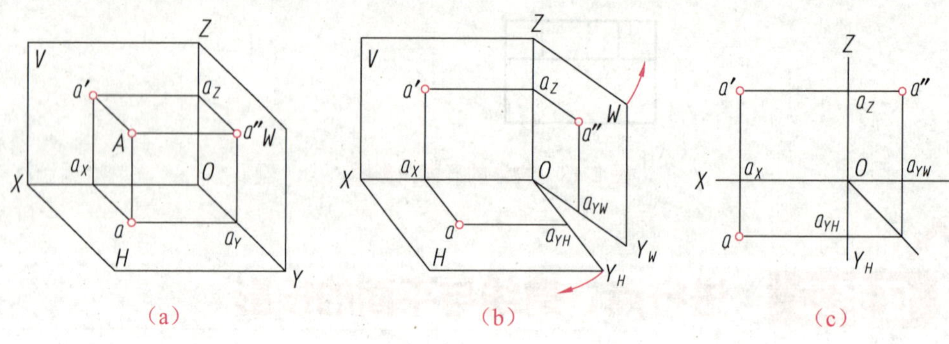

图 2-20　点的三面投影

知识加油站

空间中的点一般用大写字母 A，B，C，… 或罗马数字Ⅰ，Ⅱ，Ⅲ，… 表示。H 面投影用相应的小写字母 a，b，c，… 或阿拉伯数字 1，2，3，… 表示。V 面投影用相应的小写字母加一撇 a'，b'，c'，… 或阿拉伯数字加一撇 $1'$，$2'$，$3'$，… 表示。W 面投影用相应的小写字母加两撇 a''，b''，c''，… 或阿拉伯数字加两撇 $1''$，$2''$，$3''$，… 表示。

1. 点的投影规律

由图 2-20 中点 A 的三面投影图的形成过程，可以总结出点的投影规律，具体如下。

（1）点的两面投影连线垂直于相应的投影轴，即 $aa' \perp OX$，$a'a'' \perp OZ$，$aa_{YH} \perp OY_H$，

$a''a_{YW} \perp OY_W$。

（2）点到某一投影面的距离，等于另外两个投影面上的投影到它们与该投影面相交的投影轴的距离，即点 A 到 H 面的距离 $Aa = a'a_X = a''a_{YW}$，点 A 到 V 面的距离 $Aa' = aa_X = a''a_Z$，点 A 到 W 面的距离 $Aa'' = aa_{YH} = a'a_Z$。

知识加油站

点 A 在空间中的位置可用空间直角坐标 (x_A, y_A, z_A) 来表示。其中，x_A 等于点 A 到 W 面的距离；y_A 等于点 A 到 V 面的距离；z_A 等于点 A 到 H 面的距离。

学以致用

【例 2-1】已知空间点 A(30，20，40)，试作它的三面投影图。

分析：由于每面投影能够表达点的两个坐标，因此要作点的三面投影图，可以先求出其中两面投影，再根据这两面投影求出第三面投影。

作图步骤：

（1）先画出两条相互垂直的直线作为投影轴，然后在 OX 轴上向左量取 30 mm，得到点 a_X，再过点 a_X 作 OX 轴的垂线，如图 2-21（a）所示。

（2）在过点 a_X 的垂线上向上量取 40 mm，得到点 a'，向下量取 20 mm，得到点 a，如图 2-21（b）所示。

（3）过点 O 画出 45°辅助线，利用点 a 和点 a' 作出点 a''，如图 2-21（c）所示。

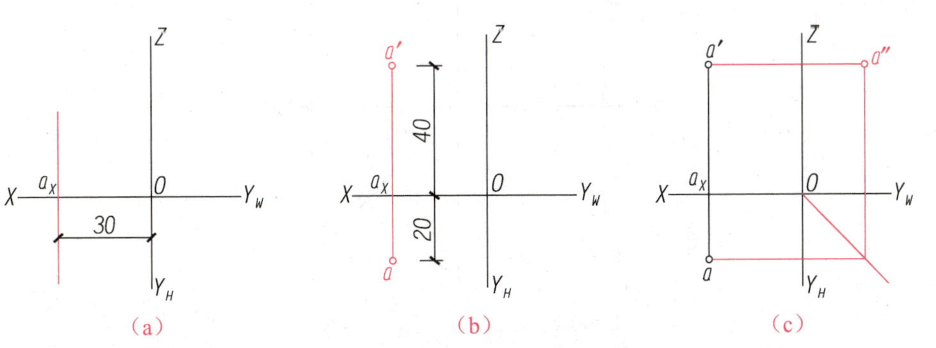

图 2-21　空间点的三面投影图

2. 点投影的位置关系

空间两点的相对位置是以其中一个点为基准，通过坐标差来判断另一个点在该点的上方或下方、前方或后方、左方或右方。下面以点 A 和点 B 为例，分析它们的相对位置，如图 2-22 所示。

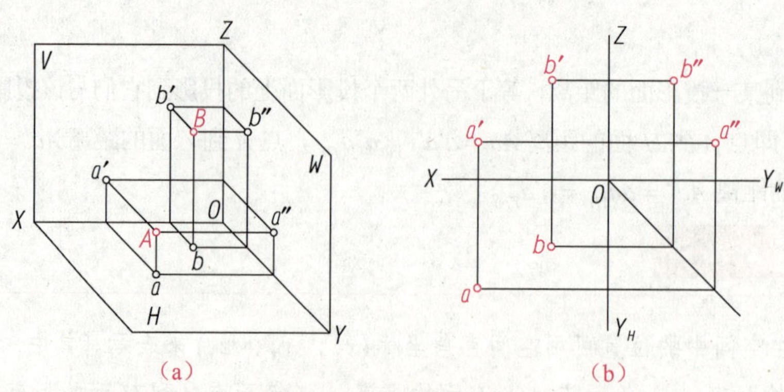

图 2-22　两点的相对位置

（1）点 A 和点 B 的左右关系由坐标差 $x_A - x_B$ 确定，由于 $x_A > x_B$，因此点 A 在点 B 左方。

（2）点 A 和点 B 的前后关系由坐标差 $y_A - y_B$ 确定，由于 $y_A > y_B$，因此点 A 在点 B 前方。

（3）点 A 和点 B 的上下关系由坐标差 $z_A - z_B$ 确定，由于 $z_A < z_B$，因此点 A 在点 B 下方。

综上所述，可以说点 A 在点 B 的左前下方，也可以说点 B 在点 A 的右后上方。

学以致用

【例 2-2】在点 $A(10, 10, 5)$的三面投影图（见图 2-23）上，作点 $B(15, 5, 0)$的三面投影图，并判断点 A 和点 B 在空间中的相对位置。

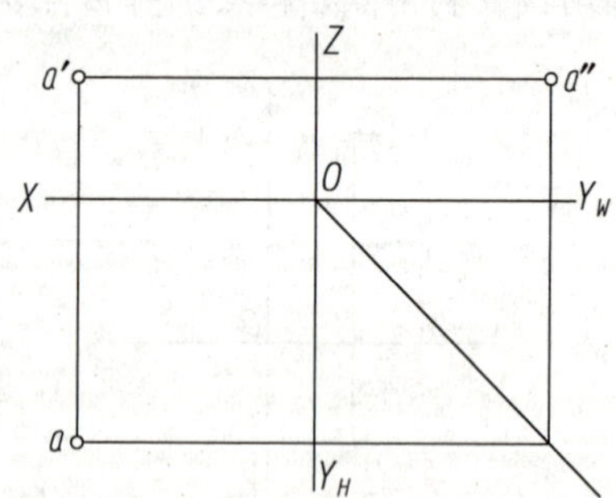

图 2-23　点 A 的三面投影图

分析： 由于 z_B 为 0，因此点 B 在 H 面上，其 V 面投影 b' 一定在 OX 轴上，W 面投影 b'' 一定在 OY_W 轴上。

作图步骤：

（1）在图 2-23 的基础上，在 OX 轴上向左量取 15 mm，得到点 b'，再从点 b' 向下量取 5 mm，得到点 b，最后利用点 b 和点 b' 作出点 b''，如图 2-24 所示。

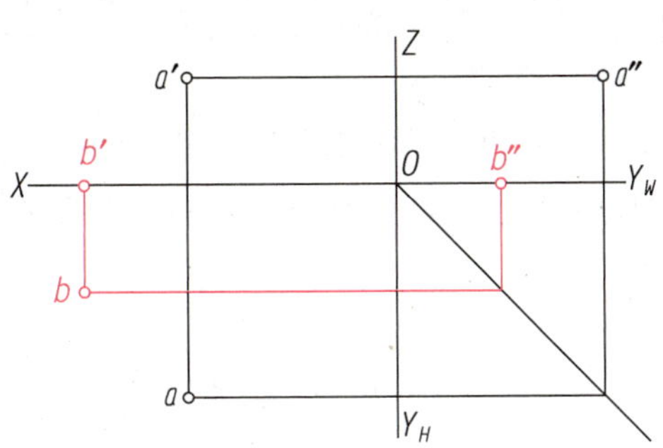

图 2-24 点 *B* 的三面投影图

（2）点 *A* 和点 *B* 在空间中的相对位置如下。

左右关系：$x_A - x_B = -5$ mm，因此点 *A* 在点 *B* 的右方 5 mm 处。

前后关系：$y_A - y_B = 5$ mm，因此点 *A* 在点 *B* 的前方 5 mm 处。

上下关系：$z_A - z_B = 5$ mm，因此点 *A* 在点 *B* 的上方 5 mm 处。

综上所述，点 *A* 在点 *B* 的右前上方各 5 mm 处。

特别地，当空间两点位于某一投影面的同一投射线上时，这两点在该投影面上的投影必重合于一点，我们称这两点为该投影面的重影点。如图 2-25 所示，点 *A* 和点 *B* 在 *H* 面上的投影为重影点。注意重影点中的可见点标注在前面，不可见点应加圆括号并注写在可见点的后面，如点 *a*(*b*)。

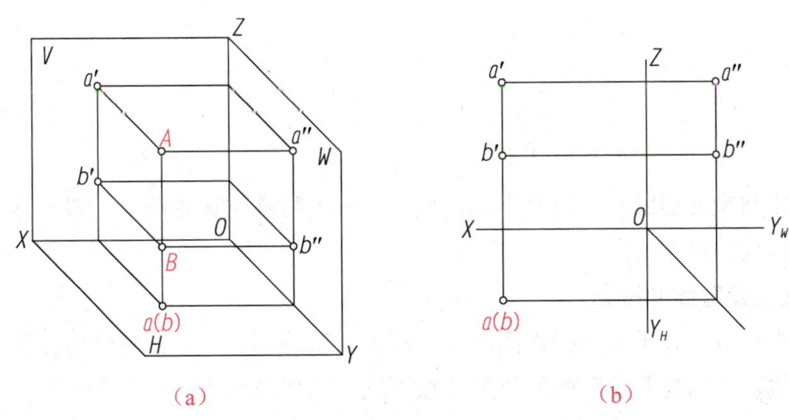

图 2-25 重影点及其可见性

小贴士

对重影点可见性的判断应遵循“前遮后（前可见后不可见）、上遮下（上可见下不可见）、左遮右（左可见右不可见）”的投影规律。

二、直线的投影

空间两点可确定一条直线，故直线的投影取决于其上两点的投影。由此可得出作直线的三面投影的基本方法，即分别作出直线上任意两点的三面投影，然后将同面投影用直线连接起来即可，如图2-26所示。

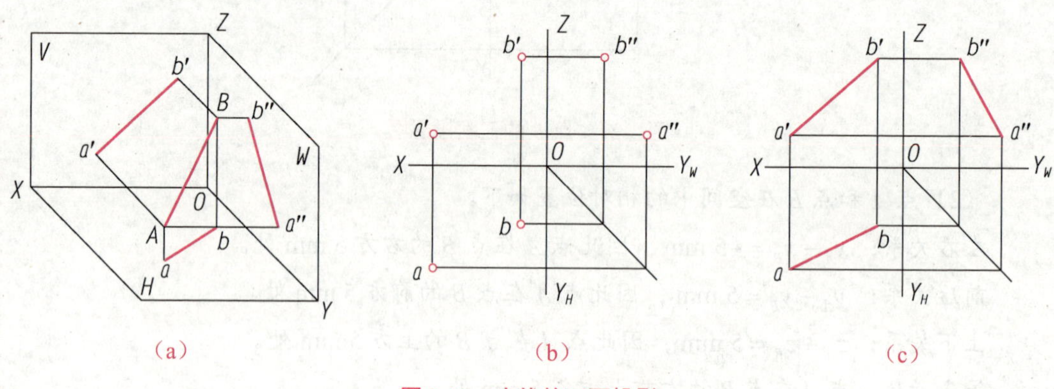

图2-26 直线的三面投影

笔记

1. 各种位置直线的投影

根据直线与投影面的相对位置不同，直线可分为特殊位置直线和一般位置直线。下面介绍这两种直线的投影。

1）特殊位置直线的投影

空间中平行或垂直于某一投影面的直线称为特殊位置直线。它可分为投影面平行线和投影面垂直线，它们与各投影面的位置关系不同，投影特性也不同。

（1）投影面平行线的投影。

空间中平行于某一投影面，且与另外两个投影面倾斜的直线称为投影面平行线。其中，平行于 H 面、倾斜于 V 面和 W 面的直线称为水平线；平行于 V 面、倾斜于 H 面和 W 面的直线称为正平线；平行于 W 面、倾斜于 H 面和 V 面的直线称为侧平线。直线与投影面的夹角称为直线的倾角。直线与 H 面、V 面、W 面的倾角分别用 α，β，γ 来表示。投影面平行线的投影特性如表2-1所示。

表 2-1 投影面平行线的投影特性

名称	立体图	三面投影图	投影特性
水平线			① $ab = AB$ ② $a'b' \parallel OX$，$a''b'' \parallel OY_W$，$a'b'$ 和 $a''b''$ 均不反映实长 ③ ab 与 OX 轴、OY_H 轴的夹角反映倾角 β 和 γ
正平线			① $a'b' = AB$ ② $ab \parallel OX$，$a''b'' \parallel OZ$，ab 和 $a''b''$ 均不反映实长 ③ $a'b'$ 与 OX 轴、OZ 轴的夹角反映倾角 α 和 γ
侧平线			① $a''b'' = AB$ ② $ab \parallel OY_H$，$a'b' \parallel OZ$，ab 和 $a'b'$ 均不反映实长 ③ $a''b''$ 与 OY_W 轴、OZ 轴的夹角反映倾角 α 和 β

由表 2-1 可以归纳出以下投影面平行线的投影规律。

① 投影面平行线在与其平行的投影面上的投影反映实长，且该投影与相应投影轴间的夹角反映该直线与另外两个投影面的倾角。

② 投影面平行线在另外两个投影面上的投影，分别平行于相应的投影轴，且不反映实长。

（2）投影面垂直线的投影。

若空间中的直线垂直于某一投影面，则该直线必平行于另外两个投影面，这样的直线称为投影面垂直线。其中，垂直于 H 面的直线称为铅垂线；垂直于 V 面的直线称为正垂线；垂直于 W 面的直线称为侧垂线。投影面垂直线的投影特性如表 2-2 所示。

表 2-2　投影面垂直线的投影特性

名称	立体图	三面投影图	投影特性
铅垂线			① H 面投影积聚成一点 ② $a'b' = a''b'' = AB$ ③ $a'b' \perp OX$，$a''b'' \perp OY_W$
正垂线			① V 面投影积聚成一点 ② $ab = a''b'' = AB$ ③ $ab \perp OX$，$a''b'' \perp OZ$
侧垂线			① W 面投影积聚成一点 ② $ab = a'b' = AB$ ③ $ab \perp OY_H$，$a'b' \perp OZ$

由表 2-2 可以归纳出以下投影面垂直线的投影规律。

① 投影面垂直线在与其垂直的投影面上的投影积聚成一点。

② 投影面垂直线在另外两个投影面上的投影反映该直线的实长，且垂直于相应的投影轴。

学以致用

【例 2-3】已知直线 AB 的 H 面投影 ab（见图 2-27），该直线与 H 面的夹角为 30°，端点 A 到 H 面的距离为 10 mm，点 A 在点 B 的左下方，求直线 AB 的另外两面投影。

分析：由于直线 AB 的 H 面投影 ab 平行于 OX 轴，点 A 在点 B 的左下方，因此直线 AB 为正平线，$a'b'$ 与 OX 轴的夹角反映直线 AB 与 H 面的夹角。由于点 A 到 H 面的距离等于其 V 面投影 a' 到 OX 轴的距离，因此应先作点 a'，再作点 b'，连接点 a' 和点 b' 得到直线 AB 的 V 面投影 $a'b'$，最后根据 ab 和 $a'b'$ 作直线 AB 的 W 面投影。

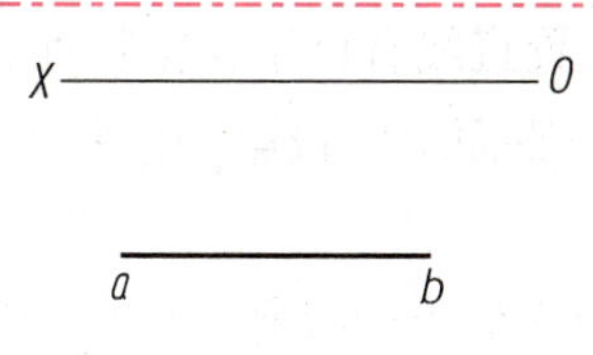

图 2-27 直线 *AB* 的 *H* 面投影 *ab*

作图步骤：

（1）过点 a 作 OX 轴的垂线 aa_X，在 aa_X 的延长线上截取 $a'a_X=10$ mm，如图 2-28（a）所示。

（2）由于点 A 在点 B 的左下方，因此过点 a' 作与 OX 轴成 30°的斜线，该斜线与过点 b 的垂线 bb_X 的延长线相交，即可得到点 b'，连接点 a' 和点 b'，得到 $a'b'$，如图 2-28（b）所示。

（3）根据 ab 和 $a'b'$，作直线 AB 的 W 面投影 $a''b''$，如图 2-28（c）所示。

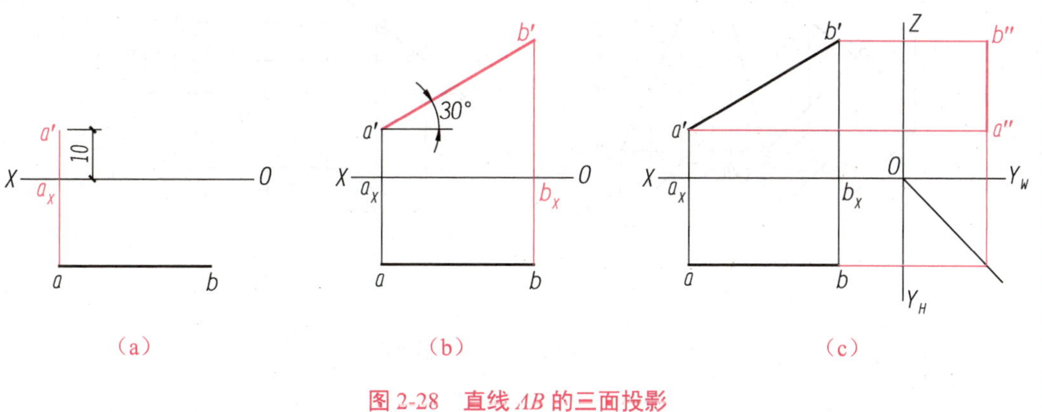

图 2-28 直线 *AB* 的三面投影

2）**一般位置直线的投影**

与三个投影面都倾斜的直线称为一般位置直线，如图 2-29 中的直线 *AB*。

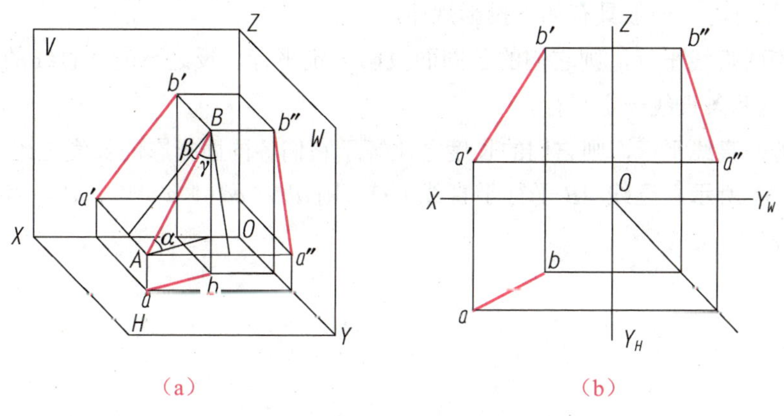

图 2-29 一般位置直线的三面投影

由图 2-29 可以看出，一般位置直线有以下投影特性。

（1）一般位置直线在三个投影面上的投影均倾斜于投影轴，且与相应投影轴的夹角不能反映真实的倾角。

（2）一般位置直线在三个投影面上的投影长度均小于实长。

2．直线上点的投影特性

直线上点的投影特性包括从属性和定比性。

（1）从属性。直线上任意一点的投影必在该直线的同面投影上。如图 2-30 所示，由于 $C \in AB$，因此必有 $c \in ab$，$c' \in a'b'$，$c'' \in a''b''$。

（2）定比性。直线上的点分割线段之比在投影后保持不变。如图 2-30 所示，由于点 C 将线段 AB 分为 AC 和 CB 两段，因此 $AC:CB = ac:cb = a'c':c'b' = a''c'':c''b''$。

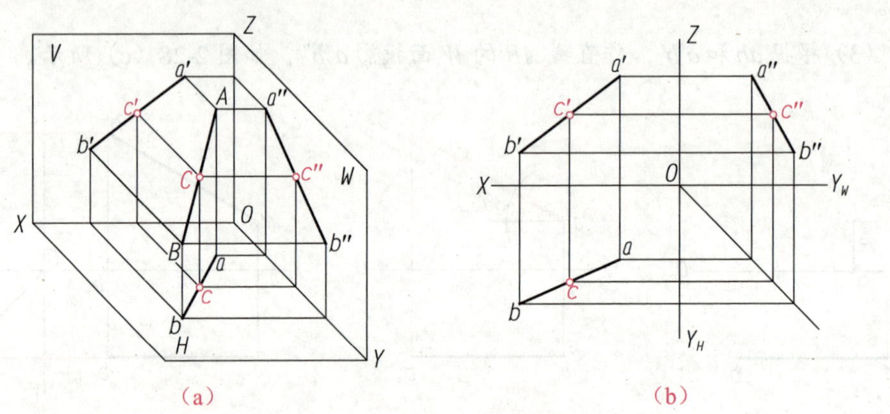

图 2-30　直线上点的投影

3．两直线的相对位置

两直线的相对位置有平行、相交、交叉三种情况。

1）两直线平行

两直线平行时，一般具有如下投影规律。

（1）若两直线平行，则它们的各同面投影一定平行。反之，若两直线的各同面投影均平行，则这两条直线一定平行。

（2）若两直线平行，则它们的长度之比等于它们各同面投影的长度之比。

如图 2-31 所示，直线 AB 平行于直线 CD，则 $ab \parallel cd$，$a'b' \parallel c'd'$，且 $AB:CD = ab:cd = a'b':c'd'$。

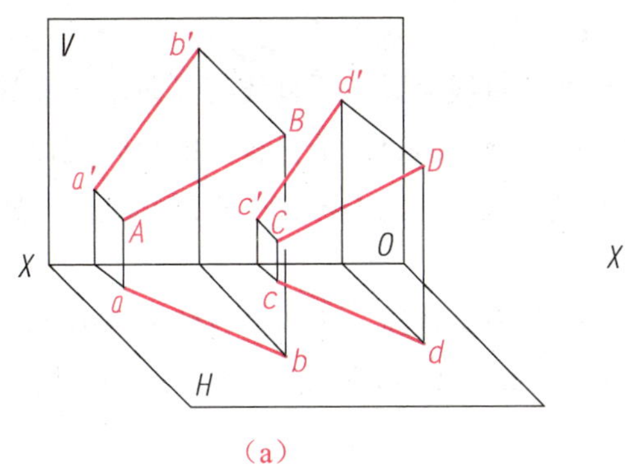

（a）

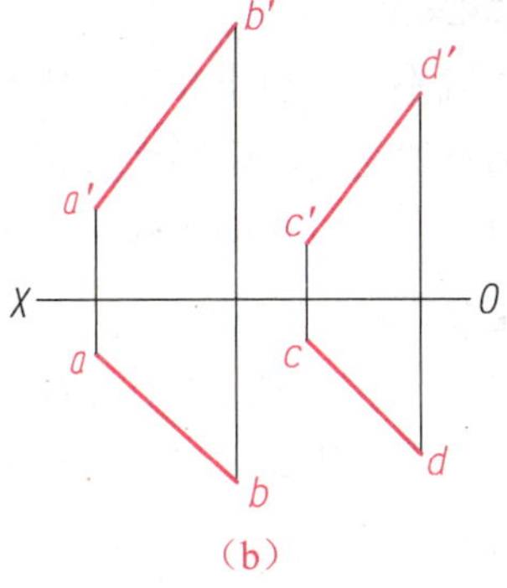

（b）

图 2-31 两直线平行的投影

可以利用投影规律来判定两直线是否平行：① 若两直线均为一般位置直线，则只需要看它们的任意两对同面投影是否分别平行，即可判定两直线是否平行；② 若两直线均为某一投影面平行线，则只需要看它们在反映实长的投影面上的投影是否平行，即可判定两直线是否平行。

2）两直线相交

两直线相交时，一般具有一定的投影规律：若两直线相交，则它们的各同面投影一定相交，并且交点的投影必符合直线上点的投影规律；反之，若两直线的各同面投影都相交，并且交点的投影符合直线上点的投影规律，则这两条直线一定相交。

如图 2-32 所示，直线 *AB* 与 *CD* 为两条相交直线，相交于点 *E*，*ab* 与 *cd* 相交于点 *e*，*a′b′* 与 *c′d′* 相交于点 *e′*，并且点 *e* 和 *e′* 均符合直线上点的投影规律。

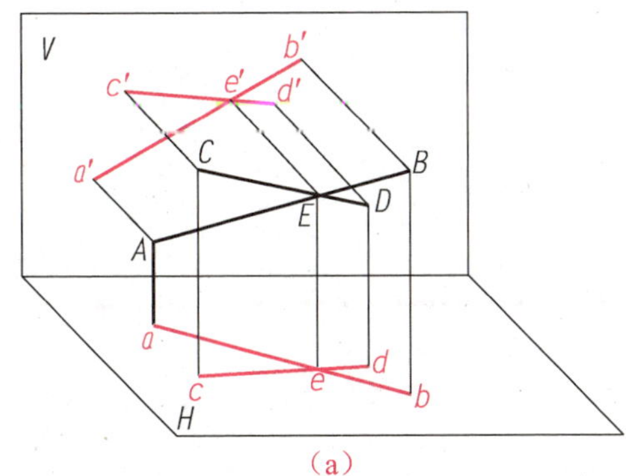

（a）

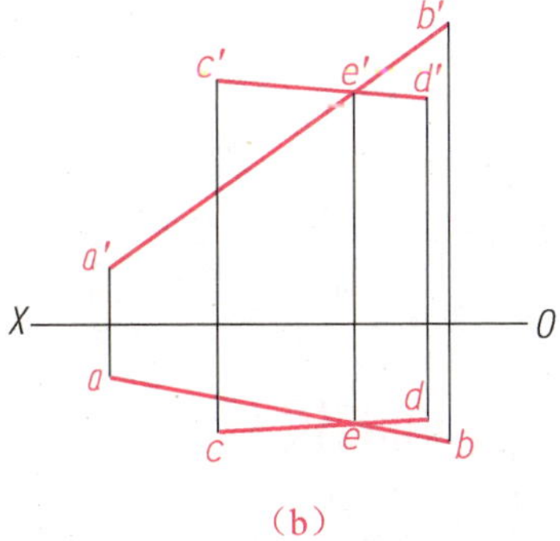

（b）

图 2-32 两直线相交的投影

可以利用投影规律来判定两直线是否相交：① 若两直线均为一般位置直线，则只需要看它们的任意两个同面投影是否相交，即可判定空间中两直线是否相交；② 若两直线为某一投影面的平行线，则需要先对它们在反映实长的投影面上的投影是否相交进行验证，再判定它们是否相交。

3）**两直线交叉**

若两直线既不平行也不相交，则这两条直线交叉。两直线交叉时，一般具有一定的投影规律：若两直线交叉，则同面投影可能相交，但交点不符合点的投影规律；反之，若两直线的同面投影既不符合两直线平行的投影规律，也不符合两直线相交的投影规律，则这两条直线一定交叉。

如图 2-33 所示，直线 AB 和 CD 为两条交叉直线，这两条直线的 H 面投影 ab 与 cd 相交于点 $e(f)$，V 面投影 $a'b'$ 与 $c'd'$ 相交于点 $h'(g')$，但是点 E 和点 F 不是同一个点，点 G 和点 H 也不是同一个点。

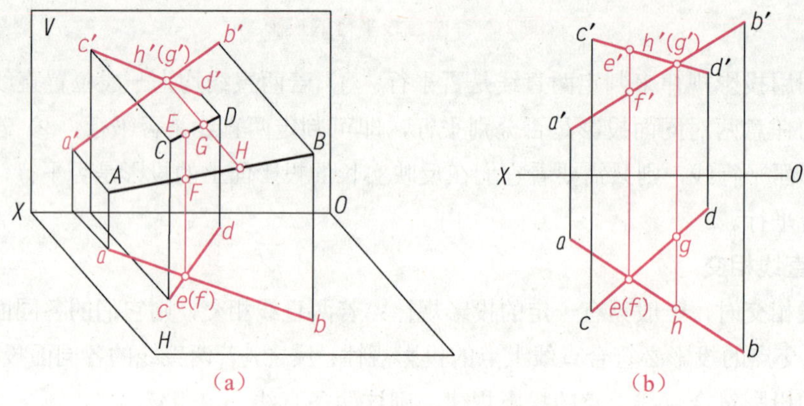

图 2-33 两直线交叉的投影

笔记

三、平面的投影

1. 平面的表示方法

平面的表示方法有两种：一种是用几何元素表示平面；另一种是用迹线表示平面。

1）**用几何元素表示平面**

由初等几何知识可知，不在同一条直线上的三点可以确定一个平面，也可以说一条直线和直线外一点、两条相交直线、两条平行直线或任何一平面图形可以确定一个平面。因此，可以在投影图上用下列几何元素来表示平面。

如何用几何元素表示平面？

（1）不在同一条直线上的三点，如图 2-34（a）所示。

（2）一条直线和直线外一点，如图 2-34（b）所示。

（3）两条相交直线，如图 2-34（c）所示。

（4）两条平行直线，如图 2-34（d）所示。

（5）任何一平面图形，如图 2-34（e）所示。

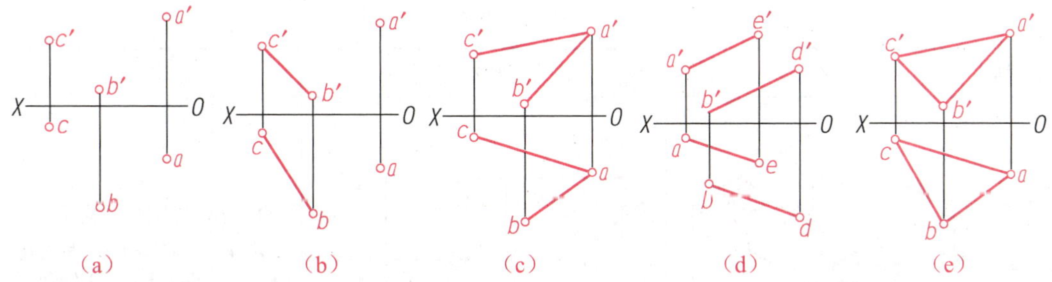

图 2-34 用几何元素表示平面

2）用迹线表示平面

在三投影面体系中，空间平面 P 与投影面的交线称为平面的迹线，如图 2-35 所示。其中，平面 P 与 H 面的交线 P_H 称为水平迹线；平面 P 与 V 面的交线 P_V 称为正面迹线；平面 P 与 W 面的交线 P_W 称为侧面迹线。

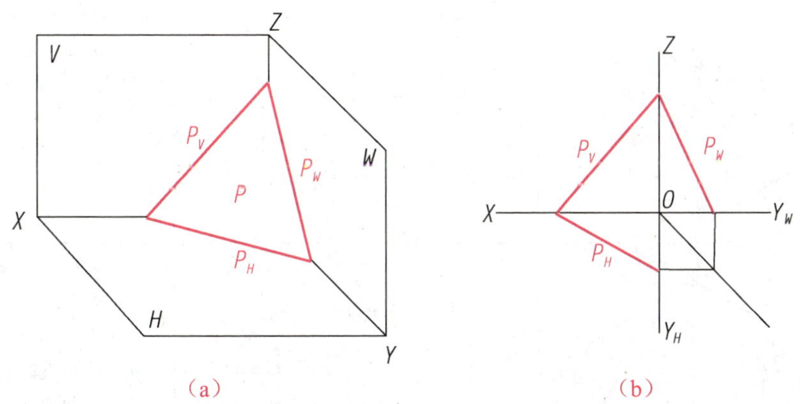

图 2-35 用迹线表示平面

2. 各种位置平面的投影

根据平面与投影面的相对位置不同，平面可分为特殊位置平面和一般位置平面。下面介绍这两种平面的投影。

1）特殊位置平面的投影

空间中平行或垂直于某一投影面的平面称为特殊位置平面。它可分为投影面平行面、投影面垂直面，它们与各投影面的位置关系不同，投影特性也不同。

（1）投影面平行面的投影。

空间中平行于某一投影面，而垂直于另外两个投影面的平面，称为**投影面平行面**。其中，平行于 H 面，垂直于 V 面和 W 面的平面称为**水平面**；平行于 V 面，垂直于 H 面和 W 面的平面称为**正平面**；平行于 W 面，垂直于 H 面和 V 面的平面称为**侧平面**。投影面平行面的投影特性如表 2-3 所示。

表 2-3　投影面平行面的投影特性

名称	立体图	三面投影图	投影特性
水平面	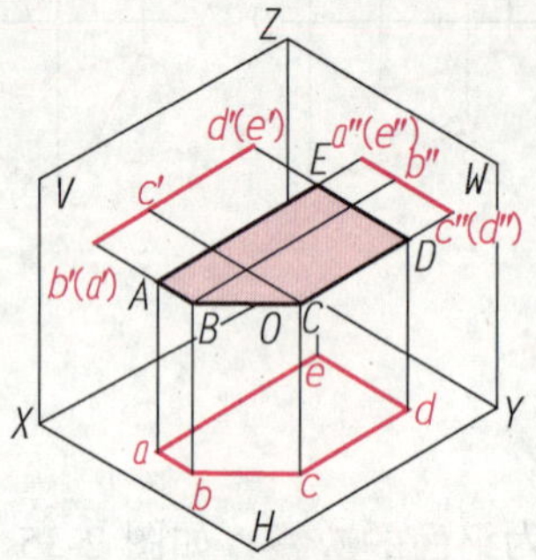	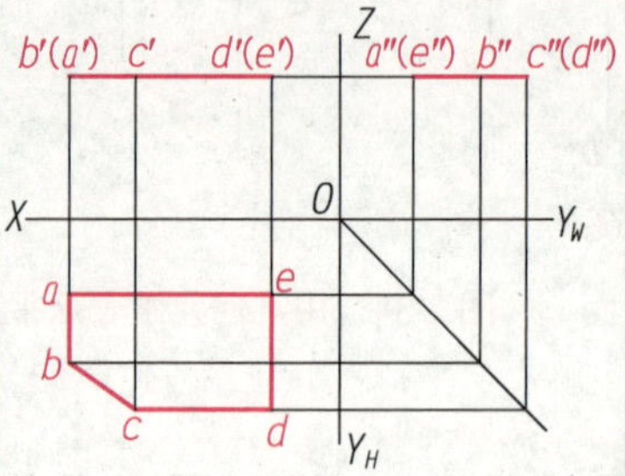	① H 面投影反映实形 ② V 面投影和 W 面投影积聚成一条直线，且分别平行于 OX 轴和 OY_W 轴
正平面	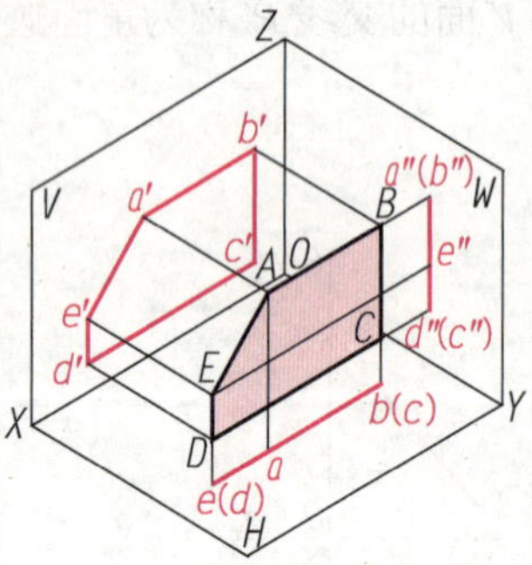	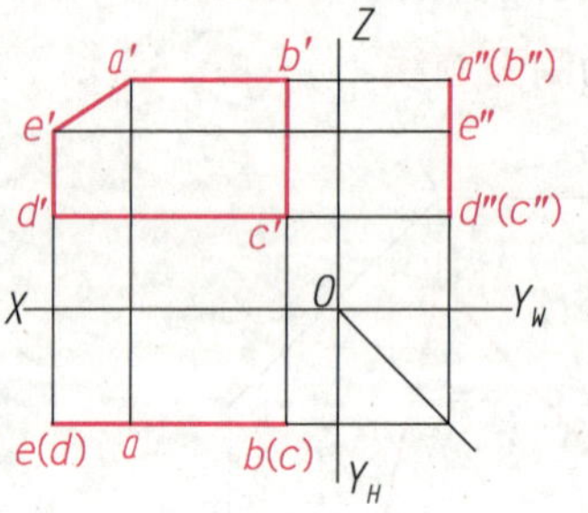	① V 面投影反映实形 ② H 面投影和 W 面投影积聚成一条直线，且分别平行于 OX 轴和 OZ 轴
侧平面	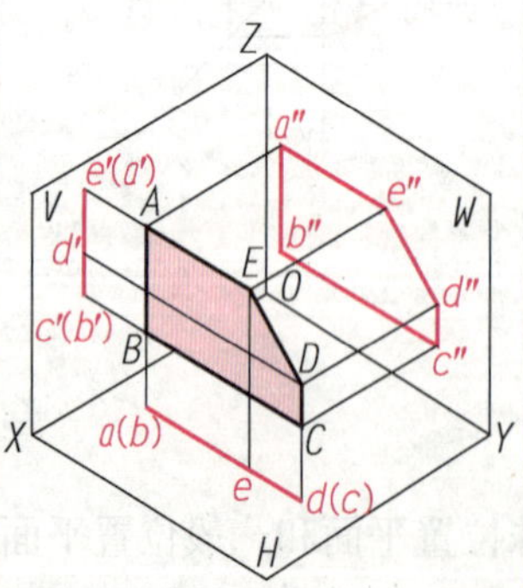	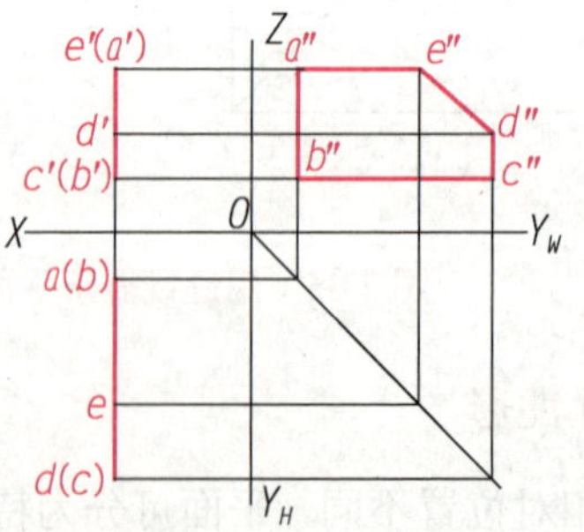	① W 面投影反映实形 ② H 面投影和 V 面投影积聚成一条直线，且分别平行于 OY_H 轴和 OZ 轴

由表 2-3 可以归纳出以下投影面平行面的投影规律。

① 投影面平行面在与其所平行的投影面上的投影反映实形。

② 投影面平行面的另外两面投影积聚成一条直线，且分别平行于相应的投影轴。

（2）投影面垂直面的投影。

垂直于一个投影面，而倾斜于另外两个投影面的平面称为**投影面垂直面**。其中，垂直于 H 面，倾斜于 V 面和 W 面的平面称为**铅垂面**；垂直于 V 面，倾斜于 H 面和 W 面的平面称为**正垂面**；垂直于 W 面，倾斜于 H 面和 V 面的平面称为**侧垂面**。投影面垂直面的投影特性如表 2-4 所示。

表 2-4 投影面垂直面的投影特性

名称	立体图	三面投影图	投影特性
铅垂面	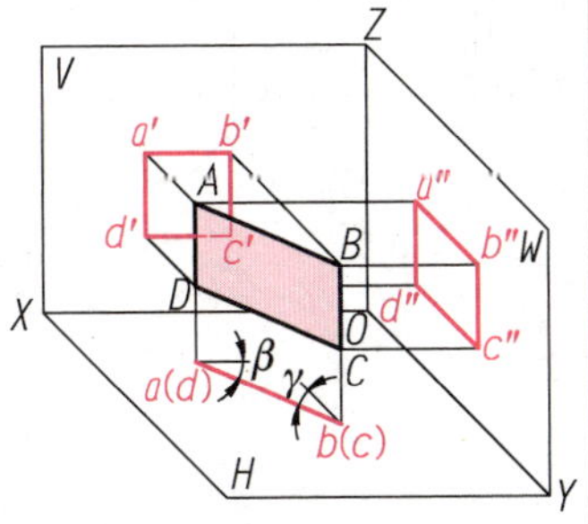	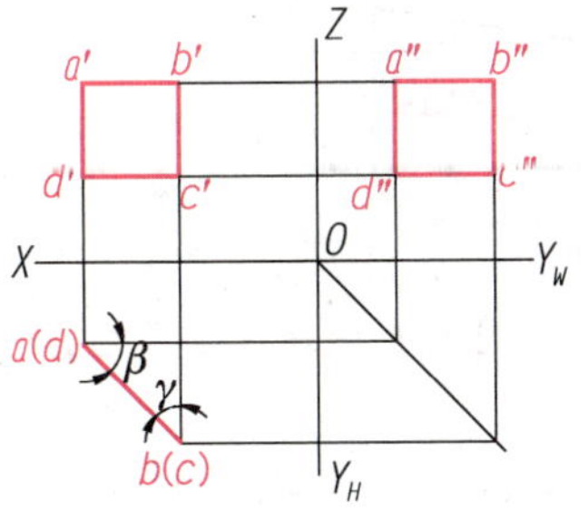	① H 面投影积聚成一条直线，并反映该平面与 V 面、W 面的倾角 β，γ ② V 面、W 面上的投影为原平面图形的类似形，但比实形小
正垂面	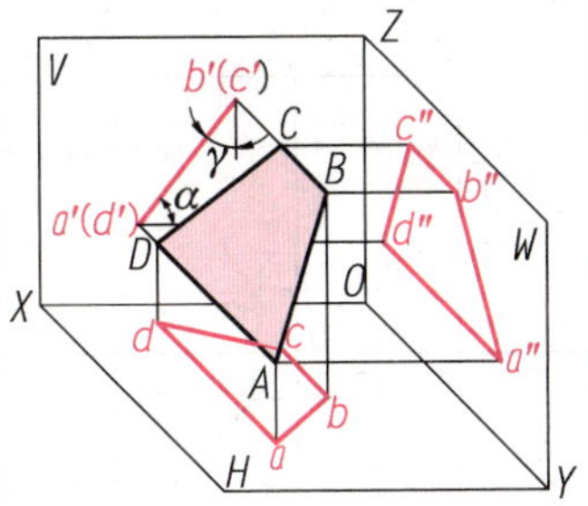	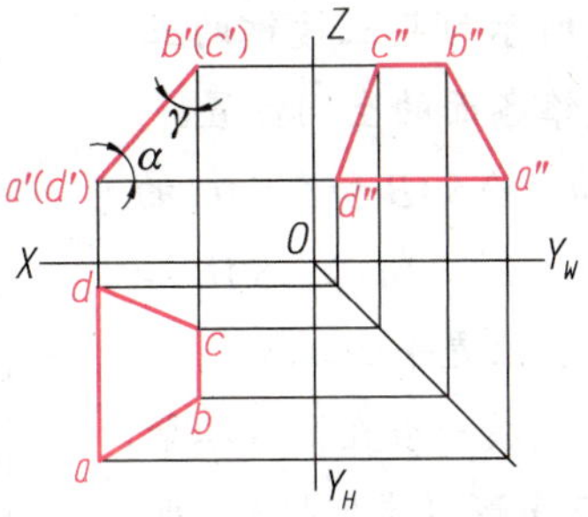	① V 面投影积聚成一条直线，并反映该平面与 H 面、W 面的倾角 α，γ ② H 面、W 面上的投影为原平面图形的类似形，但比实形小
侧垂面	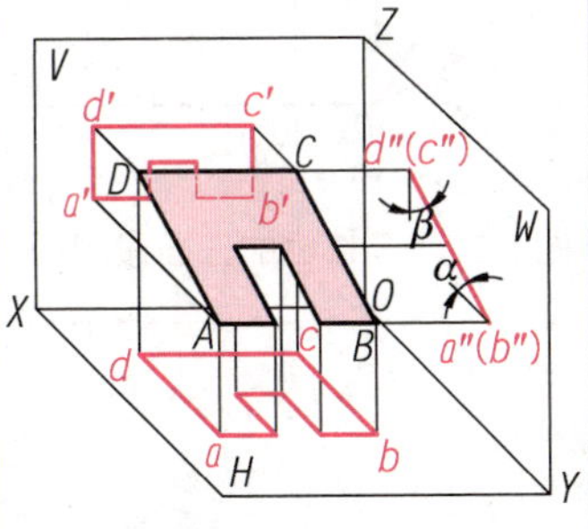	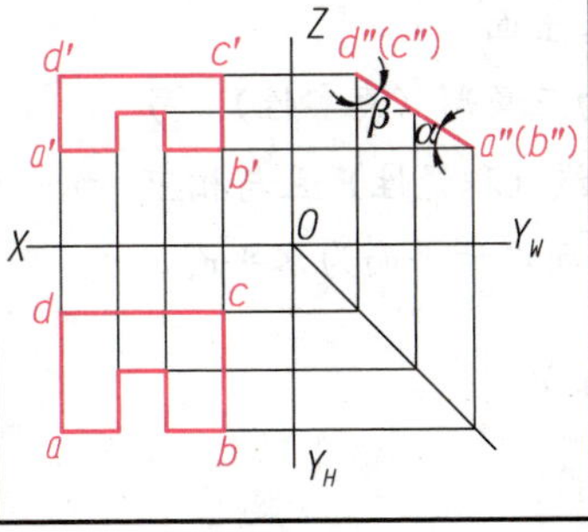	① W 面投影积聚成一条直线，并反映该平面与 H 面、V 面的倾角 α，β ② H 面、V 面上的投影为原平面图形的类似形，但比实形小

由表 2-4 可以归纳出以下投影面垂直面的投影规律。

① 投影面垂直面在与其垂直的投影面上的投影积聚成一条直线，且该直线与投影轴倾斜。

② 投影面垂直面在另外两个投影面上的投影为该平面图形的类似形。

2）一般位置平面的投影

与三个投影面都倾斜的平面称为一般位置平面，如图 2-36 中的平面 *ABC*。一般位置平面在三个投影面上的投影均为原平面图形的类似形，且面积均比原平面图形本身的面积小。

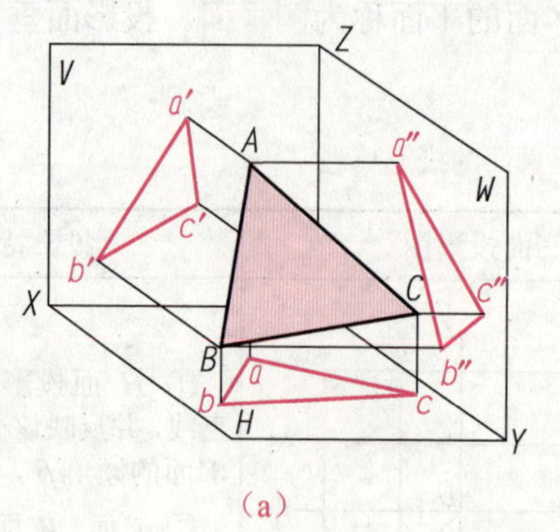

(a)

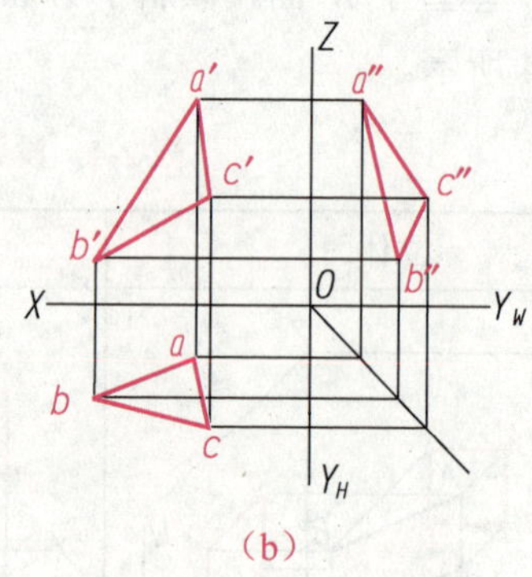

(b)

图 2-36 一般位置平面的三面投影

 学以致用

【例 2-4】如图 2-37 所示为某三棱锥的三面投影图，试判断该三棱锥各面的空间位置。

分析：由图 2-37 可知，△*SAB* 和△*SAC* 的三面投影均为三角形（类似性），所以△*SAB* 和△*SAC* 所在的平面均为一般位置平面。

△*SBC* 的 *V* 面投影积聚成一条直线（积聚性），另外两面投影均为三角形（类似性），所以△*SBC* 所在的平面为正垂面。

△*ABC* 的 *H* 面投影为三角形（真实性），另外两面投影积聚成一条直线（积聚性）且与相应投影轴平行，所以△*ABC* 所在的平面为水平面。

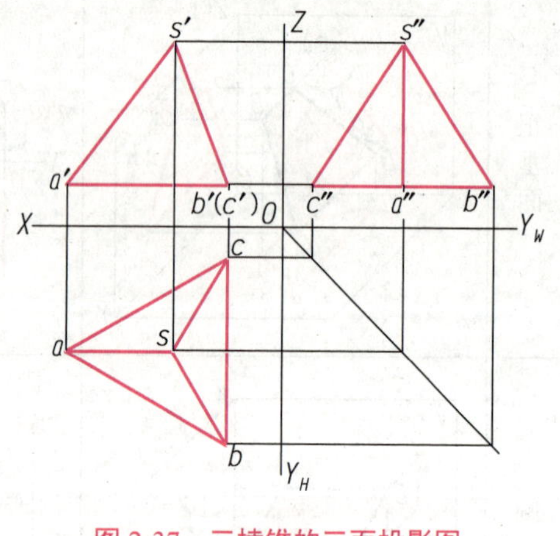

图 2-37 三棱锥的三面投影图

3. 平面上点和直线的投影

1）平面上点的投影

点在平面上的几何条件是若点在平面内的一条直线上，则该点必在平面上。利用点在平面上的几何条件，可以作出平面上点的投影。若点所处平面的投影具有积聚性，则可利用积聚性直接求出点的投影；若点所处的平面为一般位置平面，则可先在平面上作一条辅助直线，然后利用辅助直线的投影求得点的投影。

学以致用

【例 2-5】已知在平面 ABC 上点 E 的 V 面投影 e' 和点 F 的 H 面投影 f（见图 2-38），求点 E 的 H 面投影和点 F 的 V 面投影。

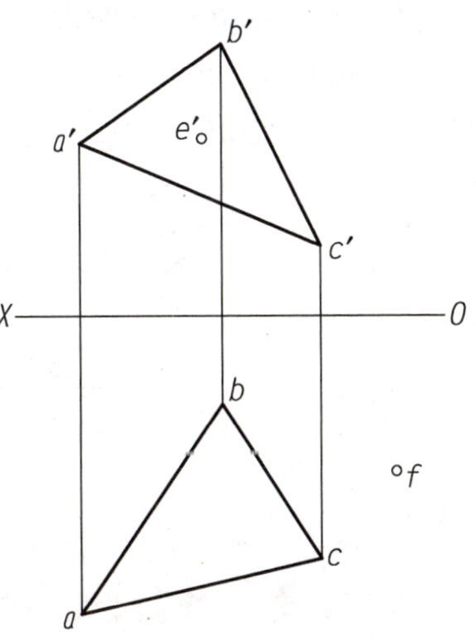

图 2-38 点 E 的 V 面投影和点 F 的 H 面投影

分析：因为点 E 和点 F 属于平面 ABC，所以过点 E 和点 F 各作一条属于平面 ABC 的直线，点 E 和点 F 的两个投影一定在相应直线的同面投影上。

作图步骤：

（1）过点 E 作直线ⅠⅡ平行于 AB，即过点 e' 作 $1'2'$ 平行于 $a'b'$，再作直线ⅠⅡ的 H 面投影 12。过点 e' 作 OX 轴的垂线交直线 12 于点 e，如图 2-39（a）所示。

（2）过点 F 和点 A 作直线，交直线 BC 于点Ⅲ，即过点 f 作直线 FA 的 H 面投影 fa，fa 交 bc 于点 3，再作点Ⅲ的 V 面投影 $3'$，如图 2-39（b）所示。

（3）过点 f 作 OX 轴的垂线，该垂线与直线 $a'3'$ 的延长线交于点 f'，如图 2-39（b）所示。

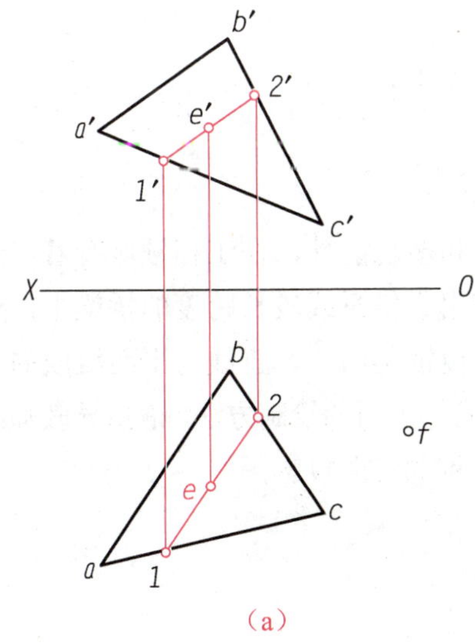

（a）

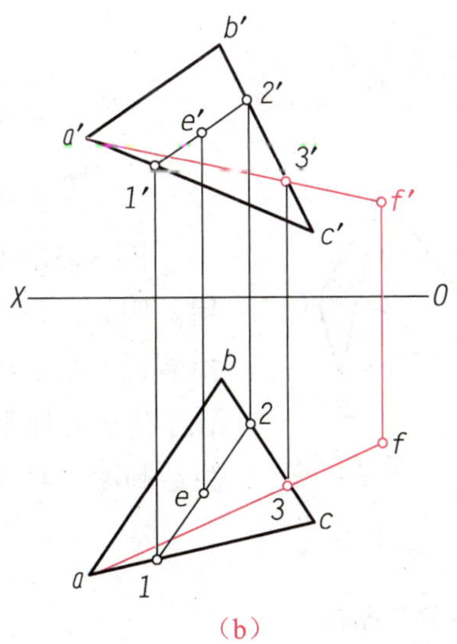

（b）

图 2-39 点 E 的 H 面投影和点 F 的 V 面投影

2）平面上直线的投影

直线在平面上的几何条件是若直线通过平面上的两点，或者直线通过平面上的一点且平行于平面上的另一条直线，则该直线一定在平面上。利用直线在平面上的几何条件，可以作出平面上直线的投影，也可以判定直线的投影是否在平面上。

直线 *AB* 和 *CB* 的 *H* 面投影 *ab* 和 *cb* 相交，若在 *ab* 和 *cb* 上分别取一点 *m* 和 *n*，则过点 *m* 和点 *n* 的直线一定在 *H* 面上，如图 2-40（a）所示；若点 *h* 在 *ab* 上，则过点 *h* 作直线 *hk* 平行于 *cb*，直线 *hk* 一定在 *H* 面上，如图 2-40（b）所示。

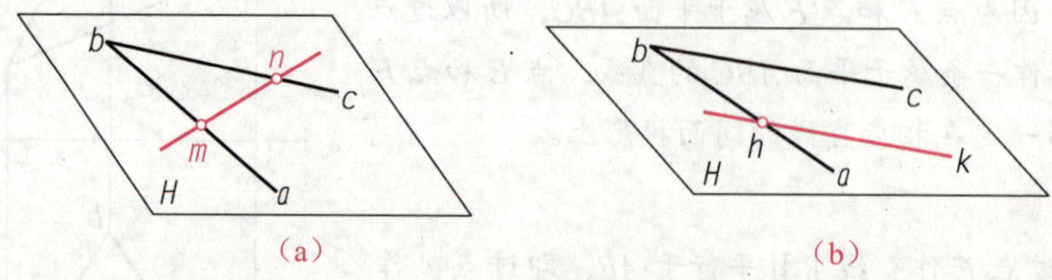

图 2-40　平面上直线的投影

点、直线与平面的投影知识是层层递进、相互关联的，学习和工作也是如此。我们应该用发展的、联系的眼光去看待我们的专业学习和职业发展。我们需要在掌握基础技能的基础上，不断学习和提高自己的高级技能，以更好地适应不断变化的工作环境和社会需求。同时，我们也应该关注不同专业之间的交叉和融合，寻找更多的发展机会和可能性。

实践操作——绘制正三棱锥的三面投影图

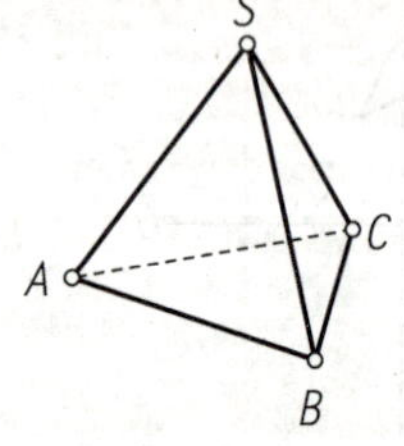

图 2-41　正三棱锥

1．任务描述

正三棱锥以其稳定性和多功能性，在工程领域有着广泛的应用。例如，正三棱锥常应用于斜桥或较长跨度的桥梁中，作为支撑装置的基础结构。正三棱锥是由点、直线与平面组成的，为了让学生更好地掌握点、直线与平面的绘制方法，请指导教师组织学生绘制图 2-41 所示正三棱锥的三面投影图。

2．实施内容

1）分析图样

绘制正三棱锥的三面投影图，实质上就是绘制出点 *A*，*B*，*C* 和 *S* 的各面投影，然后再依次对各投影点进行连线。

2）绘制图样

（1）通过观察正三棱锥发现，图 2-42 中正视图的投射方向最能清晰地反映出三棱锥的形状特征。从该投射方向来看，正三棱锥的底面 *ABC* 为正平面，侧面 *SAC* 为侧垂面，另外两个侧面为一般位置平面；棱线 *AB* 和 *BC* 为水平线，棱线 *AC* 为侧垂线，棱线 *SA*，*SB* 和 *SC* 为一般位置直线。

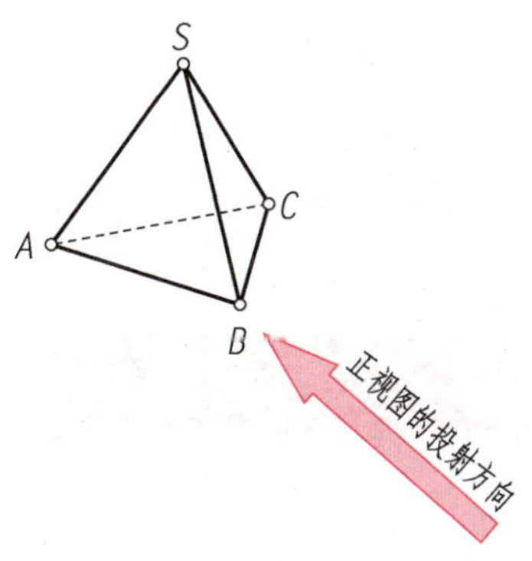

图 2-42　确定正视图的投射方向

（2）首先，绘制出投影轴和 45°辅助线，如图 2-43（a）所示；其次，根据投射方向绘制出能反映底面 *ABC* 实形的俯视图；最后，根据三等规律绘制出底面 *ABC* 的 *V* 面投影和 *W* 面投影，得到底面 *ABC* 的正视图和侧视图，如图 2-43（b）所示。

（3）根据投影规律，先作出点 *S* 的三面投影图，再在各投影图中将点 *S* 和其他各点连接起来，即可得到正三棱锥的三面投影图（底稿图），如图 2-43（c）所示。

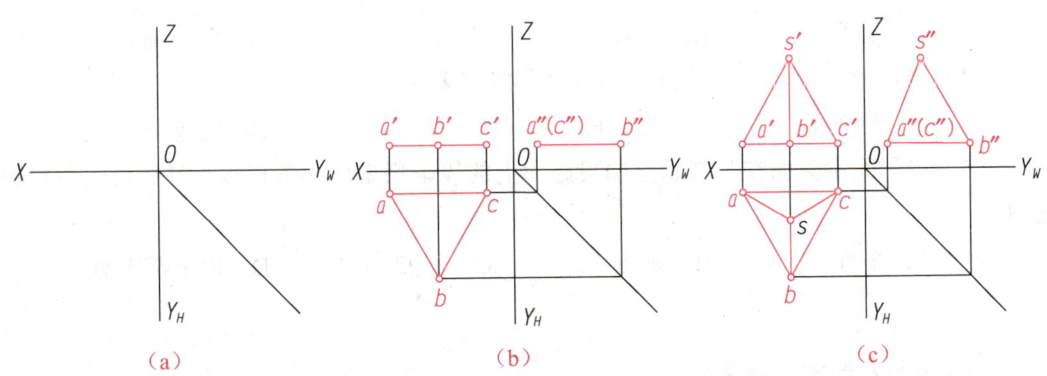

图 2-43　绘制正三棱锥的三面投影图

（4）仔细检查并修正错误，擦去多余的图线、投影轴和 45°辅助线等，在确定底稿图正确无误后加深图线，如图 2-44 所示。

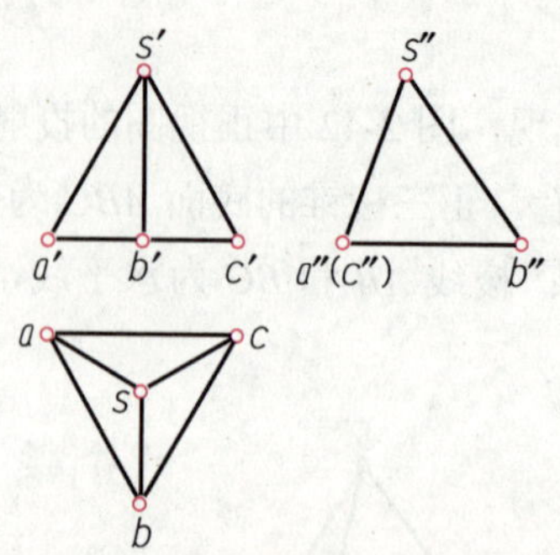

图 2-44　正三棱锥的三面投影图

项目考核

一、单选题

（1）三面投影图中，正面投影反映了物体的（　　）。

A．长和宽　　B．长和高　　C．宽和高　　D．以上都不对

（2）直线上任意一点的投影必在该直线的同面投影上，体现了直线上点的投影的（　　）。

A．平行性　　B．从属性　　C．同素性　　D．定比性

（3）比较两点在 *OX* 轴方向上的坐标差，可以确定两点的（　　）关系。

A．上下　　B．左右　　C．前后　　D．以上都对

（4）平行于 *V* 面、垂直于 *H* 面和 *W* 面的平面称为（　　）。

A．侧平面　　B．水平面　　C．正平面　　D．铅垂面

（5）投影面垂直面在与其垂直的投影面上的投影积聚成一条直线，且该直线与投影轴（　　）。

A．平行　　B．垂直　　C．倾斜　　D．以上都不对

二、填空题

（1）要产生投影必须具备__________、__________和__________。

（2）根据投射线是否平行，投影可分为__________和__________。

（3）平行于 *H* 面，倾斜于 *V* 面和 *W* 面的直线称为__________。

（4）直线与投影面的夹角称为直线的__________。

（5）平面的表示方法有__________和__________。

（6）与三个投影面都倾斜的平面称为__________。

三、简答题

（1）简述三面投影图的形成与展开。

（2）如何通过坐标差判断两点的相对位置？

（3）直线在平面上的几何条件是什么？

四、实操题

（1）根据图 2-45 所示的台阶立体图，绘制出它的三面投影图。

（2）已知平面 *ABC* 的两面投影图（见图 2-46），在该平面上取一点 *K*，使该点在点 *A* 下方 15 mm、前方 10 mm，试求点 *K* 的 *H* 面投影和 *V* 面投影。

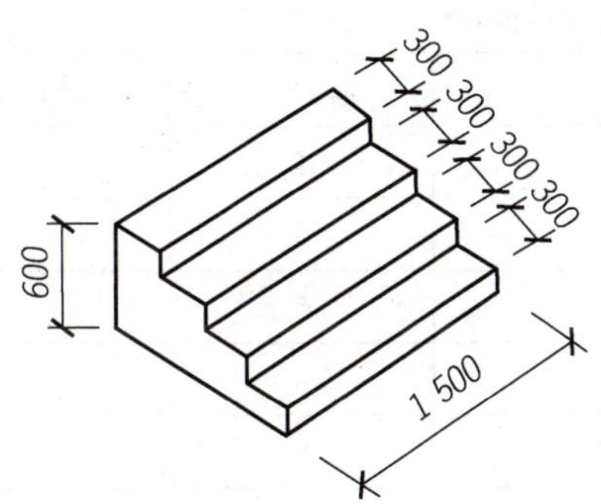

图 2-45 台阶的立体图

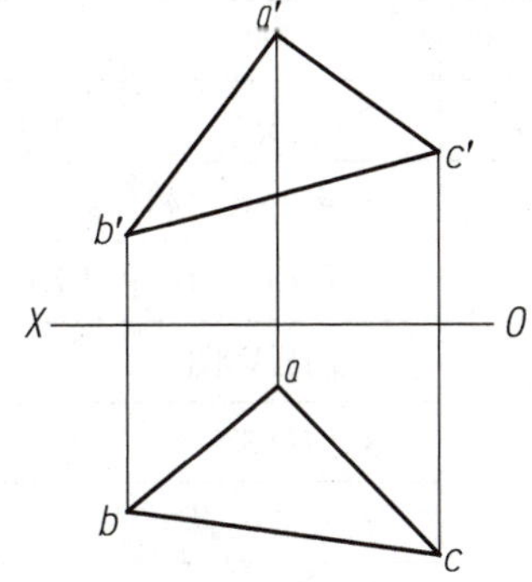

图 2-46 平面 *ABC* 的两面投影图

项目评价

指导教师根据学生实际学习成果对其进行评价，学生配合指导教师完成如表 2-5 所示的项目评价表。

表 2-5　项目评价表

班级		组号		日期	
姓名		学号		指导教师	
项目名称	正投影基础				
评价项目	评价内容			满分/分	评分/分
知识（40%）	投影的概念和分类			5	
	工程中常用的投影图			5	
	三面投影图			6	
	点的投影			8	
	直线的投影			8	
	平面的投影			8	
技能（40%）	绘制物体的三面投影图			10	
	绘制点的三面投影图			10	
	绘制直线的三面投影图			10	
	绘制平面的三面投影图			10	
素养（20%）	积极参加教学活动，主动学习、思考、讨论			6	
	认真负责，按时完成学习、实操任务			4	
	团结协作，与组员密切配合			4	
	服从指挥，遵守课堂纪律			4	
	守正创新，自信自强			2	
合计				100	
自我评价					
指导教师评价					

项目三

立体及其轴测投影

项目导读

日常生活中，我们经常会见到各种建筑物，这些建筑物无论多么复杂，都可以看作是由一些基本体（如平面立体、曲面立体）或被切割的基本体相贯而成的。工程中一般用正投影图来表达基本体的形状和大小，但正投影图缺乏立体感，因此常将轴测图作为辅助图样。本项目将主要介绍平面立体和曲面立体的投影分析、尺寸标注、表面交线、轴测投影等。

项目目标

知识目标

（1）了解平面立体的形体特征及投影分析方法。

（2）了解曲面立体的形成及投影分析方法。

（3）掌握平面立体和曲面立体的尺寸标注方法。

（4）掌握立体表面交线的绘制方法。

（5）了解轴测图的分类和轴测投影的特性。

（6）掌握正等轴测图和斜二轴测图的绘制方法。

技能目标

（1）能够对平面立体和曲面立体进行投影分析。

（2）能够正确、熟练地求出立体表面上点和直线的投影。

（3）能够绘制立体表面截交线和相贯线的投影图。

（4）能够绘制正等轴测图和斜二轴测图。

素质目标

（1）培养对空间的感知、把握和运用能力。

（2）培养逻辑思维能力和创新能力。

任务一 进行平面立体的投影

任务引入

任何建筑物都是由一些简单立体组成的，我们把这些简单立体称为**基本体**。按表面性质的不同，基本体可分为平面立体和曲面立体两大类。当这些基本体被切割或相贯时，其表面会出现共有线。在如图 3-1 所示的立体图中，三棱柱与三棱锥相交处有一条共有线。

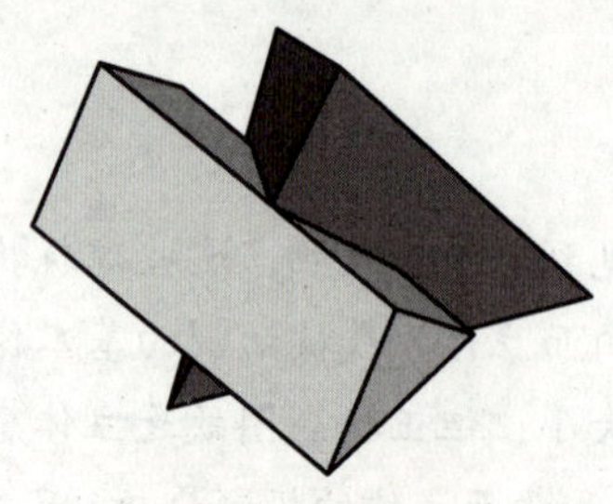

图 3-1　立体图

思考　你知道这条共有线叫什么名字吗？它的三面投影图是如何绘制的呢？

任务工单

请扫描下方二维码，获取任务工单。根据任务工单，学生可以在课前预习相关知识，在课后进行实施。

一、平面立体的形体特征及投影分析

平面立体是由平面围成的立体，常见的有棱柱、棱锥、棱台等，如图 3-2 所示。绘制平面立体的投影图，就是按照投影规律绘制出其表面所有轮廓线的投影图。

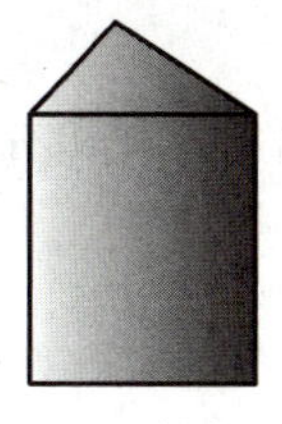

（a）棱柱

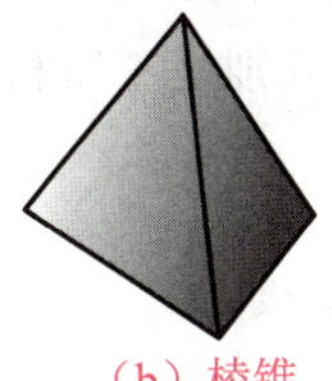

（b）棱锥

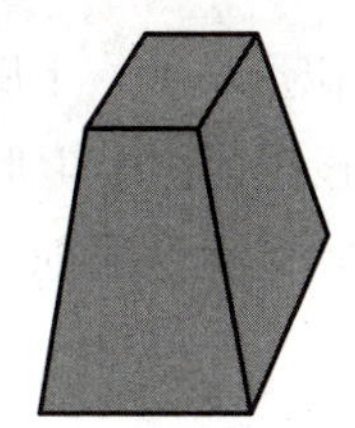

（c）棱台

图 3-2 平面立体

1. 棱柱

1）棱柱的形体特征

棱柱是由上、下底面和若干侧面围成的平面立体。它可分为直棱柱和斜棱柱，在此仅介绍直棱柱。直棱柱的上、下底面是全等且互相平行的多边形，这两个多边形的形状决定了直棱柱的形状。上、下底面为正多边形的直棱柱称为正棱柱。例如，正六棱柱的上、下底面为全等且互相平行的正六边形，六个侧面均为全等矩形，六条侧棱线均垂直于上、下底面。

2）棱柱的投影分析

下面以正六棱柱为例进行投影分析。将正六棱柱放置于三投影面体系中，使正六棱柱的上、下底面与 *H* 面平行，使前、后侧面与 *V* 面平行，然后分别向三个投影面进行投影，得到正六棱柱的三面投影图，如图 3-3 所示。

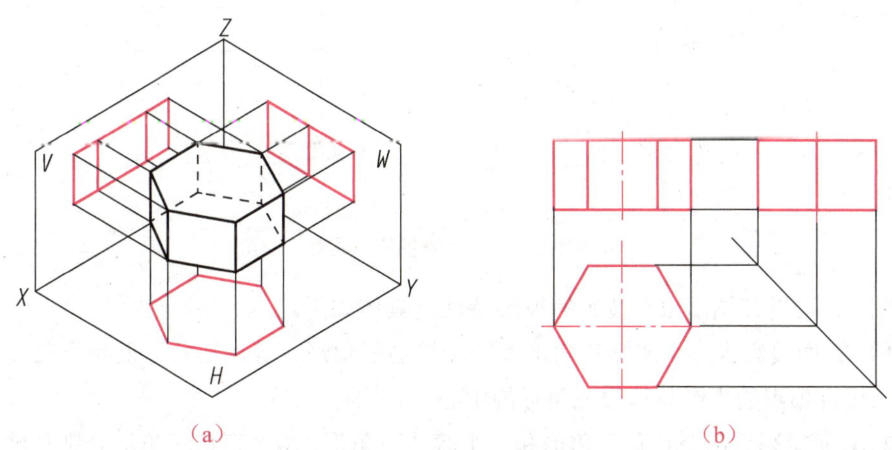

（a） （b）

图 3-3 正六棱柱的三面投影

由图 3-3 可以归纳出正六棱柱的投影特性，具体如下。

（1）*H* 面投影为正六边形，是上、下底面的重合投影，且反映实形。其中，六个顶点是上、下底面顶点的重合投影，也是六条侧棱的积聚投影。

（2）*V* 面投影为三个矩形。其中，中间的矩形是前、后侧面的重合投影，且反映实形；左侧矩形是左前、左后侧面的重合投影，右侧矩形是右前、右后侧面的重合投影，它们均为侧面的类似形。上、下底面的投影积聚为直线段。

（3）*W* 面投影为两个矩形，它们分别是左后和右后侧面、左前和右前侧面的重合投影，不反映实形，均为侧面的类似形。

2. 棱锥

1）棱锥的形体特征

棱锥是由一个多边形（底面）和若干个具有公共顶点（锥顶）的三角形（侧面）围成的平面立体。若棱锥的底面为正多边形，且锥顶在底面上的投影位于底面正多边形的中心，则该棱锥称为**正棱锥**。例如，正三棱锥的底面为等边三角形，三个侧面均为具有公共顶点的等腰三角形。

2）棱锥的投影分析

下面以正三棱锥为例进行投影分析。将正三棱锥放置于三投影面体系中，使正三棱锥的底面 *ABC* 与 *H* 面平行，使侧面 *SAC* 与 *W* 面垂直，然后分别向三个投影面进行投影，得到正三棱锥的三面投影图，如图 3-4 所示。

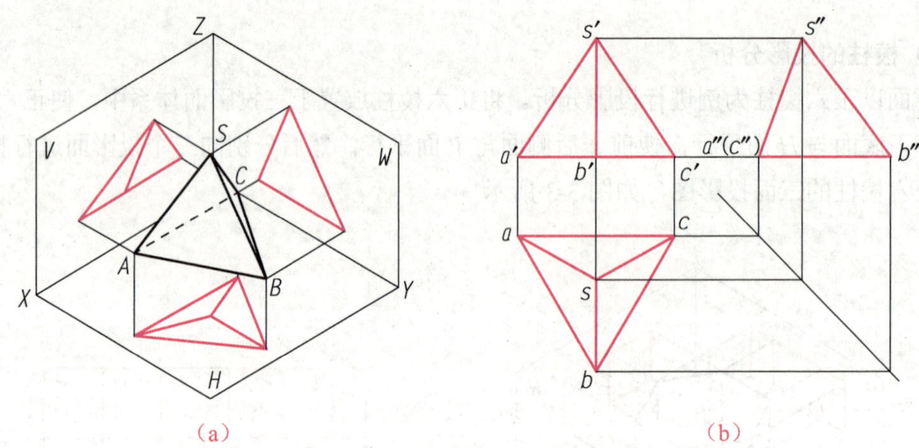

图 3-4　正三棱锥的三面投影

由图 3-4 可以归纳出正三棱锥的投影特性，具体如下。

（1）*H* 面投影为三个等腰三角形和一个等边三角形，等边三角形反映正三棱锥底面的实形，棱锥顶点的投影与等边三角形的中心重合。

（2）*V* 面投影为两个直角三角形和一个等边三角形，两个直角三角形分别是侧面 *SAB* 和 *SBC* 的投影，等边三角形是侧面 *SAC* 的投影。

（3）*W* 面投影为三角形，侧面 *SAC* 积聚为一条直线段，侧面 *SAB* 和 *SBC* 的投影互相重合。

3. 棱台

1）棱台的形体特征

棱台是将棱锥用平行于底面的平面截去锥顶的一部分后形成的平面立体。由正棱锥截得的棱台称为正棱台。它的上、下底面为各对应边相互平行的相似正多边形，侧面为等腰梯形。例如，正四棱台的上、下底面为各对应边相互平行的相似正方形，侧面为等腰梯形。

2）棱台的投影分析

下面以正四棱台为例进行投影分析。将正四棱台放置于三投影面体系中，使正四棱台的底面与 *H* 面平行，使前、后侧面与 *W* 面垂直，使左、右侧面与 *V* 面垂直，然后分别向三个投影面进行投影，得到正四棱台的三面投影图，如图 3-5 所示。

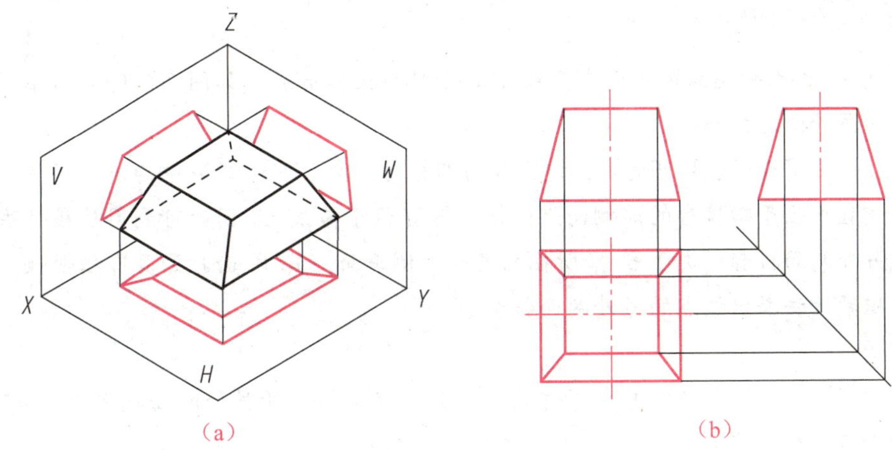

图 3-5 正四棱台的三面投影

由图 3-5 可以归纳出正四棱台的投影特性，具体如下。

（1）*H* 面投影为四个等腰梯形和两个正方形，其中两个正方形分别反映正四棱台上、下底面的实形。

（2）*V* 面投影为等腰梯形，是前、后侧面的类似形，且两个侧面的投影互相重合。

（3）*W* 面投影为等腰梯形，是左、右侧面的类似形，且两个侧面的投影互相重合。

二、平面立体表面上点和线的投影

求平面立体表面上点和线的投影，实质上就是求平面上点和线的投影。平面立体各表面存在相对位置的差异，必然会出现投影的相互重合，表面上点和线的投影存在可见与不可见的问题。判断平面立体表面上点和线的投影是否可见的原则：若点和线所在平面的投影可见，则点和线的同面投影也可见；否则，不可见。

求平面立体表面上点和线的投影问题，一般是指已知平面立体的三面投影和其表面上某一点（或线）的一面投影，求该点（或线）的另外两面投影。此类问题的求解方法有从属性法、积聚性法和辅助线法。

（1）从属性法：当点位于平面立体表面的某条棱线上时，该点的投影必定在该棱线的投影上，此时可利用直线上点的从属性求出该点的投影。

（2）积聚性法：当点所在的平面立体表面在某投影面的投影具有积聚性时，该点的投影必在该表面的积聚投影线上，此时可利用平面的积聚性求出该点的投影。

（3）辅助线法：当点所在的平面立体表面无积聚投影时，该点的投影必须利用辅助线求出，即先在平面立体表面上作过该点的一辅助线（可以是一般位置直线，也可以是特殊位置直线），求出该直线的另外两面投影，然后依据直线上点的从属性求出点的各面投影。

 学以致用

【例 3-1】已知某立体表面上直线 MN 的 V 面投影 $m'n'$，如图 3-6（a）所示。试求该直线的另外两面投影。

分析：由图 3-6（a）可看出，该立体为四棱台。由于 V 面投影中的 $m'n'$ 可见，因此可判定该直线位于四棱台的前侧面上；由于点 M 位于棱线上，因此可利用从属性法求出该点的另外两面投影；由于点 N 所在的表面为侧垂面，其 W 面投影具有积聚性，因此可利用积聚性法求出该点的另外两面投影。

作图步骤：

（1）过点 m' 作水平线并向下作垂线，分别交四棱台的另外两面投影于点 m'' 和点 m，如图 3-6（b）所示。

（2）过点 n' 作水平线，使其交四棱台的 W 面投影于点 n''，然后利用点 n'、点 n'' 和 45°辅助线作出点 N 的 H 面投影 n，如图 3-6（b）所示。

（3）由于直线 MN 位于四棱台的前侧面上，前侧面的 H 面投影为可见梯形，因此点 m 和点 n 均为可见点，直线 MN 的 H 面投影 mn 为可见直线，连接点 m 和点 n，如图 3-6（b）所示。

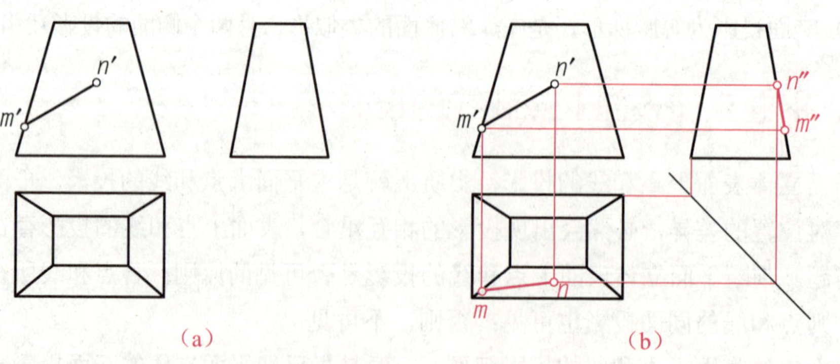

图 3-6 作四棱台表面上直线的投影

（4）由于四棱台的前侧面在 W 面投影中积聚为一条斜线，因此该平面上的点 M 和点 N 的投影 m'' 和 n'' 为该斜线上的两点，可不用直线连接。由于直线 MN 所在平面的 W 面投影可见，因此点 m'' 和点 n'' 均为可见点，直线 MN 的 W 面投影 $m''n''$ 为可见直线，如图 3-6（b）所示。

学以致用

【例 3-2】已知三棱锥表面上点 M 和点 N 的 V 面投影 m' 和 n'，如图 3-7（a）所示。试求这两点的另外两面投影。

分析：由于点 M 的 V 面投影 m' 不可见，因此可判定点 M 在侧面 SAC 上。由于侧面 SAC 为侧垂面，其 W 面投影积聚为直线 $s''a''$，因此点 M 的 W 面投影 m'' 一定在直线 $s''a''$ 上。故可以先利用积聚性法求出点 M 的 W 面投影 m''，再利用点 m'、点 m'' 和 45°辅助线作出点 M 的 H 面投影 m。

由于点 N 的 V 面投影 n' 可见，因此可判定点 N 在侧面 SBC 上。由于侧面 SBC 无积聚投影，因此点 N 的另外两面投影需要利用辅助线法求出。

作图步骤：

（1）过点 m' 作水平线，使其交直线 $s''a''$ 于点 m''，利用点 m'、点 m'' 和 45°辅助线作出点 M 的 H 面投影 m。点 M 所在平面的 H 面投影和 W 面投影均可见，即点 m 和点 m'' 均为可见点，如图 3-7（b）所示。

（2）过点 n' 作水平线，使其交直线 $s'c'$ 于点 $1'$，过点 $1'$ 向下作垂线，使其交直线 sc 于点 1，过点 1 作平行于直线 bc 的直线，过点 n' 向下作垂线，两线交点即为点 N 的 H 面投影 n。点 N 所在平面的 H 面投影可见，即点 n 为可见点。利用点 n、点 n' 和 45°辅助线作出点 N 的 W 面投影 n''。点 N 所在平面的 W 面投影不可见，即点 n'' 为不可见点，如图 3-7（b）所示。

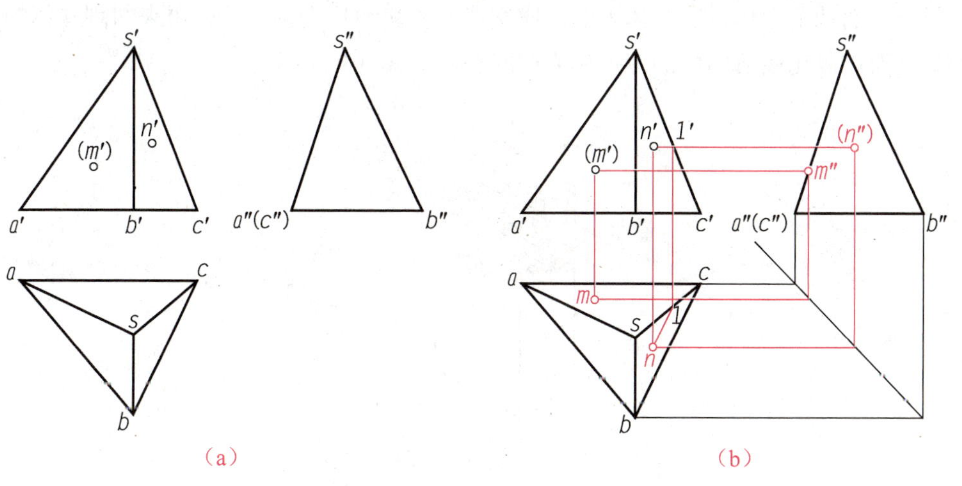

图 3-7 作三棱锥表面上点的投影

三、平面立体的尺寸标注

基本体的三面投影图虽然能反映其形状和各部分的相互关系，但还必须标注足够的尺寸才能确定实际大小和各部分的相对位置。所标注的尺寸应齐全，既不能缺少尺寸，也不能重复标注尺寸。

平面立体的尺寸标注以能确定其基本形状和大小为原则，一般应将长、宽、高三个方向上的尺寸都标注出来。标注时，一般将尺寸标注在最能反映其实形的投影图上，如图 3-8 所示。

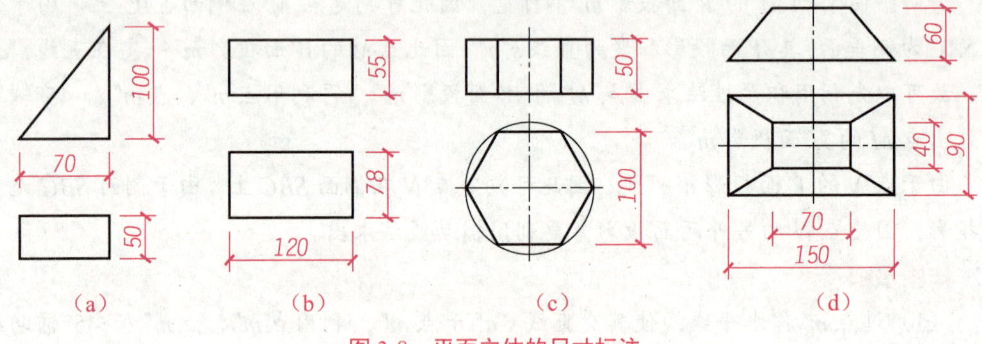

图 3-8　平面立体的尺寸标注

四、平面立体的表面交线

工程建筑在大多数情况下，都是由一些基本体被切割或相贯而形成的，这些工程建筑表面存在着大量的交线，这些交线就是截交线或相贯线。

1. 截交线

用一平面切割立体，在立体表面形成交线，该交线称为**截交线**，用来切割立体的平面称为**截平面**，截交线所围成的图形称为**截断面**，如图 3-9 所示。

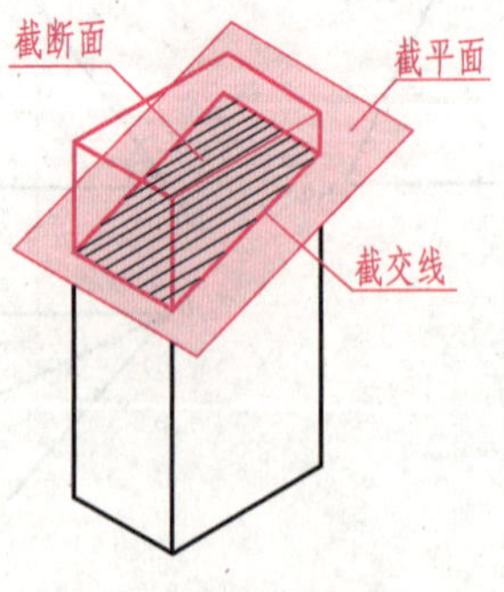

图 3-9　平面切割立体

截平面与立体的相对位置不同或立体的形状不同，截交线的形状也可能不同，但任何截交线都具有以下两个基本性质。

（1）封闭性。由于立体都是封闭的，因此截交线所围成的图形也是封闭的。

（2）共有性。截交线是截平面与立体表面的共有线，截交线上的点是截平面与立体表面的共有点。由此可见，作截交线的实质就是作截平面与立体表面的共有线和共有点。

平面立体的截交线是一个封闭的多边形，其各边是截平面和平面立体表面的交线，顶点是截平面与平面立体棱线的交点。因此，求平面立体截交线的投影时，关键就是找到截平面与平面立体棱线的交点，然后将同一投影面上的交点用直线连接起来。

值得注意的是，平面立体被切割后，截掉的部分若要在投影图中绘制出来，则用双点长画线表示；截交线在投影图中若可见，则用实线表示，若不可见，则用虚线表示。

学以致用

【例 3-3】已知正六棱柱被一正垂面切割，现给出其 *H* 面投影和 *V* 面投影，如图 3-10（a）所示。试补画正六棱柱的 *W* 面投影。

分析：由图 3-10（a）可知，该正六棱柱各侧面在 *H* 面上的投影积聚为直线，形成正六边形，截交线的 *H* 面投影与正六棱柱各侧面的 *H* 面投影重合。

由于截平面为正垂面，在 *V* 面上的投影具有积聚性，在 *W* 面上的投影为六边形的类似形，因此截交线的 *V* 面投影为一条直线，*W* 面投影为一个六边形。

作图步骤：

（1）先绘制出被切割前正六棱柱的 *W* 面投影，如图 3-10（b）所示。

（2）在 *V* 面投影和 *H* 面投影中找到正垂面和正六棱柱各棱线的交点的投影，并用相应数字标注。根据这些交点的两面投影作出其 *W* 面投影1″，2″，3″，4″，5″，6″，并用直线顺次连接，如图 3-10（c）所示。

（3）由于正六棱柱最右侧棱线的投影在 *W* 面中不可见，因此要用虚线绘制出被挡住的部分。擦去被切去部分的图线和多余的图线，在确定底稿图正确无误后加深图线，如图 3-10（d）所示。

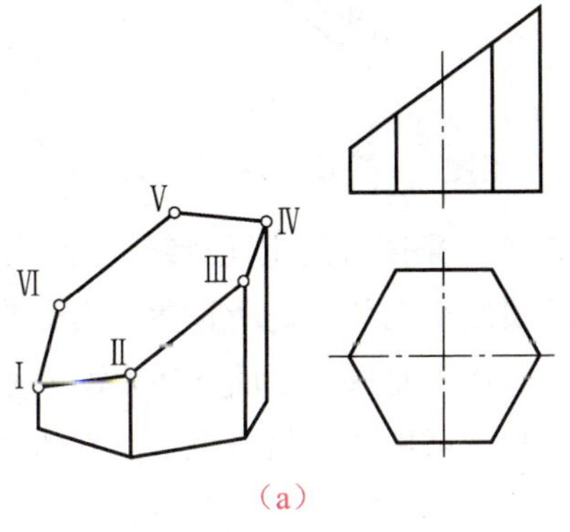

（a）

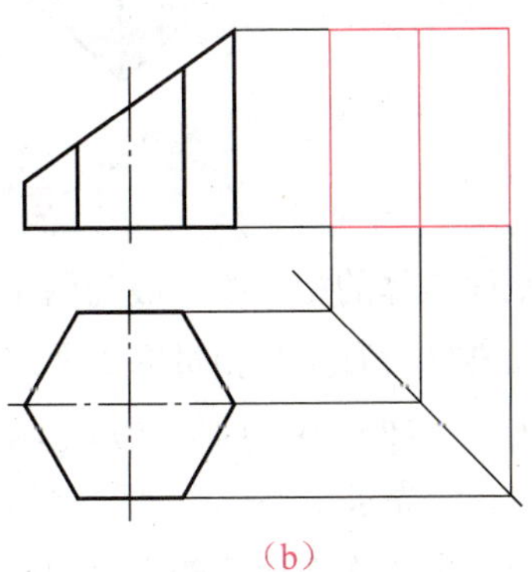
（b）

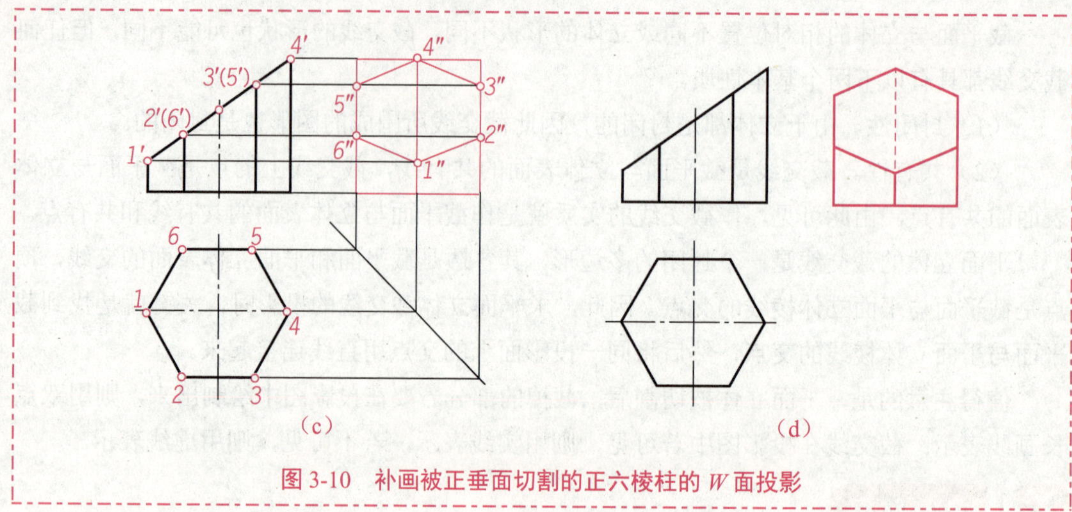

图 3-10　补画被正垂面切割的正六棱柱的 W 面投影

2. 相贯线

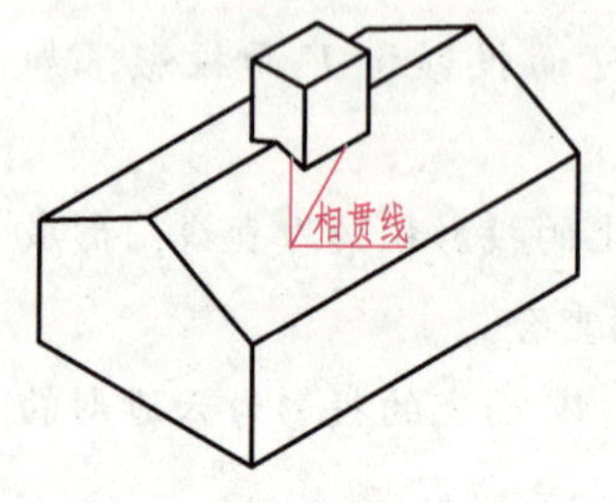

图 3-11　相贯体

两相交立体称为**相贯体**，它们的表面交线称为**相贯线**，如图 3-11 所示。由于立体都是封闭的，因此相贯线所围成的图形也都是封闭的。由此可见，相贯线也具有封闭性和共有性这两个基本性质。作相贯线实质上就是作相贯体表面上的共有线和共有点。

当一个平面立体全部贯穿另一个平面立体时，产生两条封闭相贯线的相贯称为**全贯**，如图 3-12（a）所示；当一个平面立体部分贯穿另一个平面立体时，产生一条封闭相贯线的相贯称为**互贯**，如图 3-12（b）所示。

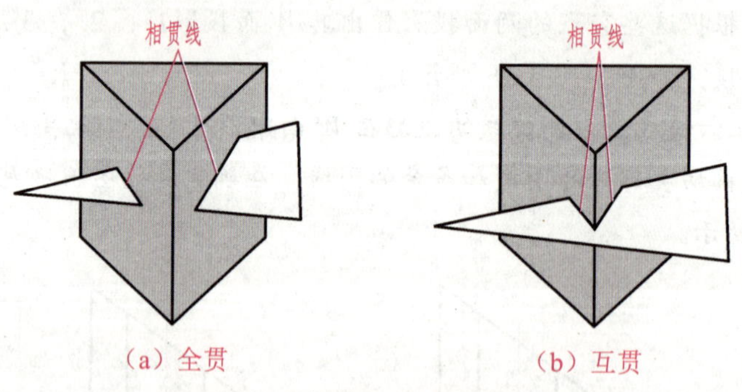

（a）全贯　（b）互贯

图 3-12　两平面立体相贯

两平面立体的相贯线一般为两个相离的多边形或一条闭合的空间折线。相贯线上的边是两平面立体所有参与相贯的表面之间的交线，相贯线上的顶点是所有参与相交的棱线或底边与另一平面立体表面的交点。求相贯线的投影实质上是求两平面立体表面一系列共有点的投影，即先求出每一个平面立体上参与相交的棱线或底边与另一个平面立体表面的交点的投影，再依次连接这些交点的投影。

学以致用

【例 3-4】补画图 3-13 所示房屋的三面投影图。

分析：由图 3-13 可以看出，该房屋实质上是两个五棱柱相贯而成的。两个五棱柱均水平放置且底面在同一水平面上，小五棱柱的五条侧棱均与大五棱柱相交，故房屋的立体图应如图 3-14 所示。通过观察图 3-13 和图 3-14 可知，需要补画的是两个五棱柱相贯线的 H 面投影。

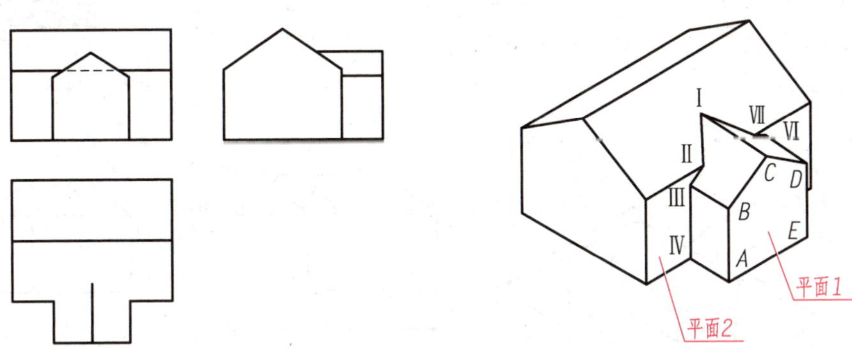

图 3-13　房屋的三面投影图　　图 3-14　房屋的立体图

作图步骤：

（1）可在 V 面投影中标出相贯体各交点的投影 $c'(1')$，$(2')$，$b'(3')$，$a'(4')$，$e'(5')$，$d'(6')$ 和 $(7')$，如图 3-15 所示。

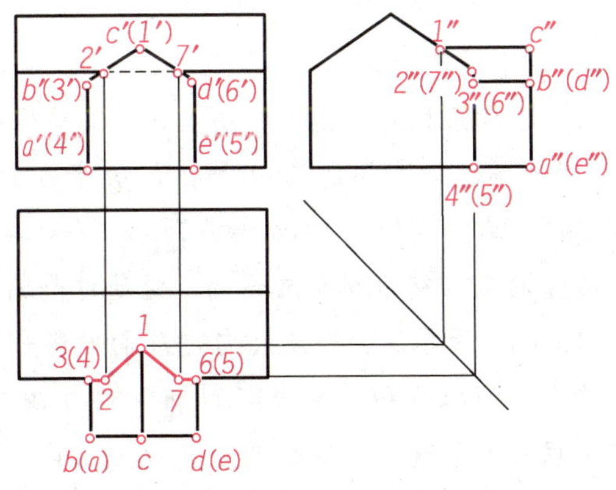

图 3-15　补画房屋的三面投影图

（2）除小五棱柱的侧棱 CⅠ外，小五棱柱的其他四条侧棱均与大五棱柱的平面 2 相交。由于平面 2 为正平面，因此这四条侧棱交点Ⅲ，Ⅳ，Ⅴ，Ⅵ的 H 面投影积聚在一条直线上，这四点与点Ⅰ的 H 面投影均可直接求出，如图 3-15 所示。

（3）点Ⅱ和点Ⅶ为两个五棱柱的共有点，过点 2′ 和点 7′ 向下作垂线，得到 H 面投影 2 和 7，如图 3-15 所示。

(4) 依次连接点 3(4)，2，1，7，6(5)，即可得到相贯线的 *H* 面投影。由于相交各侧面的 *H* 面投影均可见，因此相贯线的 *H* 面投影也可见，如图 3-15 所示。

知识加油站

为了排水需要，屋顶均有坡度。坡度大于等于 3%的屋面称为**坡屋面**，它有单坡屋面、两坡屋面和四坡屋面之分。当各坡屋面与地面（*H* 面）的倾角都相同，且屋檐各处同高时，该屋面称为**同坡屋面**，具有同坡屋面的房屋称为**同坡房屋**，如图 3-16 所示。

同坡房屋的三面投影图

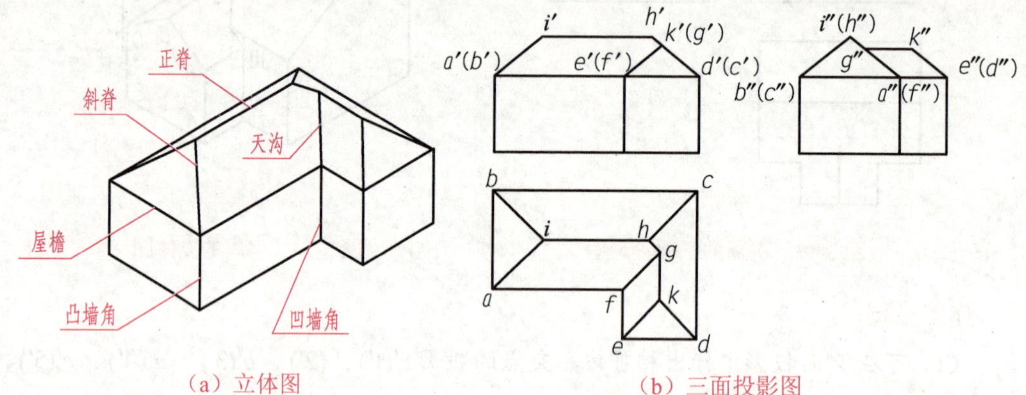

（a）立体图　　（b）三面投影图

图 3-16　同坡房屋

同坡房屋的交线具有以下投影规律。

(1) 屋檐平行的两屋面如果相交，则必交出正脊，其与屋檐平行，且其 *H* 面投影与两屋檐的 *H* 面投影等距离。如图 3-16（b）所示，*ih* 平行于 *af* 和 *bc*，且与 *af* 和 *bc* 等距离；*gk* 平行于 *fe* 和 *cd*，且与 *fe* 和 *cd* 等距离。

(2) 屋檐相邻的两屋面必相交于斜脊或天沟，且通过凸墙角的是斜脊，通过凹墙角的是天沟，如图 3-16（a）所示。斜脊或天沟的 *H* 面投影是相邻屋檐 *H* 面投影夹角的分角线。图 3-16（b）中的 *ai* 和 *bi* 为斜脊的 *H* 面投影，*fg* 为天沟的 *H* 面投影。

(3) 当屋面上过某点有两条交线，且这两条交线为正脊、斜脊或天沟时，过该点必定还有第三条交线。三条交线中一定有一条是正脊，另外两条是斜脊或天沟。如图 3-16（b）所示，过点 *g* 的三条交线中，*gk* 是正脊的 *H* 面投影，*gf* 是天沟的 *H* 面投影，*gh* 是斜脊的 *H* 面投影。

笔记

实践操作——补画带切口三棱锥的 *H* 面投影和 *W* 面投影

1. 任务描述

在建筑设计中，设计师会对建筑物的某个部位进行切割设计，使其表面出现截交线，截交线的存在使得建筑物更具艺术性和观赏性。为了让学生更好地掌握截交线投影的绘制方法，请指导教师组织学生补画图 3-17 中带切口三棱锥的 *H* 面投影和 *W* 面投影。

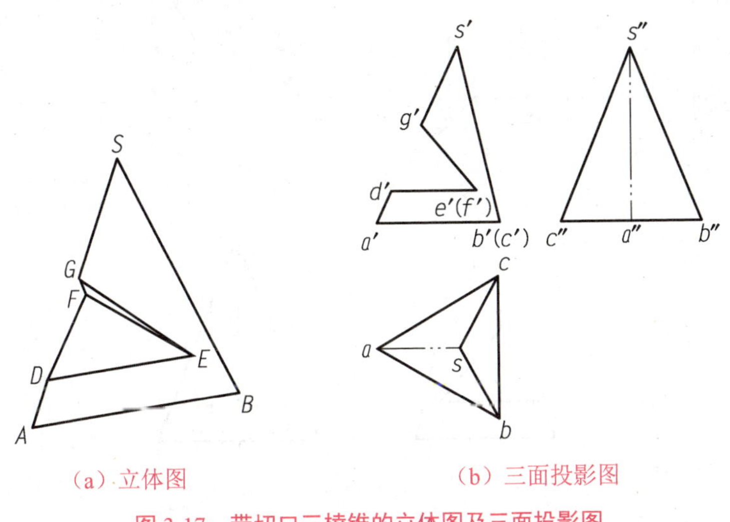

图 3-17　带切口三棱锥的立体图及三面投影图

2. 实施内容

1）分析图样

如图 3-17 所示，带切口的三棱锥是被两个截平面（水平面和正垂面）切割后形成的，要补画其 *H* 面投影和 *W* 面投影，只需要求出两个截平面与三棱锥表面的交线，以及两截平面之间的交线。

2）绘制步骤

（1）由于水平面与棱锥的底面 *ABC* 平行，因此 *DE*∥*AB*，*DF*∥*AC*。由于点 *D* 是棱线 *SA* 上的一点，因此在 *V* 面投影中过点 *d*′ 向下作垂线，使其交 *sa* 于点 *d*，过点 *d* 作 *ab* 的平行线，过点 *e*′ 向下作垂线，两线相交得到点 *e*，同理可得到点 *f* 。利用 *de*，*df*，*d*′*e*′，

$d'f'$ 和 45°辅助线，得到 W 面投影 $d''e''$ 和 $d''f''$，如图 3-18（a）所示。

（2）过点 g' 向下作垂线，使其交 sa 于点 g，将点 g 分别与点 f、点 e 连接；然后根据“高平齐”求出 W 面投影中的点 g''，将点 g'' 分别与点 f''、点 e'' 连接；最后分别连接点 s 和点 g、点 s'' 和点 g''、点 a 和点 d、点 a'' 和点 d''，如图 3-18（b）所示。

（3）擦去多余图线，在确定底稿图正确无误后加深图线，结果如图 3-18（c）所示。

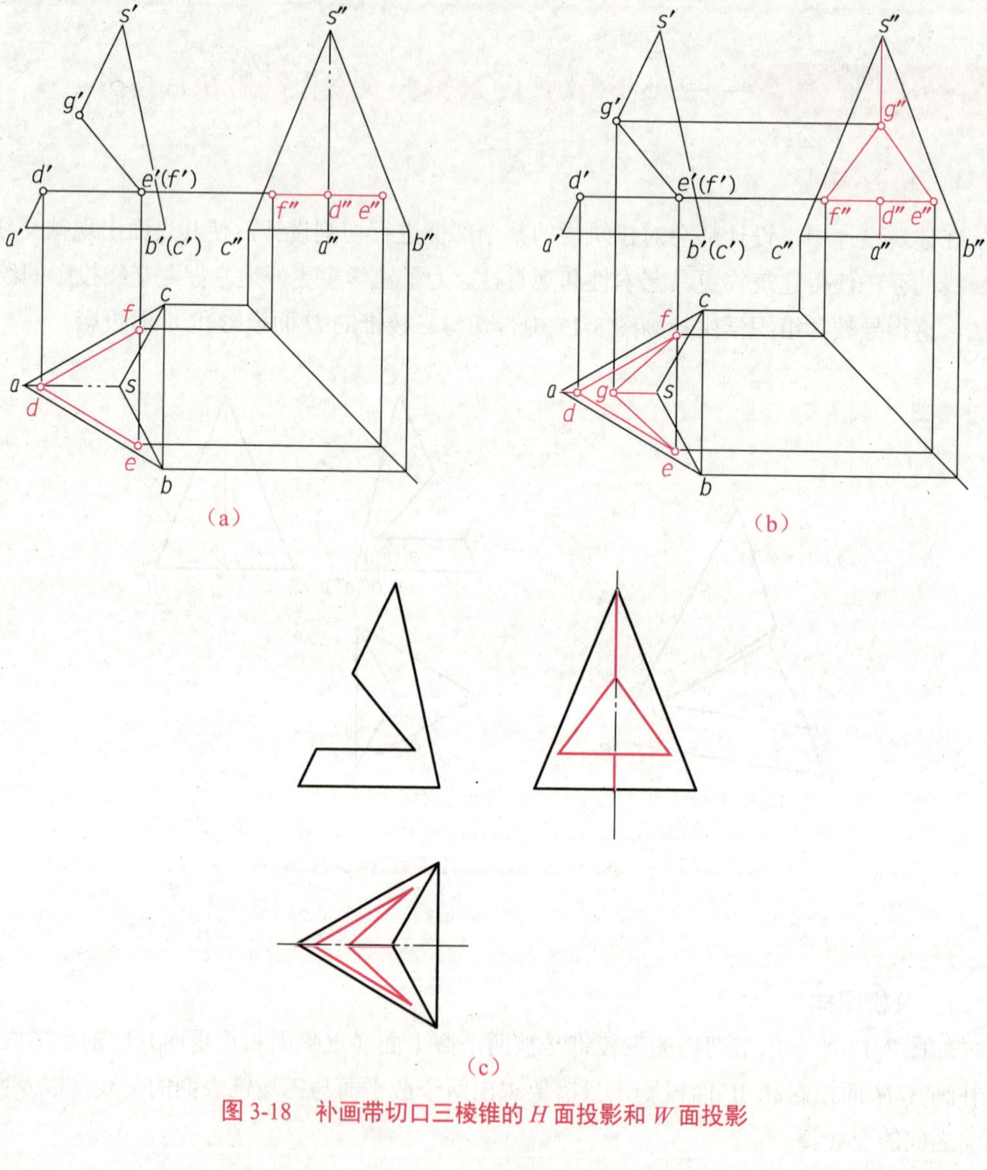

（a）

（b）

（c）

图 3-18　补画带切口三棱锥的 H 面投影和 W 面投影

任务二 进行曲面立体的投影

任务引入

在建筑设计中，曲面立体的投影应用非常广泛。例如，设计大型体育场馆的曲面屋顶时，需要考虑到屋顶的形状和承重结构，此时就需要用到曲面立体的投影知识。通过分析屋顶的投影特性，可以更好地掌握其结构和美学特点，从而设计出更加符合要求的建筑作品。

思考 曲面立体投影的应用不仅可以提高设计的精度和准确性，还可以增强艺术和视觉效果，为人们创造出更加美好和富有创意的作品。你知道曲面立体投影还有哪些实际应用案例吗？如何对曲面立体进行投影分析呢？

任务工单

请扫描下方二维码，获取任务工单。根据任务工单，学生可以在课前预习相关知识，在课后进行实施。

一、曲面立体的形成及投影分析

曲面立体是指由曲面或曲面和平面围成的基本体。常见的曲面立体多为回转体，如圆柱、圆锥、球体等，如图 3-19 所示。**回转体**是指由回转面或回转面和平面围成的立体。**回转面**是指由一条直线或曲线（母线）绕一固定轴线（回转轴）旋转而成的曲面。处于回转面上任意位置的母线称为**素线**。回转体在平行回转轴的投影面上的投影图中，区分回转面可见部分与不可见部分的分界素线称为**转向轮廓线**。

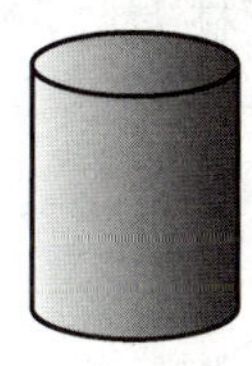

（a）圆柱

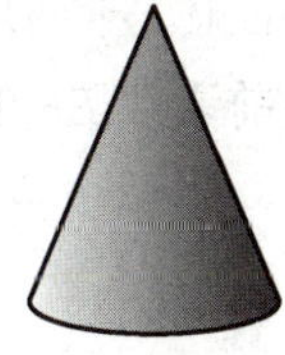

（b）圆锥

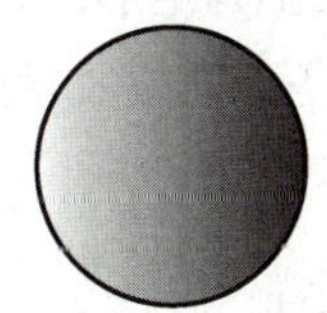

（c）球体

图 3-19 曲面立体

1．圆柱

1）圆柱的形成

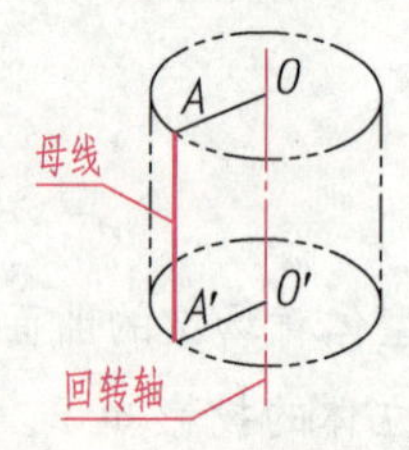

图 3-20　圆柱的形成

圆柱是指由圆柱面和上、下两个圆形底面围成的回转体。圆柱面可以看作是由直线（母线）绕与其平行的轴线（回转轴）旋转而成的。如图 3-20 所示，圆柱面可以看作是由母线 AA' 绕与它平行的回转轴 OO' 旋转而成的，圆柱面上任意一条平行于回转轴的直线都是素线。

2）圆柱的投影分析

将圆柱放置于三投影面体系中，使圆柱的轴线垂直于 H 面，然后向三个投影面分别进行投影，得到圆柱的三面投影图，如图 3-21 所示。

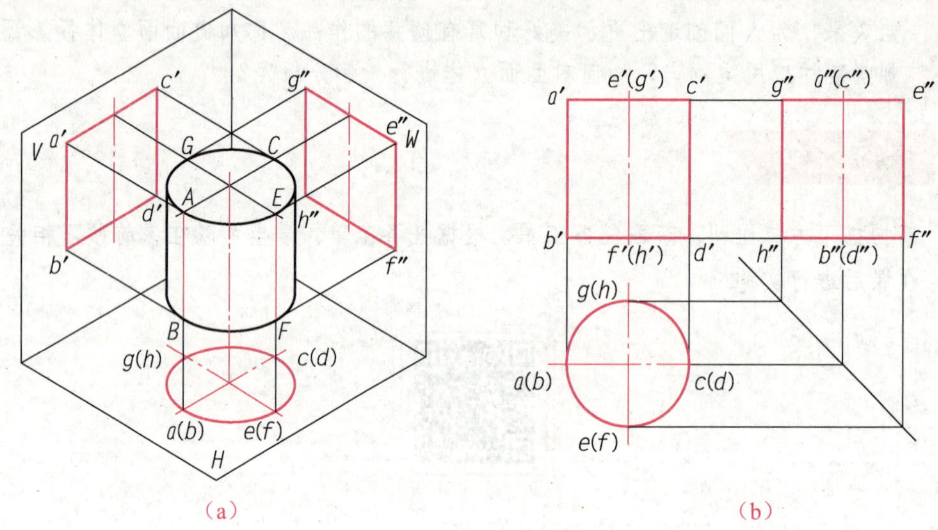

图 3-21　圆柱的投影

由图 3-21 可以归纳出圆柱的投影特性，具体如下。

（1）H 面投影为圆，反映上、下底面的实形；圆柱面上任何点和线的投影都积聚在该圆上。

（2）V 面投影为矩形。其中，矩形的上、下两边分别是圆柱上、下底面的积聚投影，左、右两边分别是圆柱最左素线 AB、最右素线 CD 的投影。

（3）W 面投影为矩形。其中，矩形的上、下两边分别是圆柱上、下底面的积聚投影，左、右两边分别是圆柱最后素线 GH、最前素线 EF 的投影。

2．圆锥

1）圆锥的形成

圆锥是指由圆锥面和底面围成的回转体。圆锥面可以看作是由直线（母线）绕与其相

交的轴线（回转轴）旋转而成的。如图 3-22 所示，圆锥面可以看作是由母线 *SA* 绕与其相交的回转轴 *SO* 旋转而成的，圆锥面上任意一条与回转轴相交的直线都是素线。

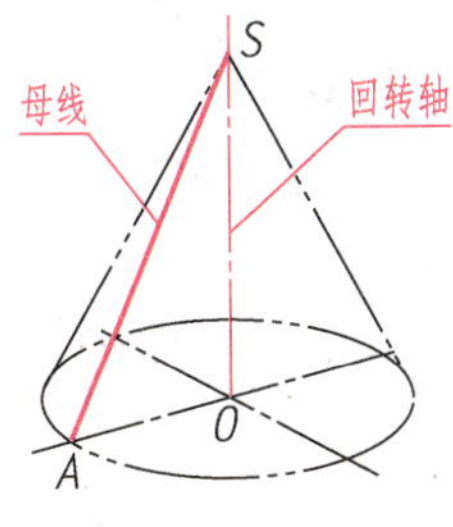

图 3-22　圆锥的形成

2）圆锥的投影分析

将圆锥放置于三投影面体系中，使圆锥的轴线垂直于 *H* 面，然后向三个投影面分别进行投影，得到圆锥的三面投影图，如图 3-23 所示。

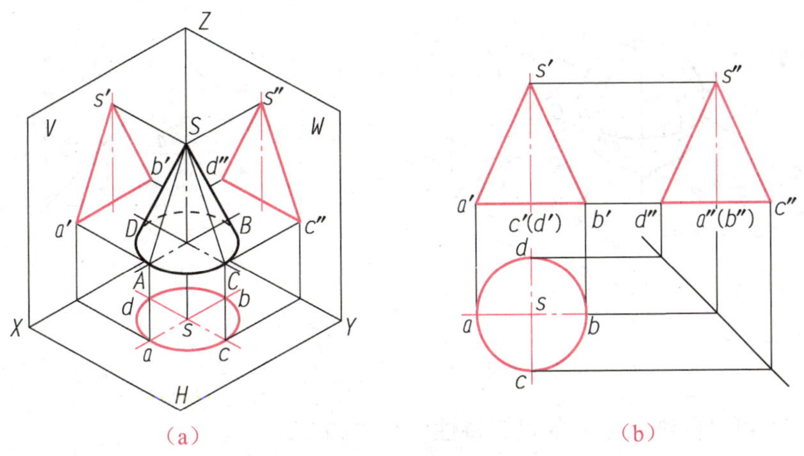

图 3-23　圆锥的投影

由图 3-23 可以归纳出圆锥的投影特性，具体如下。

（1）*H* 面投影为圆和中心一点，圆反映圆锥底面的实形。

（2）*V* 面投影为等腰三角形。其中，等腰三角形的左、右两边分别是圆锥面最左素线 *SA*、最右素线 *SB* 的投影，底边为圆锥底面的积聚投影。

（3）*W* 面投影为等腰三角形。其中，等腰三角形的左、右两边分别是圆锥面最后素线 *SD*、最前素线 *SC* 的投影，底边为圆锥底面的积聚投影。

3. 球体

1）球体的形成

球体是指由一圆周（母线）绕自身直径（回转轴）旋转形成的回转体。母线上任意一点的运动轨迹都为圆。如图 3-24 所示，球体可以看作是由一圆周绕直径 *OO′* 旋转而成的。

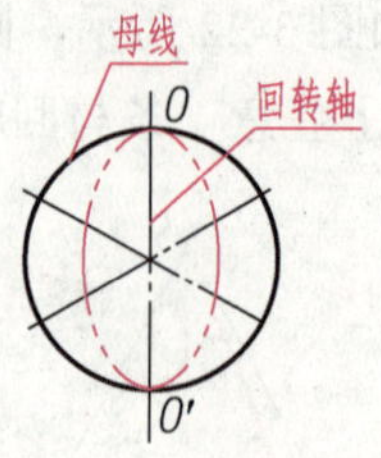

图 3-24　球体的形成

2）球体的投影分析

将球体放置于三投影面体系中，向三个投影面分别进行投影，得到球体的三面投影图，如图 3-25 所示。

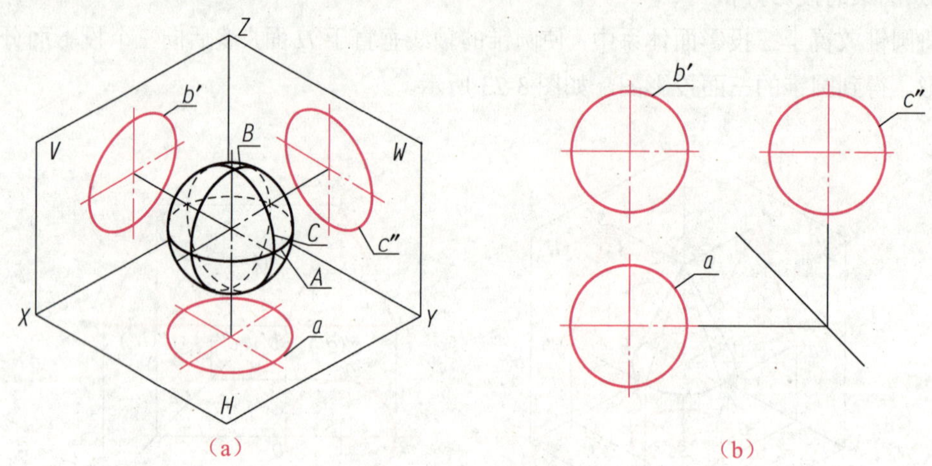

图 3-25　球体的投影

由图 3-25 可以归纳出球体的投影特性，具体如下。

（1）*H* 面投影为直径与球体直径相等的圆 *a*，圆 *a* 是上半球和下半球的分界圆的投影，其中上半球可见，下半球不可见。

（2）*V* 面投影为直径与球体直径相等的圆 *b*′，圆 *b*′ 是前半球和后半球的分界圆的投影，其中前半球可见，后半球不可见。

（3）*W* 面投影为直径与球体直径相等的圆 *c*″，圆 *c*″ 是左半球和右半球的分界圆的投影，其中左半球可见，右半球不可见。

二、曲面立体表面上点和线的投影

与平面立体一样，求曲面立体表面上点和线的投影时，也可采用从属性法、积聚性法和辅助线法。

1．圆柱表面上点和线的投影

由于圆柱表面在某一投影面上的投影具有积聚性，因此圆柱表面上点和线的投影可利用从属性法和积聚性法求出。

学以致用

【例 3-5】已知圆柱面上点 M 和点 N 的 V 面投影 m' 和 n'，如图 3-26（a）所示。试求这两个点的另外两面投影。

分析：由于点 M 的 V 面投影 m' 为可见点，且在对称线的左侧，因此可判定点 M 在左前方的圆柱面上，其 H 面投影和 W 面投影均可见；由于点 N 的 V 面投影 n' 为不可见点，且在对称线的右侧，因此可判定点 N 在右后方的圆柱面上，其 H 面投影可见，W 面投影不可见。

作图步骤：

（1）过点 m' 向下作垂线，使其交圆于点 m，然后利用点 m、点 m' 和 45°辅助线作出点 M 的 W 面投影 m''，点 m 和点 m'' 均为可见点，如图 3-26（b）所示。

（2）过点 n' 向下作垂线，使其交圆于点 n，然后利用点 n、点 n' 和 45°辅助线作出点 N 的 W 面投影 n''，点 n 为可见点，点 n'' 为不可见点，如图 3-26（b）所示。

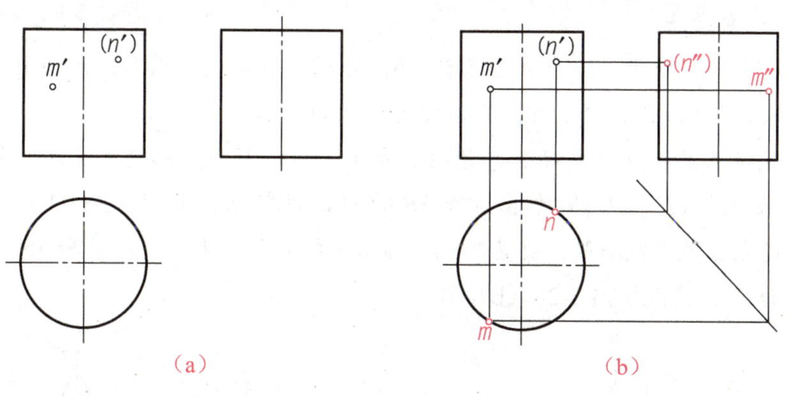

图 3-26 作圆柱面上点的投影

2．圆锥表面上点和线的投影

圆锥底面在某一投影面上的投影具有积聚性，因此圆锥底面上点和线的投影可利用积聚性法求出。圆锥面没有积聚性，因此圆锥面上点的投影需要用辅助线法才能求出。

按辅助线类型的不同，辅助线法可分为素线法和纬圆法两种。素线法是指过圆锥面上一点和顶点作一条素线，利用直线上点的从属性得出圆锥面上点的投影的方法。纬圆法是指用纬圆作辅助圆，来确定圆锥面上点的投影的方法。其中，纬圆是指过圆锥面上任意一点作一个与圆锥底面平行的平面，该平面与圆锥面的交线圆。该点的三面投影必在交线圆的三面投影上。

学以致用

【例 3-6】已知圆锥面上点 A 的 V 面投影 a'（见图 3-27），求该点的另外两面投影。

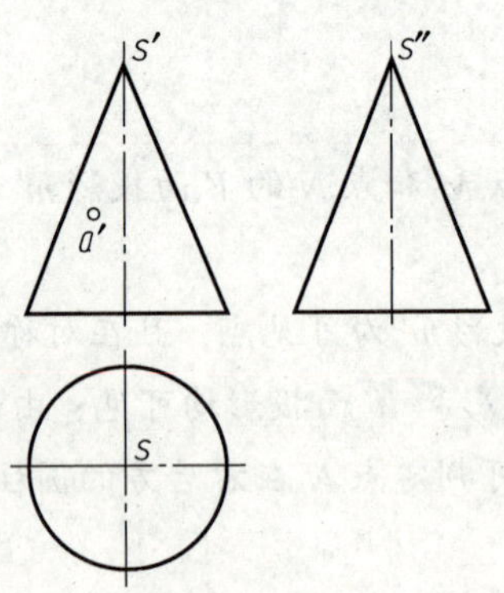

图 3-27　圆锥面上点 A 的 V 面投影

分析： 由于点 a' 可见且位于对称线的左侧，因此可判定点 A 在圆锥左前方的圆锥面上，其另外两面投影可利用辅助线法求出。

作图步骤：

方法一：素线法

如图 3-28（a）所示，过点 A 作素线 SB，先求出该素线的投影，再利用直线上点的投影规律求出圆锥面上点的投影，具体作图步骤如下。

（1）连接点 s' 和点 a' 并延长，使延长线与底面的 V 面投影交于点 b'，从而得到素线 SB 的 V 面投影 $s'b'$。由 $s'b'$ 作出素线 SB 的 H 面投影 sb，如图 3-28（b）所示。

（2）过点 a' 向下作垂线，使其交 sb 于点 a，然后利用点 a、点 a' 和 45°辅助线作出点 A 的 W 面投影 a''，如图 3-28（b）所示。

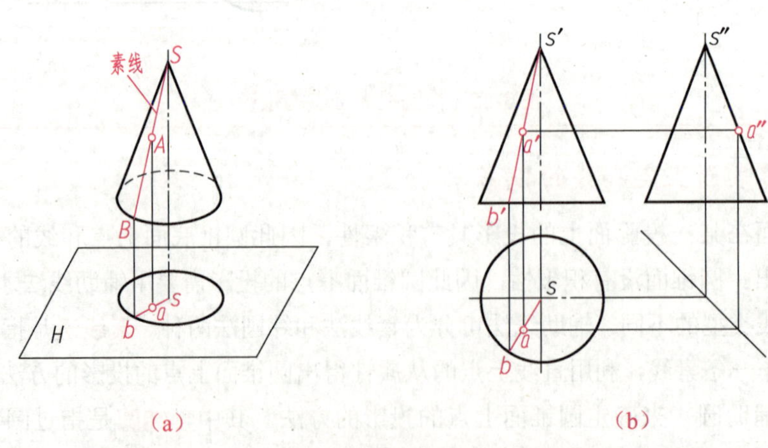

图 3-28　利用素线法作圆锥面上点的投影

方法二：纬圆法

如图 3-29（a）所示，过点 *A* 作纬圆，先求出该纬圆的投影，再利用直线上点的投影规律求出圆锥面上点的投影，具体作图步骤如下。

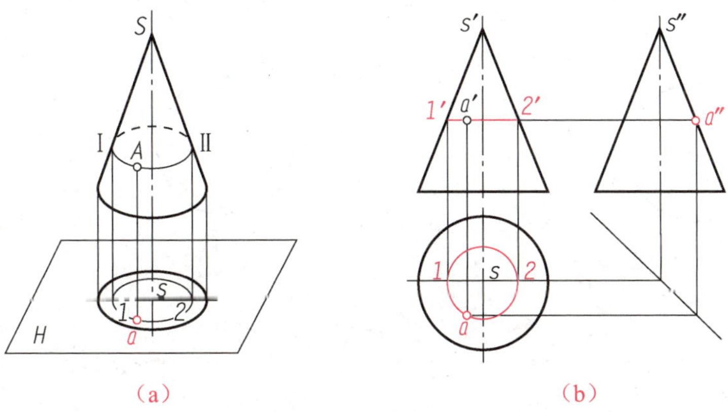

图 3-29　利用纬圆法作圆锥面上点的投影

（1）过点 a' 作一水平线 $1'2'$，它就是所作纬圆的 *V* 面投影，如图 3-29（b）所示。

（2）以 $1'2'$ 为直径，作纬圆的 *H* 面投影，如图 3-29（b）所示。

（3）过点 a' 向下作垂线，使其交纬圆前半圆的 *H* 面投影于点 a，利用点 a、点 a' 和 45°辅助线作出点 *A* 的 *W* 面投影 a''，如图 3-29（b）所示。

3. 球体表面上点和线的投影

球体表面无积聚性，除了转向轮廓线上点的投影可以直接求出外，球体表面上其他点的投影需要利用纬圆法才能求出。

学以致用

【例 3-7】已知球体表面上点 *M* 的 *V* 面投影 m'，如图 3-30（a）所示。求该点的另外两面投影。

分析： 由于点 m' 为可见点且位于 *V* 面投影的左下方，因此判定点 *M* 位于前半球的左下方，点 *M* 的另外两面投影可利用纬圆法求出。

作图步骤：

（1）过点 m' 作一水平线 $b'c'$，它就是所作纬圆的 *V* 面投影，如图 3-30（b）所示。

（2）以 $b'c'$ 为直径，作纬圆的 *H* 面投影，如图 3-30（b）所示。

（3）过点 m' 向下作垂线，使其交纬圆前半圆的 *H* 面投影于点 m，利用点 m、点 m' 和 45°辅助线作出点 *M* 的 *W* 面投影 m''，如图 3-30（b）所示。

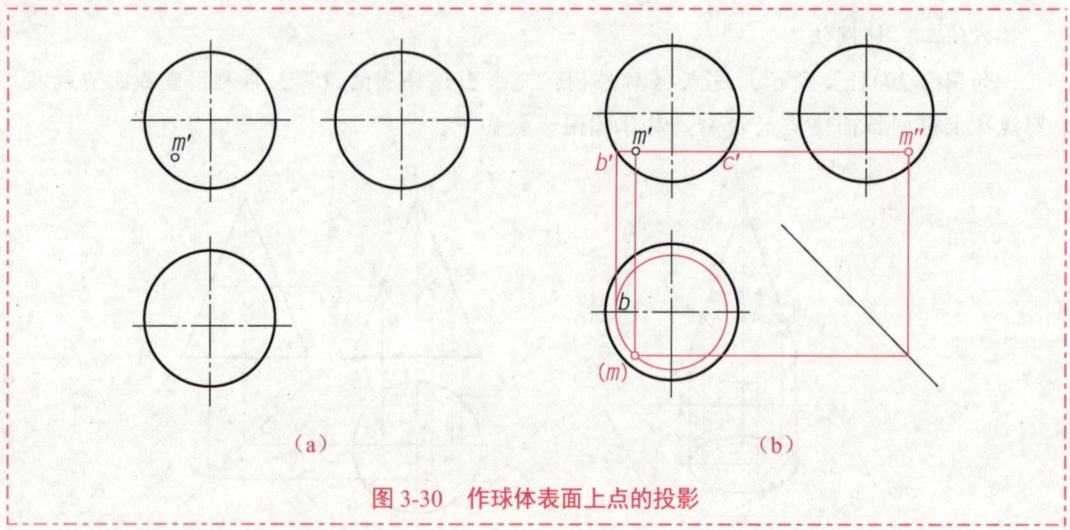

图 3-30 作球体表面上点的投影

三、曲面立体的尺寸标注

对于曲面立体，可在其非圆投影图上标出直径和高度，如图 3-31 所示。直径具有双向尺寸功能，它不仅可以减少一个方向的尺寸，还可以省略一个投影图。球体的尺寸标注应在直径数字前加注“*Sφ*”，在半径数字前加注“*SR*”。

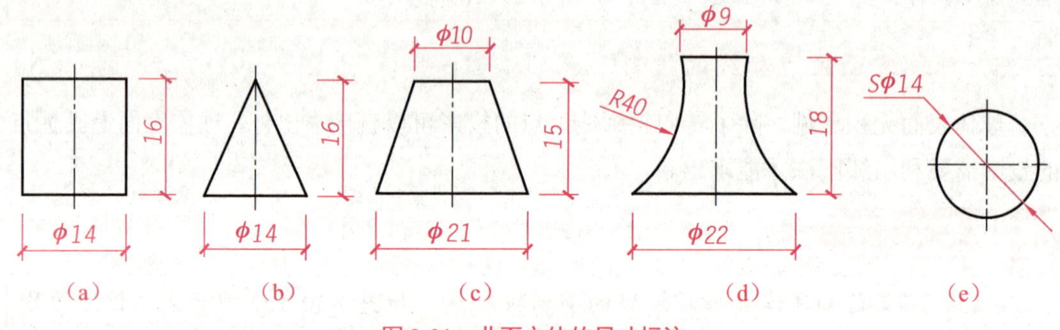

图 3-31 曲面立体的尺寸标注

四、曲面立体的表面交线

1. 截交线

曲面立体的截交线一般是封闭的平面曲线或由平面曲线与直线组成的平面图形，特殊情况下也可能是封闭的平面多边形。曲面立体的截交线是截平面与曲面立体表面的共有线，截交线上的点是截平面与曲面立体表面的共有点。因此，求曲面立体截交线的投影时，关键就是找到足够的共有点，然后将同一投影面上的共有点依次连接起来。

求共有点的基本方法有素线法、纬圆法等。求共有点时，通常先求出特殊位置点，即

各极限位置点（最前、最后、最左、最右、最上、最下）、转向轮廓线与截平面的交点等。为了使绘制的截交线更精确，必要时还需要求出一般位置点。

1）圆柱的截交线

圆柱的截平面与轴线的相对位置不同，截交线的形状也不同。圆柱的截交线有三种情况，如表 3-1 所示。

表 3-1　圆柱的截交线

截平面与轴线的相对位置	截交线的形状	立体图	三面投影图
截平面垂直于轴线	圆		
截平面平行于轴线	矩形		
截平面倾斜于轴线	椭圆		

学以致用

【例 3-8】已知一圆柱被正垂面 P 所切割（见图 3-32），求圆柱被切割后的三面投影图。

分析：由于正垂面 P 与圆柱轴线倾斜，因此可判定截交线为椭圆，截交线的 V 面投影是一条积聚的直线，H 面投影与圆柱面的 H 面投影重合，W 面投影为椭圆。

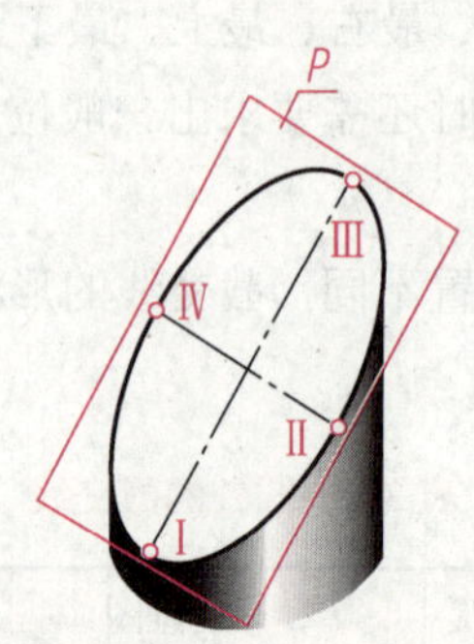

图 3-32 圆柱被正垂面切割

作图步骤：

（1）绘制出圆柱未切割前的三面投影图，并绘制出截交线的 *V* 面投影（积聚为一条直线），如图 3-33（a）所示。

（2）由于点Ⅰ，Ⅱ，Ⅲ和Ⅳ分别是截交线上各极限位置点，因此可利用积聚性先在 *V* 面投影中标出这些点，然后再求出它们的 *H* 面投影 1，2，3，4 和 *W* 面投影 1″，2″，3″，4″，如图 3-33（a）所示。

（3）为了使 *W* 面投影中的曲线更加精确，可在截交线上取一些一般位置点，并分别求出这些点的 *H* 面投影 5，6，7，8，*V* 面投影 5′，6′，7′，8′，以及 *W* 面投影 5″，6″，7″，8″，如图 3-33（a）所示。

（4）用光滑的曲线顺次连接 *W* 面投影中的各投影点，截交线的 *W* 面投影为可见线。擦去多余的图线，在确定底稿图正确无误后加深图线，如图 3-33（b）所示。

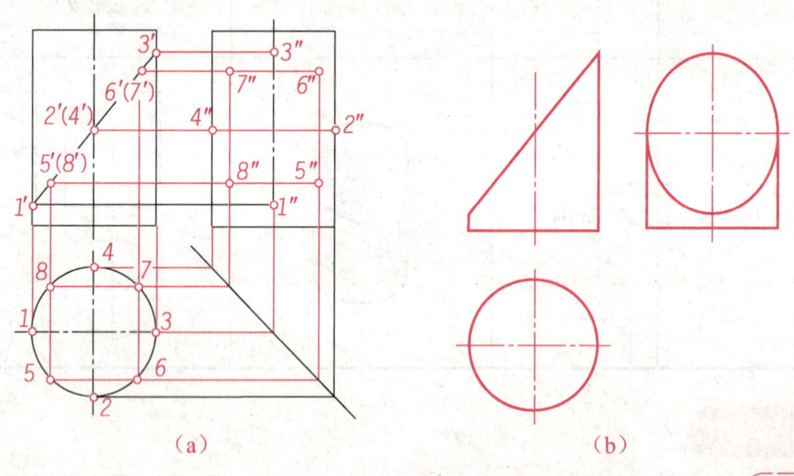

图 3-33 作圆柱被正垂面切割后的三面投影图

2）圆锥的截交线

圆锥截平面的位置不同，截交线的形状也不同。圆锥的截交线有五种情况，如表 3-2 所示。

圆锥的截交线

表 3-2 圆锥的截交线

截平面的位置	截交线的形状	立体图	三面投影图
截平面通过锥顶	等腰三角形	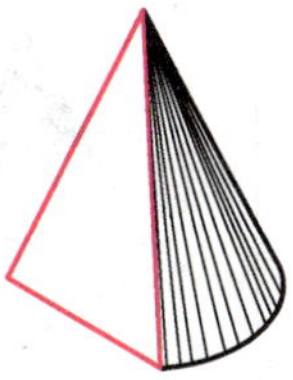	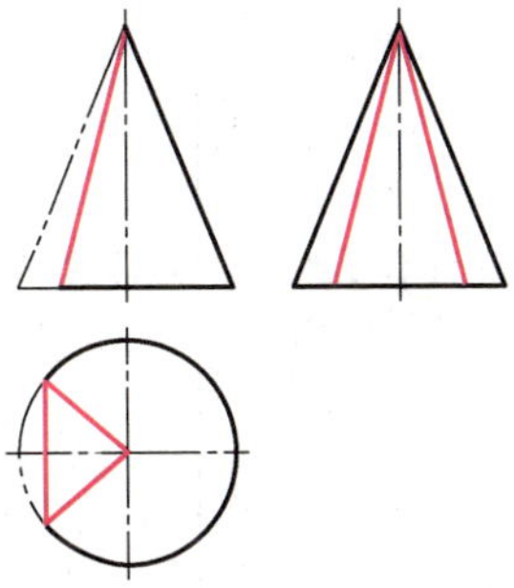
截平面垂直于轴线	圆		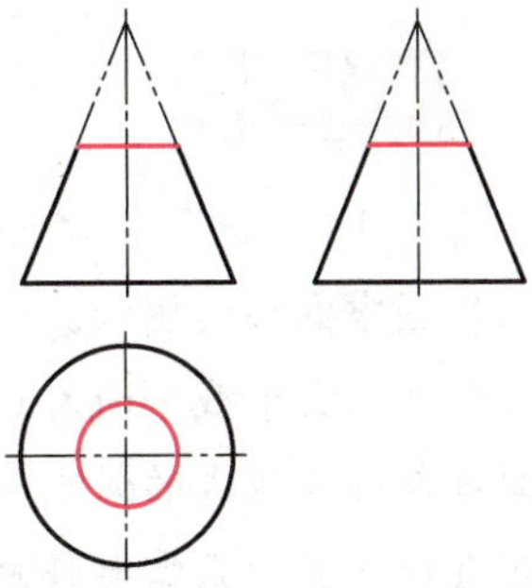
截平面不过锥顶，与所有素线相交	椭圆	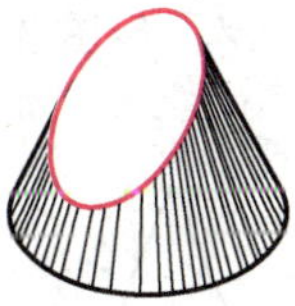	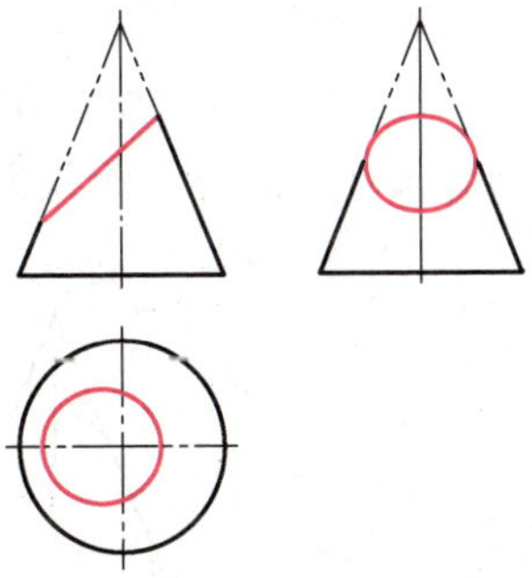
截平面不过锥顶，平行于某条素线	抛物线与直线组成的封闭平面图形	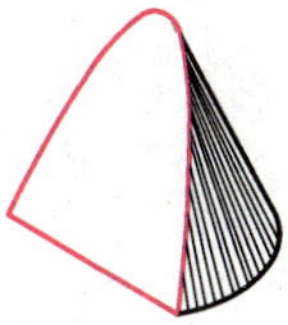	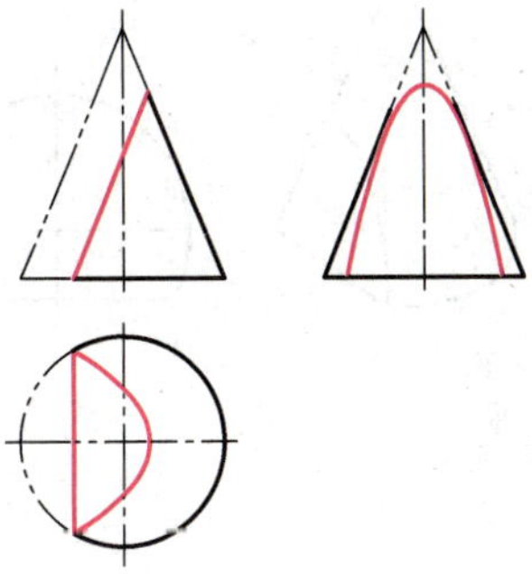

（续表）

截平面的位置	截交线的形状	立体图	三面投影图
截平面不过锥顶，平行或倾斜于轴线	双曲线与直线组成的封闭平面图形		

学以致用

【例 3-9】如图 3-34（a）所示，已知一圆锥被正平面切割后的三面投影图，试补画该投影图中漏画的图线。

分析：由于截平面为正平面，不过锥顶且平行于圆锥的轴线，因此截交线的形状为双曲线与直线组成的封闭平面图形。由于该截交线的 H 面投影和 W 面投影分别积聚为一条直线，因此只需要补画截交线的 V 面投影即可。

作图步骤：

（1）在 H 面投影和 W 投影上分别找出截交线的最上点 C、最下点 A 和 B 的投影，然后作出这三点的 V 面投影 c'，a'，b'，如图 3-34（b）所示。

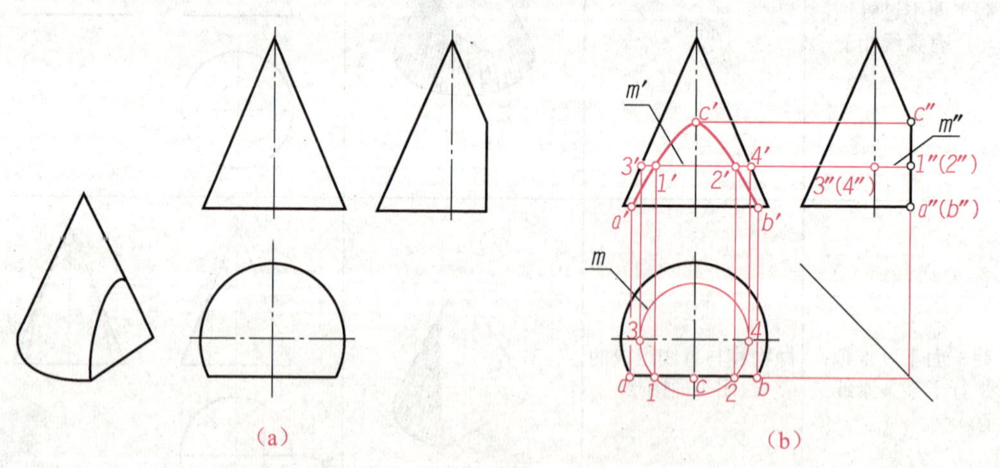

图 3-34 补画三面投影图中漏画的图线

（2）在 V 面投影 c' 与 $a'b'$ 之间作一条与圆锥轴线垂直的水平线（即纬圆 M 在 V 面中的投影 m'）。该水平线与圆锥最左和最右素线的 V 面投影交于点 $3'$ 和点 $4'$。以 $3'4'$ 为

直径在 H 面投影中画一圆，它与截交线在 H 面上的投影交于点 1 和点 2。过点 1 和点 2 向上作垂线，与 m' 交于点 $1'$ 和点 $2'$，如图 3-34（b）所示。

（3）依次光滑地连接点 a'，$1'$，c'，$2'$，b'，得到的曲线即为三面投影图中漏画的图线，如图 3-34（b）所示。

3）球体的截交线

球体被截平面切割，不论截平面处于什么位置，截交线总为圆。当截平面与投影面平行时，截交线在该投影面上的投影为圆；当截平面与投影面垂直时，截交线在该投影面上的投影为直线；当截平面倾斜于投影面时，截交线在该投影面上的投影为椭圆，如表 3-3 所示。

表 3-3　球体的截交线

截平面的位置	截平面为水平面	截平面为正平面	截平面为正垂面
三面投影图			

学以致用

【例 3-10】如图 3-35（a）所示，已知球体被一正垂面切割，试补画球体被切割后的 H 面投影。

分析：由图 3-35（a）可知，球体被正垂面切割，截交线为圆且在 V 面中的投影积聚为一条直线，截交线的 H 面投影为椭圆。

作图步骤：

（1）截交线为圆，找到圆上四个点 Ⅰ，Ⅱ，Ⅲ，Ⅳ的 V 面投影 $1'$，$2'(4')$，$3'$。过点 $2'(4')$ 作水平线（即纬圆 M 在 V 面中的投影 m'），分别从点 $1'$ 和点 $3'$ 向下作垂线，交 H 面投影中的水平对称线于点 1 和点 3。在 H 面投影中作纬圆 M 的 H 面投影 m。从点 $2'(4')$ 向下作垂线，使其交圆 m 于点 4 和点 2，如图 3-35（b）所示。

（2）求截交线与转向轮廓线（大圆）的交点，即在 V 面投影中找出截交线与水平对称线的交点 $5'(6')$，H 面投影 5 和 6 落在转向轮廓线上，如图 3-35（c）所示。

（3）依次光滑地连接 H 面上的点 1，5，2，3，4，6，1，并擦去多余图线，在确定底稿图正确无误后加深图线，如图 3-35（d）所示。

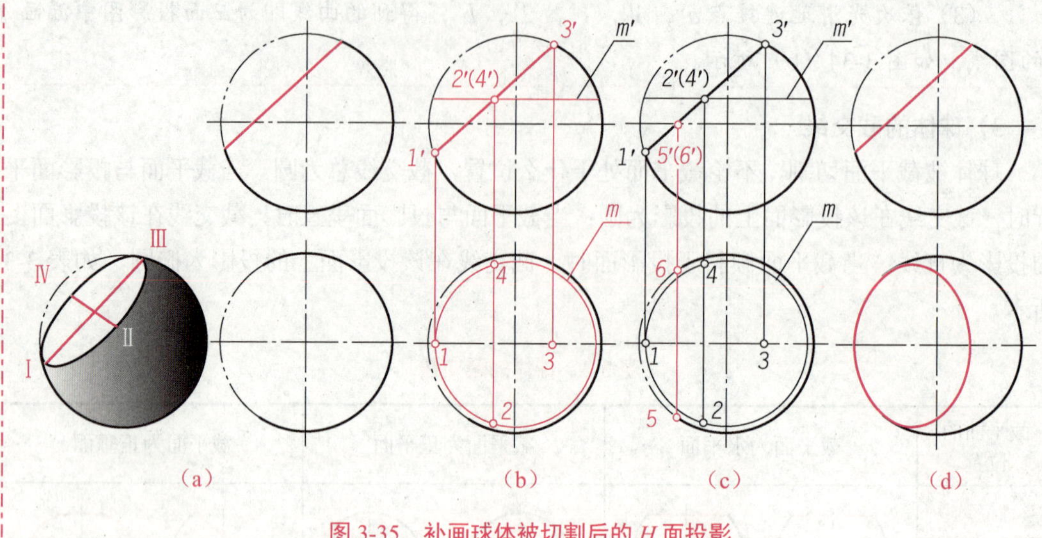

图 3-35　补画球体被切割后的 H 面投影

2．相贯线

相贯线的形状取决于参与相交的两立体的形状和相对位置。对于曲面立体，根据与其相交立体形状的不同，相贯线又可分为两曲面立体的相贯线、平面立体与曲面立体的相贯线两种。

1）两曲面立体的相贯线

两曲面立体的相贯线一般情况下为闭合的空间曲线，特殊情况下为平面曲线或直线。相贯线是两曲面立体的共有线，组成相贯线的所有点均为两曲面立体的共有点。因此，求两曲面立体相贯线的投影，实质上就是求两曲面立体表面一系列共有点的投影。

求两曲面立体相贯线的投影时，通常会用到表面取点法和辅助平面法。

（1）当相交两曲面立体中的某一曲面立体表面，在某一投影面上的投影有积聚性时，其相贯线在该投影面上的投影一定与该曲面立体的投影重合。已知相贯线在某一投影面上的投影，可用表面取点法求出相贯线在其他投影面上的投影。表面取点法是一种通过直接在曲面上取点来解决问题的方法。

（2）当利用相贯体的投影积聚性不易求出相贯线的投影时，通常采用辅助平面法求解。辅助平面法是一种利用辅助平面来解决问题的方法。假想用一辅助平面切割两曲面立体，使辅助平面与两曲面立体表面都产生截交线，这两条截交线的交点既属于辅助平面，又属于两曲面立体表面，是三面的共有点。为了作图方便，应选择特殊位置的辅助平面（一般为投影面平行面），使得截交线的投影为直线或圆。

学以致用

【例 3-11】如图 3-36 所示，已知两圆柱相贯，求该相贯体的三面投影图。

分析：由图 3-36 所示的立体图可以看出，该相贯体实质上是铅垂圆柱与水平圆柱相贯形成的，相贯线形状为曲线。由于该相贯线的 H 面投影与铅垂圆柱面的 H 面投影重合，W 面投影积聚在水平圆柱的 W 面投影上，因此只需要作出相贯线的 V 面投影即可。

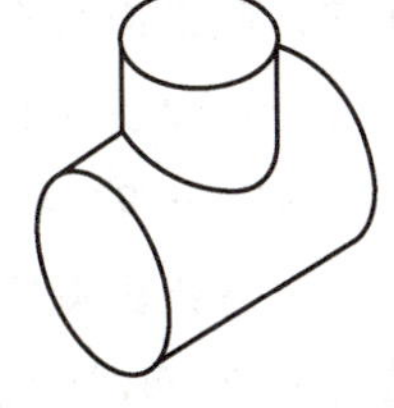

图 3-36 两圆柱相贯

作图步骤：

（1）先绘制出两圆柱的三面投影图，其中相贯线的 V 面投影先不绘制，如图 3-37（a）所示。

（2）在相贯体上取特殊位置点 A，B，C，D，如图 3-37（a）所示。其中，点 A 和点 B 是两圆柱 V 面投影的转向轮廓线的交点，其投影可在各投影图上直接找出；点 C 和点 D 是两圆柱 W 面投影的转向轮廓线的交点，其投影也可在各投影图上直接找出。

（3）在铅垂圆柱的 H 面投影上取对称的两点（即点 e 和点 f），它们的 V 面投影和 W 面投影都可根据点的投影规律求出。用光滑的曲线顺次连接 V 面投影上各点的投影，即可得到相贯线的 V 面投影，如图 3-37（b）所示。

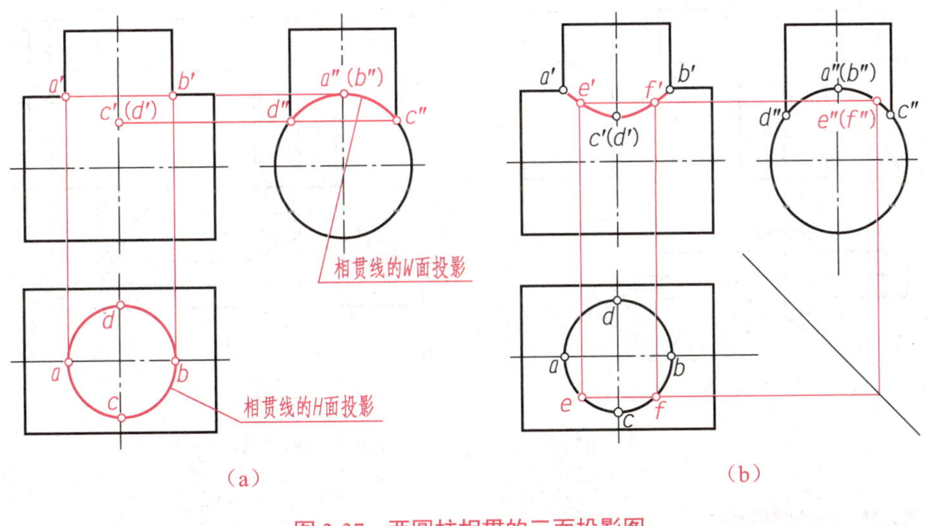

图 3-37 两圆柱相贯的三面投影图

2）平面立体与曲面立体的相贯线

平面立体与曲面立体的相贯线一般由若干平面曲线或平面曲线和直线所围成。求平面立体与曲面立体的相贯线的投影，可归结为求共有线和共有点的问题。

学以致用

【例 3-12】如图 3-38 所示，梁构件与柱构件相贯，求该相贯体的三面投影图。

分析：由图 3-38 所示的立体图可以看出，该相贯体实质上是由水平四棱柱与铅垂圆柱相贯而成的。由于相贯线的 H 面投影与铅垂圆柱面的 H 面投影重合，W 面投影与水平四棱柱的 W 面投影重合，因此只需要作出相贯线的 V 面投影即可。

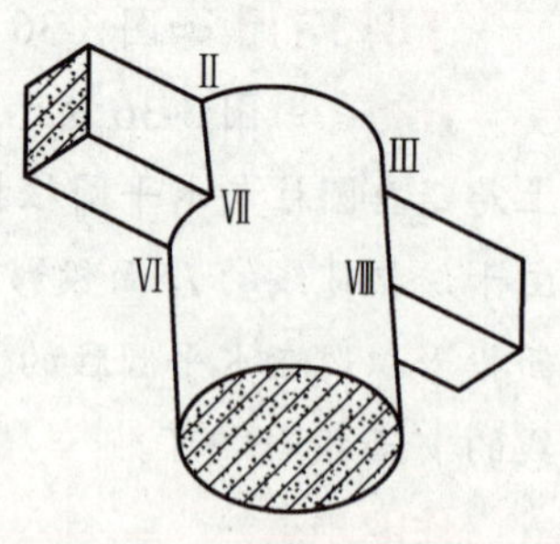

图 3-38　梁构件与柱构件相贯

作图步骤：

（1）先绘制出梁构件与柱构件相贯的三面投影图，其中相贯线的 V 面投影先不绘制，如图 3-39（a）所示。

（2）找出水平四棱柱 W 面投影与铅垂圆柱 W 面投影的交点1″(4″)，2″(3″)，7″(8″)，6″(5″)，在 H 面投影标出各点的对应投影，如图 3-39（b）所示。

（3）根据点的投影规律求出各点的 V 面投影。用直线连接 V 面投影上各点的投影，即可得到相贯线的 V 面投影，如图 3-39（b）所示。

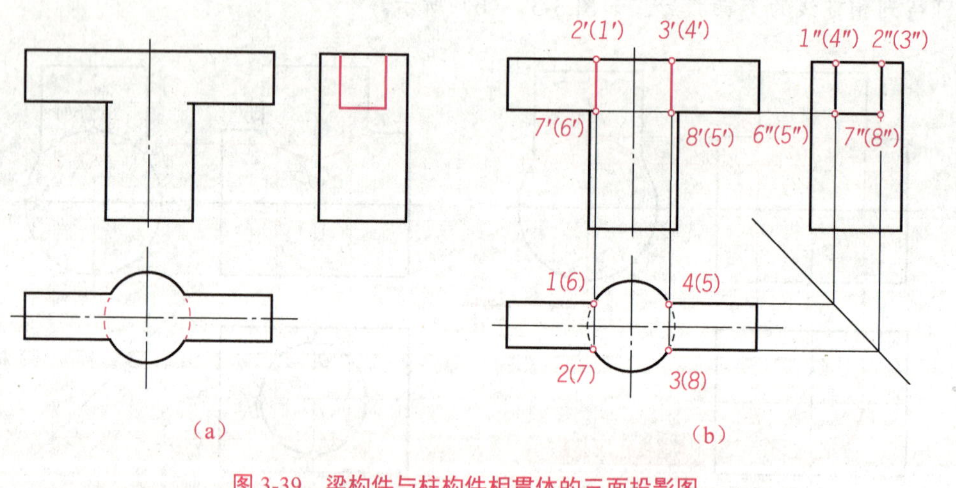

图 3-39　梁构件与柱构件相贯体的三面投影图

实践操作——绘制涵洞表面交线的投影

1. 任务描述

涵洞在公路工程建设中较为常见，主要是指埋设在路基下的排水通道（或排水孔道）。为了让学生更好地掌握曲面立体表面交线投影的绘制方法，请指导教师组织学生绘制图 3-40 中所示涵洞中形体Ⅰ和形体Ⅱ表面交线的投影。

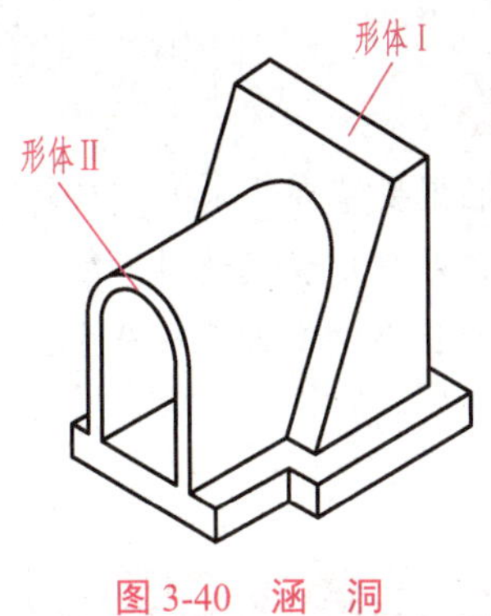

图 3-40 涵 洞

2. 实施内容

1）分析图样

由图 3-40 可以看出，形体Ⅱ是四棱柱与半圆柱相贯后中部被挖空形成的。形体Ⅱ与形体Ⅰ相贯形成相贯线，其 *V* 面投影与形体Ⅰ的 *V* 面投影重合，*W* 面投影与形体Ⅱ的 *W* 面投影重合，因此只需要作出相贯线的 *H* 面投影即可。

2）绘制步骤

（1）先绘制出涵洞的三面投影图，其中形体Ⅰ和形体Ⅱ相贯线的 *H* 面投影先不绘制，如图 3-41（a）所示。

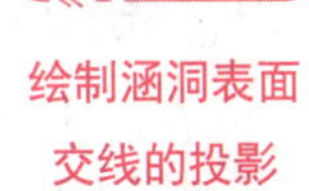

绘制涵洞表面交线的投影

（2）在涵洞上取特殊位置点Ⅰ、Ⅱ，它们的 *W* 面投影分别为1″，2″，*V* 面投影2′(1′) 可直接找出，然后作出 *H* 面投影 1，2，如图 3-41（a）所示。

（3）取相贯线的最高点Ⅲ，找到其 *V* 面投影3′，过点3′作水平线，使其交 *W* 面投影中的竖直对称线于点3″，利用点3′、点3″和 45°辅助线作出点Ⅲ的 *H* 面投影 3，如图 3-41（b）所示。

（4）取相贯线的一般位置点Ⅳ、Ⅴ，并分别求出其 *V* 面投影4′，5′，*W* 面投影4″，5″，以及 *H* 面投影 4，5。用光滑曲线连接 *H* 面投影上的点 1，5，3，4，2，即可得到相贯线的 *H* 面投影，如图 3-41（b）所示。

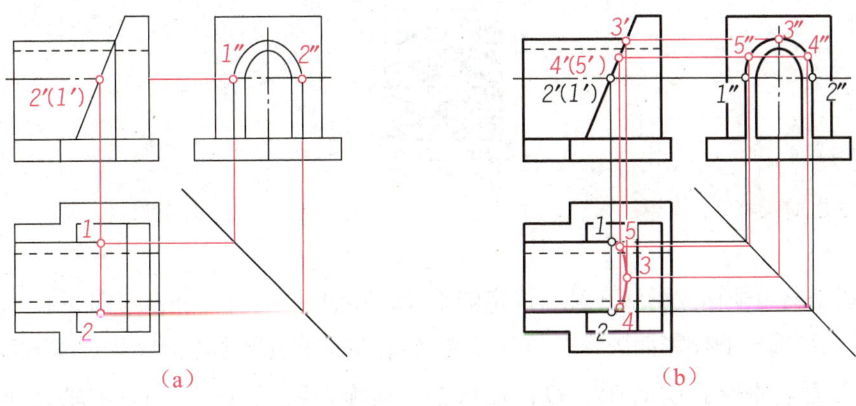

图 3-41 绘制涵洞表面交线的投影

在绘制立体的投影时，我们需要掌握一系列的技能，如敏锐的观察力、丰富的想象力和良好的绘图技能等。这些技能需要我们通过不断学习和实践来提升和完善。同时，我们也需要精益求精的态度，对每个细节都严格要求，以确保投影的准确性和美观性。

任务三 进行立体的轴测投影

任务引入

三面投影图可以通过三个互相垂直的投影面，将三维物体转换为二维图形，以完整、准确地表达其形状和尺寸，反映出真实面貌。但是，由于三面投影图的表达方式相对抽象，初学者或非专业人士可能难以理解和解读。此时，需要将轴测图作为辅助图样，它能够在一个二维平面上近似地表现三维物体的形状和大小，更易于被人们理解和解读。通过轴测图，人们可以更容易读出建筑物的立体结构和空间关系，从而更好地理解设计者的意图。

思考

（1）轴测图有哪些类型？如何进行绘制呢？

（2）轴测投影在建筑设计中是否存在局限性？如果存在，都有哪些？

任务工单

请扫描下方二维码，获取任务工单。根据任务工单，学生可以在课前预习相关知识，在课后进行实施。

一、轴测图的分类

轴测图是利用平行投影法在某一选定的单一投影面上投影得到的。在图 3-42 所示的轴测图中，我们把选定的投影面 P 称为**轴测投影面**；把空间直角坐标轴 OX 轴、OY 轴和 OZ 轴在轴测投影面上的投影 O_1X_1 轴、O_1Y_1 轴和 O_1Z_1 轴称为**轴测轴**；把两轴测轴之间的夹角 $\angle X_1O_1Y_1$，$\angle Y_1O_1Z_1$ 和 $\angle X_1O_1Z_1$ 称为**轴间角**；把轴测轴上的单位长度与空间直角坐标轴上对

应单位长度的比值称为**轴向伸缩系数**。O_1X_1 轴、O_1Y_1 轴和 O_1Z_1 轴的轴向伸缩系数分别用 p，q，r 表示，即 $p=O_1A_1/OA$，$q=O_1B_1/OB$，$r=O_1C_1/OC$。值得注意的是，轴间角与轴向伸缩系数是绘制轴测图的主要参数。

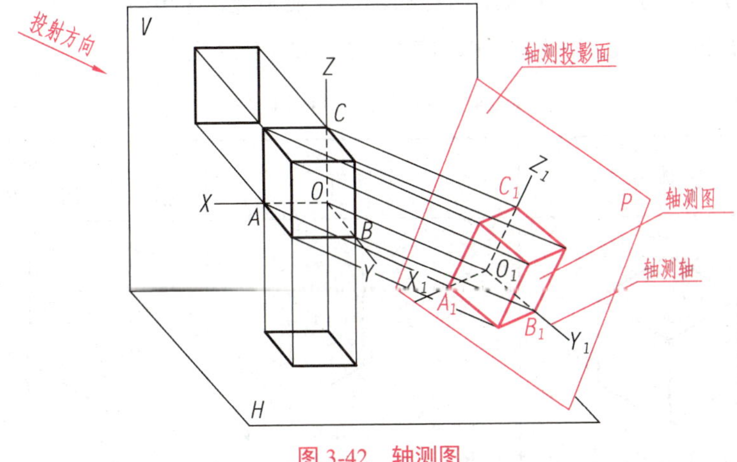

图 3-42 轴测图

根据投射方向与轴测投影面是否垂直，轴测图可分为正轴测图和斜轴测图。其中，**正轴测图**是空间形体在三个方向上的平面及其三个坐标轴均与轴测投影面倾斜，且投射线与轴测投影面垂直时所得到的投影图，如图 3-43（a）所示；**斜轴测图**是空间形体的某一平面及两个坐标轴与轴测投影面平行，且投射线与轴测投影面倾斜时所得到的投影图，如图 3-43（b）所示。

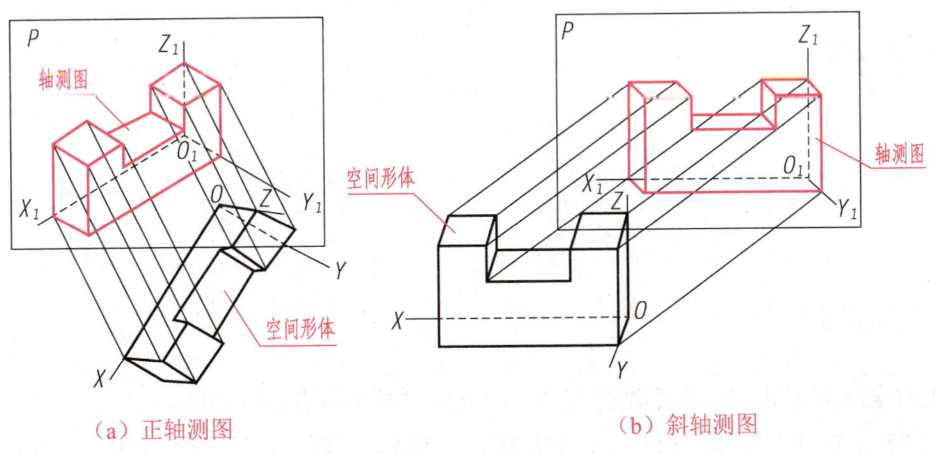

（a）正轴测图　　（b）斜轴测图

图 3-43 正轴测图和斜轴测图

根据三个轴向伸缩系数是否相等，轴测图可分为三类，即三个轴向伸缩系数都相等的轴测图称为**等测**，两个轴向伸缩系数相等的轴测图称为**二测**，三个轴向伸缩系数均不相等的轴测图称为**三测**。由此可见，正轴测图还可分为正等轴测图（简称正等测）、正二轴测图（简称正二测）、正三轴测图（简称正三测）三类；斜轴测图还可分为斜等轴测图（简称斜等测）、斜二轴测图（简称斜二测）、斜三轴测图（简称斜三测）三类。

工程中常用的轴测图有正等轴测图和斜二轴测图，其轴间角和轴向伸缩系数如表 3-4 所示。其中，正等轴测图的三个轴间角相等（120°），三个轴向伸缩系数相等（0.82）。实际作图时，为使作图方便，通常采用简化的轴向伸缩系数，即 $p=q=r=1$，但按简化的轴向伸缩系数作出的图形与实际物体相比放大了 $1/0.82\approx1.22$ 倍。

表 3-4　轴间角和轴向伸缩系数

类型	立体图	轴间角	轴向伸缩系数（括号内为简化的轴向伸缩系数）
正等轴测图	30°　30°	Z_1　120°　120°　O_1　X_1　120°　Y_1	Z_1　0.82(1)　0.82(1)　O_1　0.82(1)　X_1　Y_1
斜二轴测图	45°	Z_1　90°　135°　X_1　O_1　135°　Y_1	Z_1　1　X_1　1　O_1　0.5　Y_1

二、轴测投影的特性

由于轴测图是由平行投影法得到的，因此轴测投影具有以下特性。

（1）平行性。物体上相互平行的线段，其轴测投影也相互平行。空间中与坐标轴平行的线段，其轴测投影也平行于相应的轴测轴。

（2）等比性。物体上两平行线段的长度之比等于其轴测投影的长度之比。

由上述特性可知，当绘制轴测图时，凡是物体上与轴测轴平行的投影线段的尺寸，可沿其轴向直接量取，而不与坐标轴平行的线段则不能直接量取。所谓“轴测”，实质上就是指沿轴向进行测量的意思。

三、正等轴测图的绘制

1．绘制平面立体的正等轴测图

绘制平面立体的正等轴测图时，常用的方法有坐标法、端面法、切割法和叠加法。

1）坐标法

坐标法是指先确定物体表面上各顶点的坐标，然后根据轴向伸缩系数沿轴测轴方向度量得到各点的轴测投影，最后依次连接各投影点得到物体正等轴测图的方法。坐标法是绘制正等轴测图的最基本的方法，也是其他轴测图画法的基础。

学以致用

【例 3-13】根据图 3-44（a）所示三棱锥的两面投影图，绘制出其正等轴测图。

分析：可以先建立三棱锥的三投影面体系，然后确定三棱锥各顶点的坐标，最后绘制出三棱锥的正等轴测图。

作图步骤：

（1）建立三棱锥的三投影面体系 $O_1\text{-}X_1Y_1Z_1$，确定三棱锥上顶点 S，A，B，C 的坐标值。为了作图方便，可使 $X_1O_1Y_1$ 坐标面与三棱锥底面重合，O_1X_1 轴通过点 B_1，O_1Y_1 轴通过点 C_1，如图 3-44（b）所示。

（2）作出正等轴测图的轴测轴，然后根据各顶点的坐标和轴向伸缩系数，确定各顶点在正等轴测图中的投影，如图 3-44（b）所示。

（3）连接各投影点，仔细检查并修正错误，擦去多余的线条，确定底稿图正确无误后加深图线，如图 3-44（c）所示。

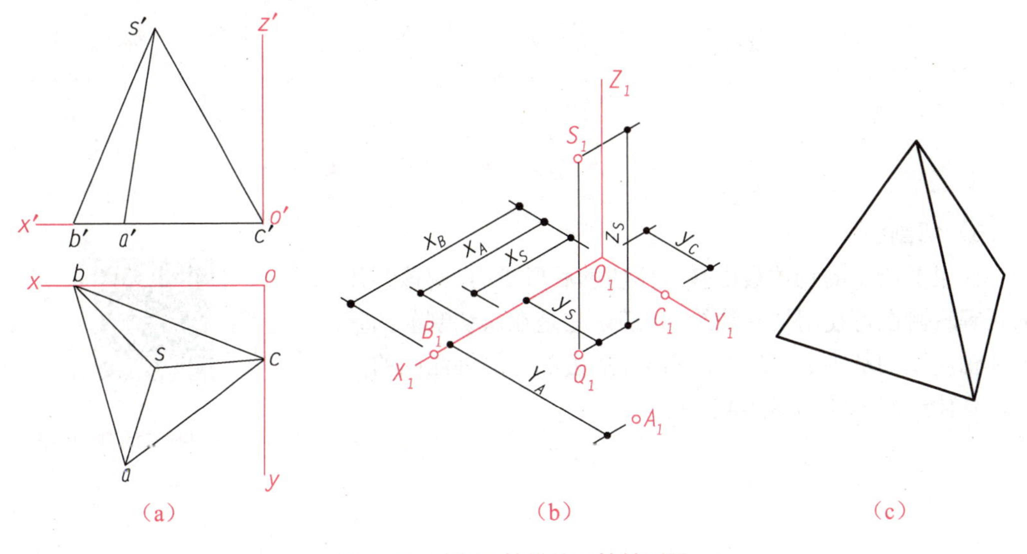

图 3-44　绘制三棱锥的正等轴测图

2）端面法

端面法是指先绘制出能反映物体特征的一个端面或底面，然后在此基础上根据端面或底面的各顶点，绘制出可见侧棱和底边的方法。棱柱和棱锥的正等轴测图常用端面法绘制。

 学以致用

【例 3-14】根据图 3-45（a）所示正六棱柱的两面投影图，绘制出其正等轴测图。

分析：由于该正六棱柱前后、左右对称，因此以上表面的中心点为坐标原点建立坐标系。

作图步骤：

（1）先建立正等轴测图的轴测轴，然后根据上表面各顶点的 x，y 坐标，绘制出正六棱柱上表面的正等轴测图，如图 3-45（b）所示。

（2）从正六棱柱顶面的各顶点向下绘制 Z_1 轴的平行线（不可见棱线可不绘制），其长度为正六棱柱的实际高度，如图 3-45（c）所示。

（3）用直线段依次连接侧棱的各端点，得到正六棱柱的底面。仔细检查并修正错误，擦去多余的线条，确定底稿图正确无误后加深图线，如图 3-45（d）所示。

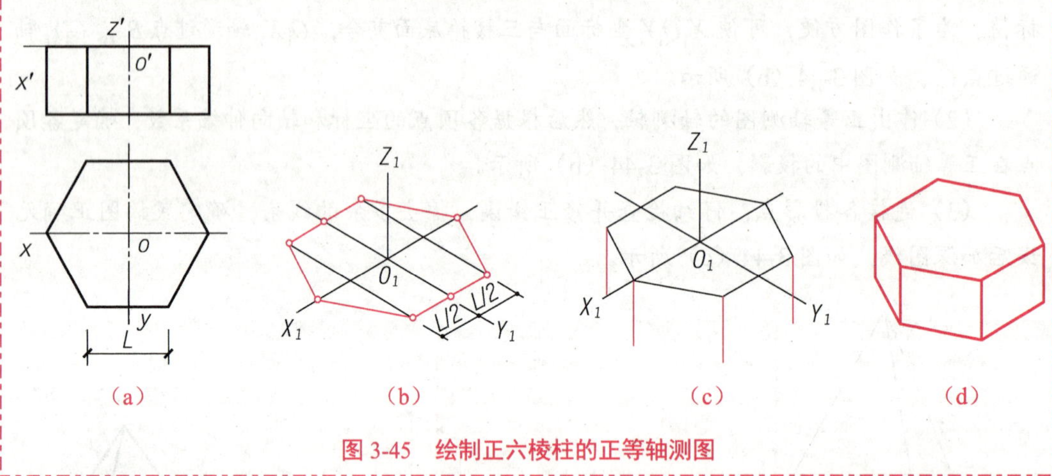

图 3-45　绘制正六棱柱的正等轴测图

3）切割法

如果要绘制的物体是由基本体切割后形成的，则该物体的正等轴测图可使用切割法绘制。切割法是在未切割前的基本体轴测图的基础上，依次绘制出各切去部分的轴测图的方法，具体绘制方法如图 3-46 所示。

如何使用切割法绘制轴测图？

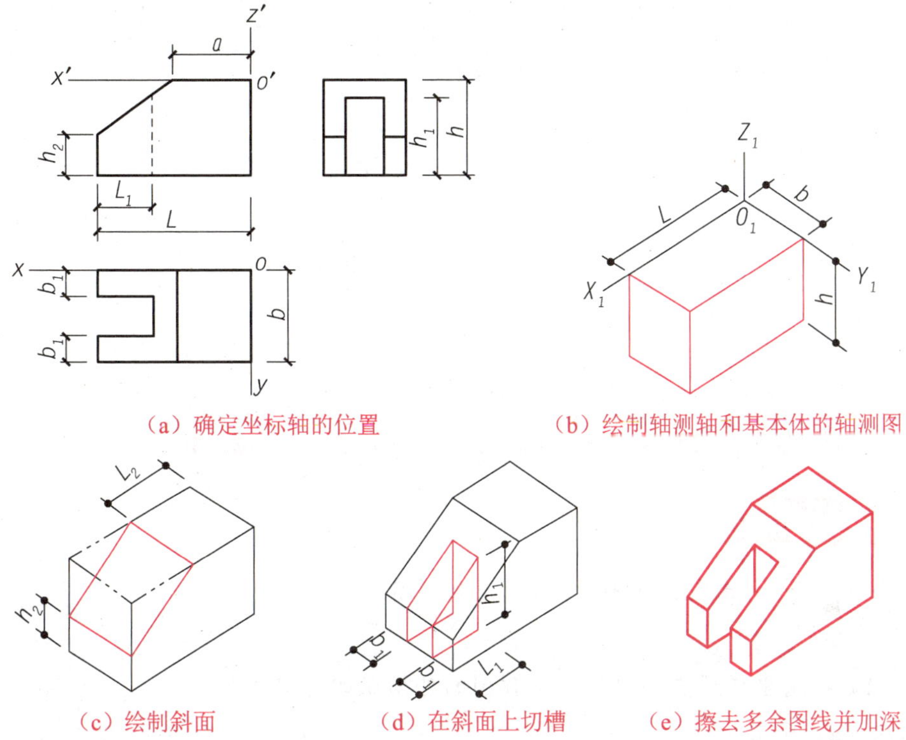

（a）确定坐标轴的位置　（b）绘制轴测轴和基本体的轴测图

（c）绘制斜面　（d）在斜面上切槽　（e）擦去多余图线并加深

图 3-46　用切割法绘制正等轴测图

4）**叠加法**

如果要绘制的物体是由几个基本体叠加后形成的，则该物体的轴测图可使用叠加法绘制。绘制正等轴测图时，应先按物体的形成过程绘制出基础形体，再按各叠加体的位置关系逐个绘制出其轴测图。在此过程中，要判断各叠加体的轮廓是否被遮挡，对于不可见的轮廓线可省略不绘制。

2. 绘制曲面立体的正等轴测图

由于曲面立体与平面立体相比，曲面立体上多存在圆，因此只要掌握了绘制圆的正等轴测图的方法，就能得到曲面立体的正等轴测图。

1）**绘制圆的正等轴测图**

圆的正等轴测图一般为椭圆，如图 3-47 所示。绘制圆的正等轴测图时，通常先绘制出圆的外切正四边形的正等轴测图，再在其中绘制圆的正等轴测图——椭圆。绘制椭圆时一般采用四心圆弧法，即先确定四段圆弧的圆心位置，再分别绘制这四段圆弧，并将其光滑地连接起来而得到椭圆。

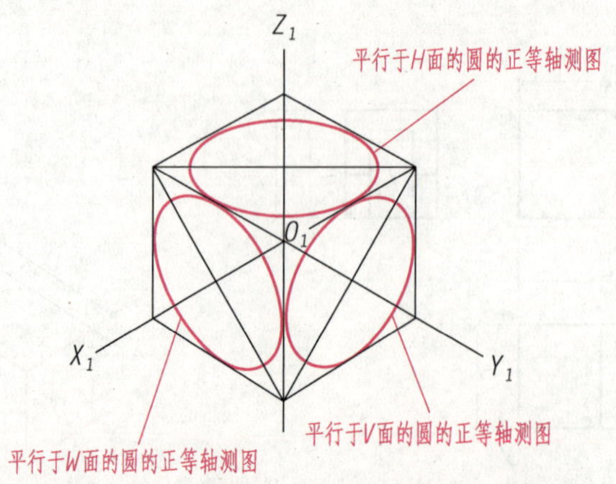

图 3-47　三个轴测投影面平行面上圆的正等轴测图

学以致用

【例 3-15】作出图 3-48 所示圆的正等轴测图。

作图步骤：

（1）确定坐标原点和坐标轴，作圆的外切正四边形，如图 3-49（a）所示。

（2）作轴测轴 O_1X_1 轴、O_1Y_1 轴及圆的外切正四边形的正等轴测图（菱形），如图 3-49（b）所示。

图 3-48　圆

（3）连接菱形的对角线，再分别连接点 C_1 和点 O_4、点 B_1 和点 O_4，使其分别交菱形的长对角线于点 O_2 和点 O_3，如图 3-49（c）所示。

（4）分别以点 O_2 和点 O_3 为圆心，以 O_2C_1 为半径作左、右两段圆弧；分别以点 O_4 和点 O_5 为圆心，以 O_4B_1 为半径作上、下两段圆弧。这四段圆弧连成的椭圆即为所求，如图 3-49（d）所示。

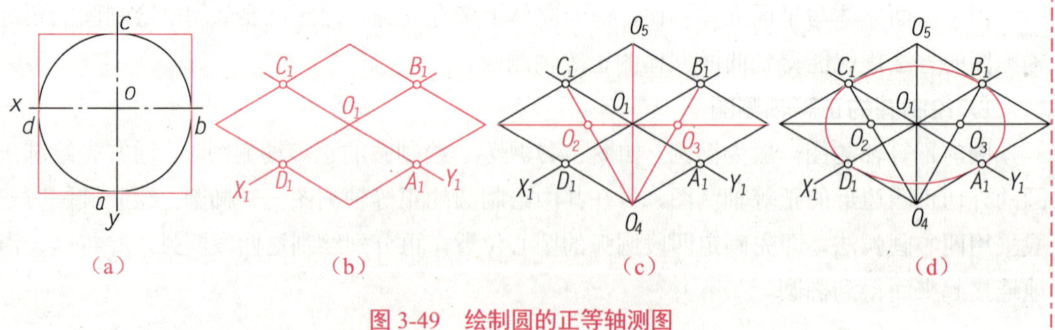

图 3-49　绘制圆的正等轴测图

2）绘制圆柱和圆锥的正等轴测图

掌握了圆的正等轴测图的绘制方法，就不难绘制出轴线垂直于坐标面的圆柱和圆锥的

正等轴测图了。绘制它们的正等轴测图时，可先绘制出顶圆或底圆的正等轴测图（即椭圆），然后再绘制出椭圆的公切线即可。

学以致用

【例 3-16】如图 3-50 所示为圆柱的两面投影图，绘制出其正等轴测图。

作图步骤：

（1）先利用四心圆弧法画出顶圆的正等轴测图（椭圆），然后将该椭圆各段圆弧的圆心沿 Z_1 轴向下移动一个圆柱高的距离，即可得到椭圆中各段圆弧的圆心位置，如图 3-50（b）～（c）所示。

（2）由于下侧椭圆的前半部分可见，后半部分不可见，因此只需要作出椭圆前半部分，最后作出两个椭圆的公切线即可，如图 3-50（d）所示。

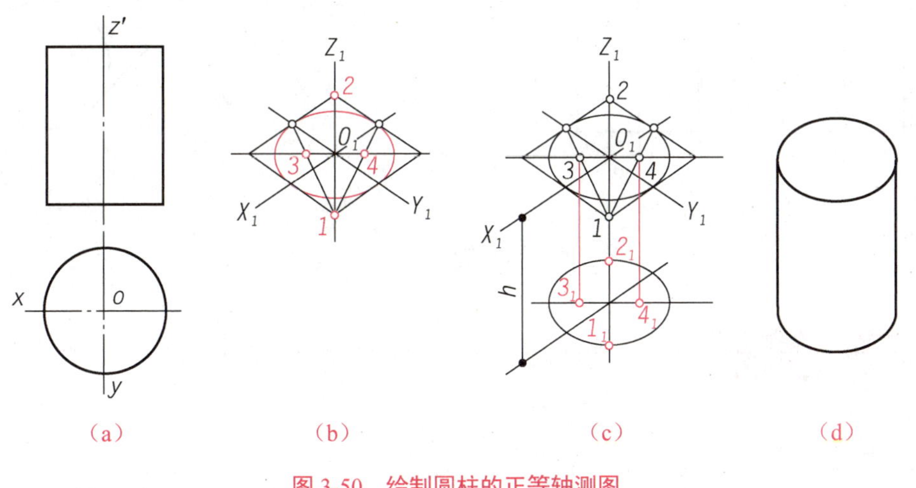

图 3-50 绘制圆柱的正等轴测图

四、斜二轴测图的绘制

正等轴测图的绘制方法也适用于斜二轴测图的绘制，区别在于两者轴间角的不同以及斜二轴测图沿 O_1Y_1 轴的尺寸只取实长的一半。斜二轴测图常用于绘制有较多的圆或圆弧的物体。在斜二轴测图中，平行于 XOZ 坐标面的直线和平面的斜二轴测投影均反映实形。

学以致用

【例 3-17】如图 3-51（a）所示为圆柱的两面投影图，试绘制出其斜二轴测图。

作图步骤：

（1）确定坐标原点和坐标轴，如图 3-51（b）所示。

（2）绘制出轴测轴，在 O_1Y_1 轴上以 O_1 为起点向前截取圆柱高的一半，得到点 O_2，分别以点 O_1 和点 O_2 为圆心，以圆柱底面的直径为直径作圆，如图 3-51（c）所示。

（3）作出这两个圆的公切线，擦去不可见的部分和多余的图线，在确定底稿图正确无误后加深图线，如图 3-51（d）所示。

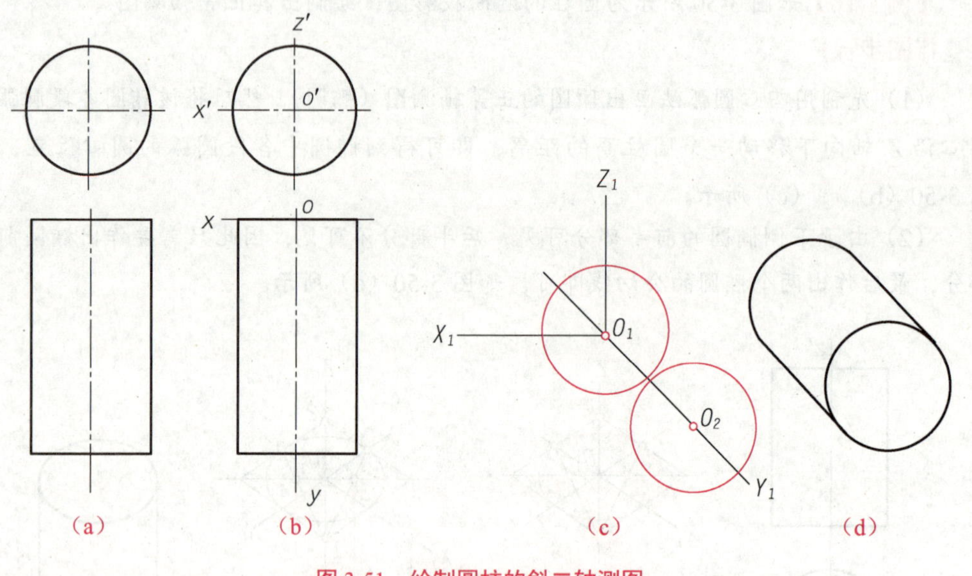

图 3-51　绘制圆柱的斜二轴测图

实践操作——绘制圆锥的正等轴测图

1. 任务描述

圆锥经常被用于音乐厅和剧院等演出场所的设计中，不仅能增加建筑设计的美学效果，而且可以增强或聚焦声音。为了让学生更好地掌握立体轴测图的绘制方法，请指导教师组织学生绘制图 3-52（a）所示圆锥的正等轴测图。

2. 实施内容

（1）先利用四心圆弧法绘制出底圆的正等轴测图（椭圆），如图 3-52（b）所示。

（2）将椭圆中心 O_1 沿 Z_1 轴向上移动一个圆锥高的距离，即可得到圆锥顶点 S_1 的位置，如图 3-52（c）所示。

（3）由于下侧椭圆的前半部分可见，后半部分不可见，因此只需要作出椭圆前半部分，过圆锥顶点 S_1 向椭圆作最左、最右两条公切线即可，如图 3-52（d）所示。

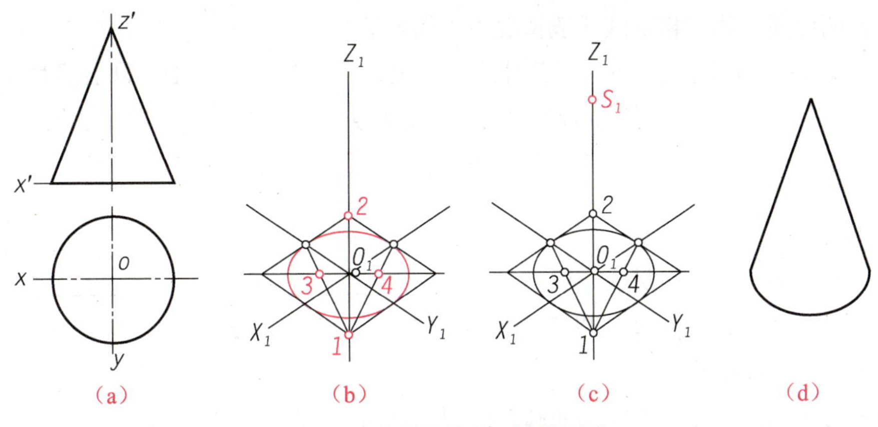

图 3-52　绘制圆锥的正等轴测图

项目考核

一、单选题

(1) 按表面性质的不同，基本体可分为（　　）。

A. 平面立体和曲面立体　　B. 正方体和球体

C. 立方体和长方体　　D. 柱体和锥体

(2) 关于棱台，下列说法错误的是（　　）。

A. 棱台是将棱锥用平行于底面的平面截去锥顶的一部分后形成的平面立体

B. 正棱台的上、下底面为各对应边相互平行的相似正多边形

C. 正四棱台的侧面为等腰梯形

D. 正四棱台的 *V* 面投影为正方形

(3) 圆柱面可以看作是由母线绕（　　）旋转而成的。

A. 一条直线　　B. 与其平行的轴线

C. 圆　　D. 与其垂直的轴线

(4) 曲面立体的截交线形状不可能是（　　）。

A. 平面曲线与直线组成的平面图形

B. 封闭的平面多边形

C. 封闭的平面曲线

D. 不封闭的空间曲线

(5) 圆柱的截交线形状不可能为（　　）。

A. 椭圆　　B. 圆　　C. 矩形　　D. 三角形

（6）两曲面立体的相贯线一般情况下为闭合的（　　）。

A．空间直线　　B．空间曲线　　C．空间折线　　D．以上都对

（7）（　　）是绘制正等轴测图的最基本的方法，也是其他轴测图画法的基础。

A．坐标法　　B．断面法　　C．叠加法　　D．切割法

二、填空题

（1）两平面立体的相贯线一般为________________或____________________。

（2）平面立体的尺寸标注以能确定其基本形状和大小为原则，一般应将________方向上的尺寸都标注出来。

（3）对于曲面立体，可在其非圆投影图上标出__________和___________。

（4）圆柱的截平面垂直于轴线时，截交线的形状是________。

（5）绘制轴测图的主要参数是____________和____________。

三、简答题

（1）简述平面立体表面上点和线的投影方法。

（2）简述截交线的两个基本性质。

（3）轴测图有哪些类型？

（4）简述轴测投影的特性。

四、实操题

（1）如图3-53所示，圆柱与圆台相贯，求该相贯线的相贯线投影。

（2）如图3-54所示为四棱台的两面投影图，试绘制出其正等轴测图。

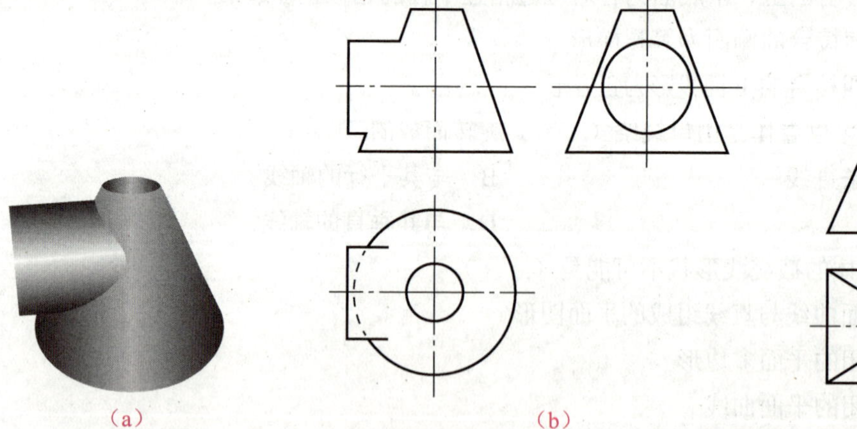

图3-53　圆柱与圆台相贯

图3-54　四棱台的两面投影图

项目评价

指导教师根据学生实际学习成果对其进行评价，学生配合指导教师完成如表 3-5 所示的项目评价表。

表 3-5 项目评价表

班级		组号		日期	
姓名		学号		指导教师	
项目名称	立体及其轴测投影				
评价项目	评价内容			满分/分	评分/分
知识（40%）	平面立体的形体特征及投影分析			4	
	平面立体表面上点和线的投影			4	
	平面立体的尺寸标注和表面交线			5	
	曲面立体的形成及投影分析			4	
	曲面立体表面上点和线的投影			5	
	曲面立体的尺寸标注和表面交线			5	
	轴测图的分类			4	
	轴测投影的特性			4	
	正等轴测图与斜二轴测图的绘制			5	
技能（40%）	求立体表面上点和线的投影			10	
	对立体投影图进行尺寸标注			10	
	绘制截交线和相贯线的投影图			10	
	绘制正等轴测图与斜二轴测图			10	
素养（20%）	积极参加教学活动，主动学习、思考、讨论			6	
	认真负责，按时完成学习、实操任务			4	
	团结协作，与组员密切配合			4	
	服从指挥，遵守课堂纪律			4	
	守正创新，自信自强			2	
合计				100	
自我评价					
指导教师评价					

项目四

组合体及建筑形体的表达

项目导读

实际的建筑大多是由基本体组合而成的组合体，其内部构造通常较为复杂。为了将建筑的内部构造准确、完整和清晰地表达出来，制图标准规定了用剖面图和断面图等来表达的方法。本项目将主要介绍组合体的组合形式及表面连接关系、投影图的绘制和识读、尺寸标注；剖面图与断面图的形成、分类、标注及绘制等内容。

项目目标

知识目标

（1）了解组合体的组合形式及表面连接关系。

（2）掌握组合体投影图的绘制和识读方法。

（3）掌握组合体的尺寸标注。

（4）了解剖面图与断面图的形成与分类。

（5）理解剖面图与断面图的区别。

（6）掌握剖面图与断面图的绘制方法。

技能目标

（1）能够绘制与识读组合体投影图。

（2）能够绘制剖面图与断面图。

素质目标

（1）培养理实并重、知行合一的素质。

（2）培养认真思考问题、科学分析问题和理性解决问题的习惯。

任务一　绘制与识读组合体投影图

任务引入

工程中，常用到各种各样的构配件（用于建筑中的结构构件、建筑制品、配件的统称，如柱间支撑、固定支座、锚栓等），它们通常是由基本体通过一定方式组合而成的组合体。如图 4-1 所示为某构配件的三面投影图，该构配件是由基本体通过一定方式组合而成的。

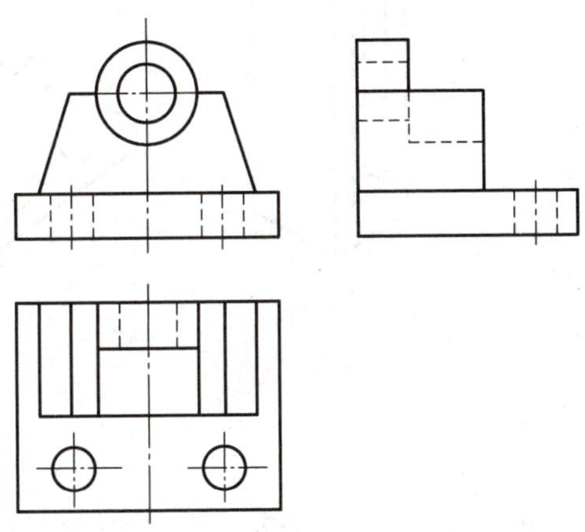

图 4-1　某构配件的三面投影图

思考

（1）上述构配件是如何由基本体组合而成的？其组合形式属于哪类？

（2）除了上述构配件的组合形式外，组合体还有哪些组合形式？

任务工单

请扫描下方二维码，获取任务工单。根据任务工单，学生可以在课前预习相关知识，在课后进行实施。

工程中，随处可见各种形状复杂的建筑物，它们一般都是由多个基本体按照一定的方式组成的。这种由多个基本体通过叠加、切割等方式组合而成的形体，称为**组合体**。

一、组合体的组合形式及表面连接关系

1. 组合体的组合形式

组合体的组合形式有叠加式、切割式和综合式三种。叠加式组合体是由若干个基本体叠加形成的，如图 4-2（a）所示；切割式组合体是由一个基本体经过若干次的切割形成的，如图 4-2（b）所示；综合式组合体是由既有叠加又有切割的基本体组合形成的，如图 4-2（c）所示。

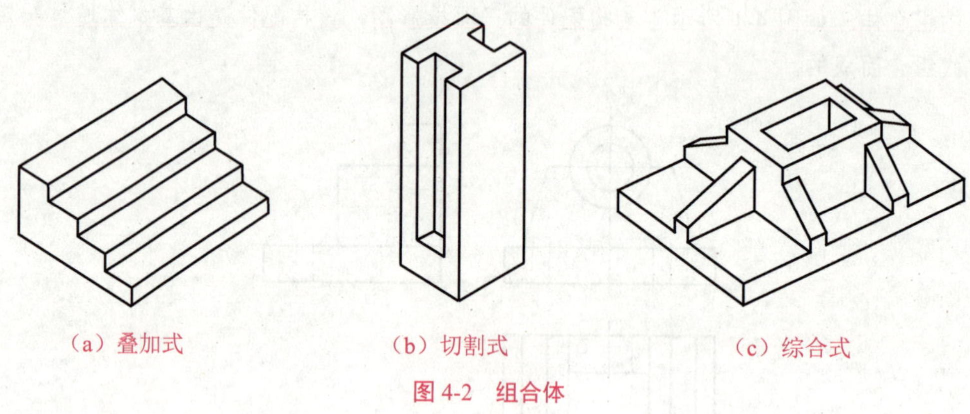
（a）叠加式　（b）切割式　（c）综合式

图 4-2　组合体

2. 组合体的表面连接关系

组合体的表面连接关系可分为平齐、不平齐、相切和相交四种。

1）平齐

当基本体叠加时，若同一方向上的表面处在同一个平面上，则称表面**平齐**（又称**共面**）。此时，不应在投影图中两平齐表面之间绘制分界线。

如图 4-3（a）所示的组合体是由两个四棱柱叠加而成的，由于两个四棱柱的前后两面平齐，处在同一个平面上，因此平齐处的投影不应绘制分界线，如图 4-3（b）所示。

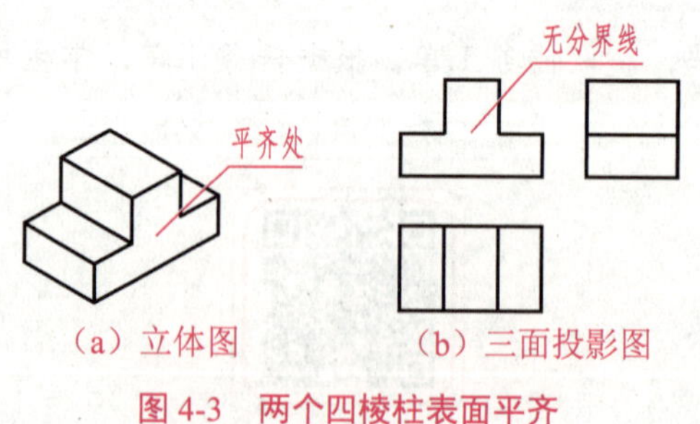

（a）立体图　（b）三面投影图

图 4-3　两个四棱柱表面平齐

2）不平齐

当基本体叠加时，若同一方向上的表面处在不同的平面上，则称表面**不平齐**（又称**相错**）。此时，应在投影图中两不平齐表面之间绘制分界线。

如图 4-4（a）所示的组合体是由两个四棱柱叠加而成的，由于两个四棱柱在左右、前后方向上长度不相等，两个四棱柱各侧面不平齐，因此不平齐处的投影应绘制分界线，如图 4-4（b）所示。

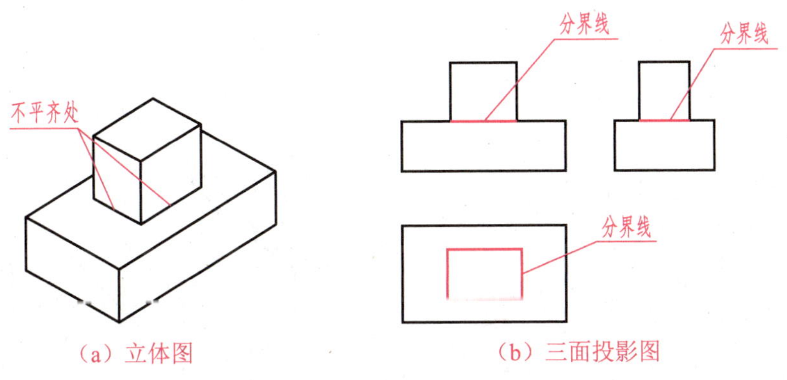

（a）立体图　（b）三面投影图

图 4-4　两个四棱柱表面不平齐

3）**相切**

当基本体相切时，相切处表面光滑过渡，不存在明显的分界线，因此光滑过渡处的投影不应绘制分界线，如图 4-5 所示。

4）**相交**

当基本体相交时，相交处会产生交线，因此相交处的投影应绘制交线，如图 4-6 所示。

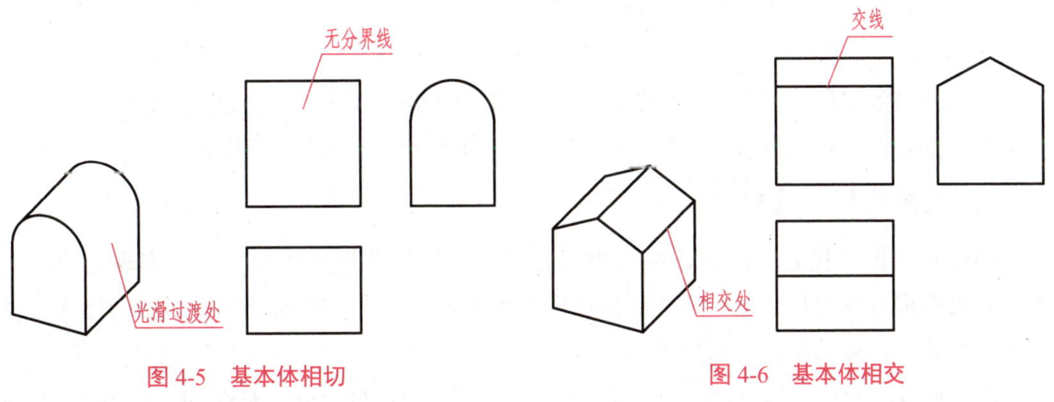

图 4-5　基本体相切　图 4-6　基本体相交

二、组合体投影图的绘制

下面以图 4-7 所示的工程形体为例，介绍组合体投影图的绘制步骤。

1．形体分析

形体分析就是先将组合体分解成若干个基本体，然后分析各基本体之间的组合形式和相邻表面的连接关系。值得注意的是，形体分析仅仅是一种认识对象的思维方式，实际上组合体仍然是一个整体。

如图 4-7 所示的工程形体可以看成是由五棱柱Ⅰ、四棱柱Ⅱ，以及由四棱柱和半圆柱组成的叠加体Ⅲ组合而成的，如图 4-8 所示。五棱柱Ⅰ与四棱柱Ⅱ、五棱柱Ⅰ与叠加体Ⅲ之间相邻表面的连接关系均为相交。

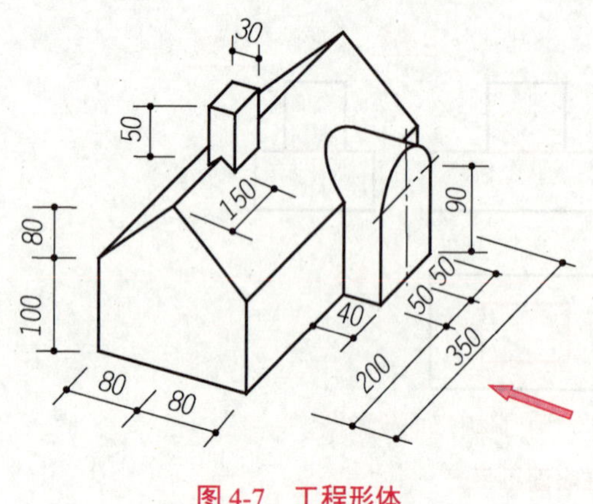

图 4-7　工程形体

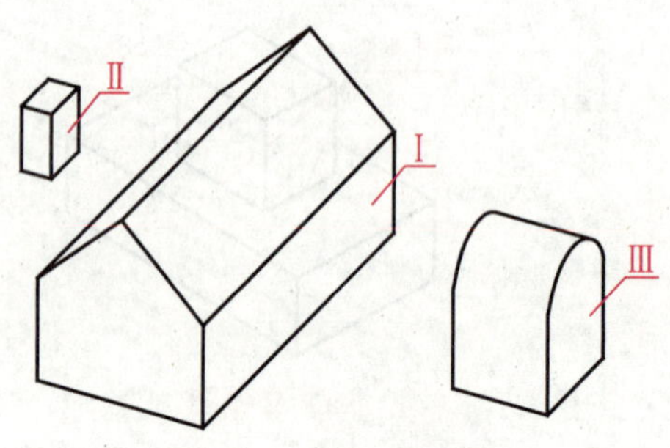

图 4-8　工程形体组成

2．确定正视图的投射方向

观察并分析组合体的形状特征，确定正视图的投射方向。对正视图投射方向的选择，实质上是对正视图的选择。选择正视图时，一般应考虑以下原则。

（1）正视图应较多地反映组合体的形状特征和各基本体之间的相对位置，即将反映组合体的形状特征和各基本体之间相对位置关系最多的方向作为正视图的投射方向。

（2）为了合理利用图纸幅面，应使组合体投影面积较大的一面平行于 V 面。

（3）在能清楚地反映组合体的前提下，应尽可能使投影图出现较少的虚线。

结合上述原则，将图 4-7 中箭头所指方向作为正视图的投射方向更为合理。

3．确定比例，选取图纸幅面

确定正视图的投射方向后，应根据组合体的结构复杂程度和尺寸大小来确定绘图比例，再根据组合体的长、宽、高大致估算出三个投影图所占的面积及各投影图间标注尺寸所需要的间距，最后确定合适的图纸幅面。

由于图 4-7 所示工程形体的总长为 350 mm，总宽为 160 mm，总高为 230 mm。若各投影面的间距及投影图距图框线的距离均为 50 mm，则三面投影图所占面积为 $(230+160+150)\ \text{mm}\times(350+160+150)\ \text{mm}=540\ \text{mm}\times660\ \text{mm}$。

由此可知，选用 1∶1 的绘图比例时，可选择 A1 图纸幅面；选用 1∶2 的绘图比例时，可选择 A2 图纸幅面。本例选用 1∶1 的绘图比例和 A1 图纸幅面。

4．整体布局，绘制底稿图

将图纸固定在图板上后，先绘制出图框和标题栏，再根据每个投影图的尺寸、各投影图的间距，整体布局各投影图的位置（用矩形框表示，见图 4-9），目测并调整其间距，尽量均

匀布图。如果形体是对称的，应先绘制出各投影图的基准线和对称线，并依此均匀布图。

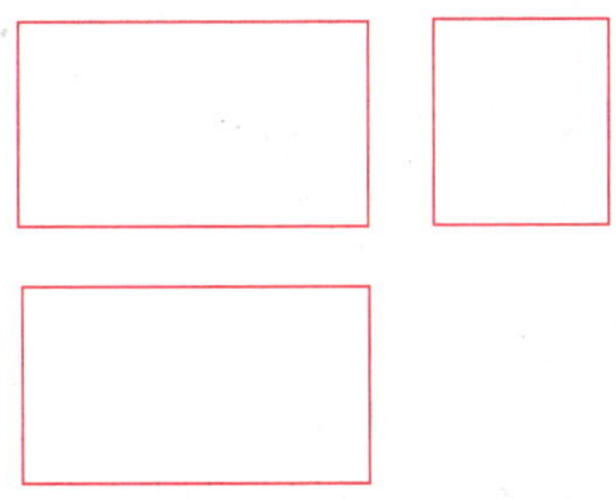

图 4-9 整体布局

绘制底稿图时，一般先绘制主要特征面，再绘制次要特征面；先绘制外形轮廓，再绘制内部细节；先绘制可见部分，再绘制不可见部分。值得注意的是，绘制底稿图时，应逐个绘制出每个基本体的三面投影图，而不是把整个组合体的某一投影图绘制完成后再去绘制其他投影图。工程形体的底稿图绘制如图 4-10 所示。

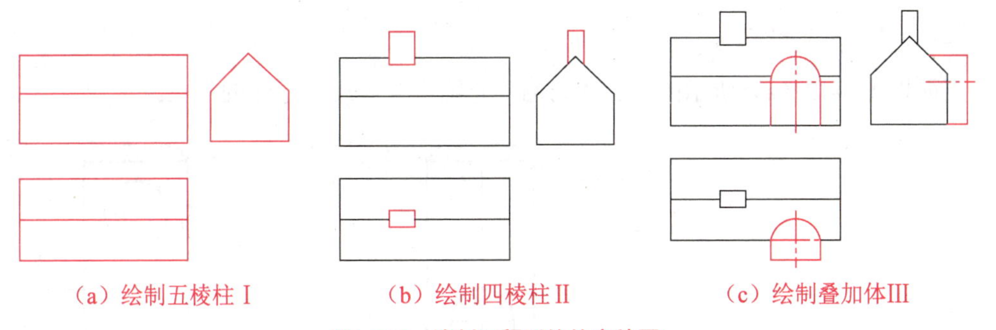

图 4-10 绘制工程形体的底稿图

5. 检查并加深图线

绘制完底稿图后，应逐个检查组合体各组成部分的投影情况，即核对各基本体之间的组合形式和相邻表面的连接关系是否正确，重点检查相邻表面连接处的分界线或交线等。擦去多余的图线，在确定底稿图正确无误后加深图线，如图 4-11 所示。

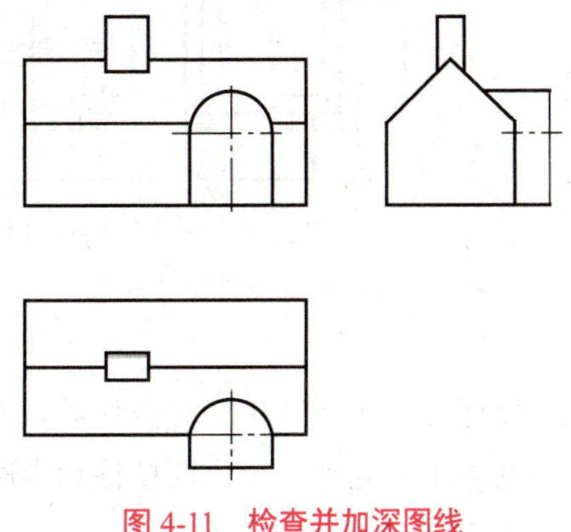

图 4-11 检查并加深图线

三、组合体的尺寸标注

组合体的三面投影图只能表达组合体的形状和结构，要想表达组合体和各基本体的大小、各基本体之间的距离，还需要对组合体进行尺寸标注。

1. 尺寸类型和尺寸基准

组合体的尺寸有定形尺寸、定位尺寸和总体尺寸三种类型。定形尺寸的标注对象是基本体，通过定形尺寸能够确定各基本体的形状和大小；定位尺寸的标注对象也是基本体，通过定位尺寸能够确定各基本体在组合体中的具体位置和相对位置；总体尺寸的标注对象是组合体，通过总体尺寸能够确定组合体的总长、总宽和总高。

对组合体进行尺寸标注前，要先确定组合体在长、宽、高三个方向上的尺寸基准。一般选择组合体的底面、端面和对称面等作为尺寸基准，每个方向上必须有一个主要的尺寸基准，必要时还要有一个或几个辅助的尺寸基准。

2. 尺寸标注的步骤

下面以图 4-12（a）所示的组合体为例，介绍组合体尺寸标注的步骤。

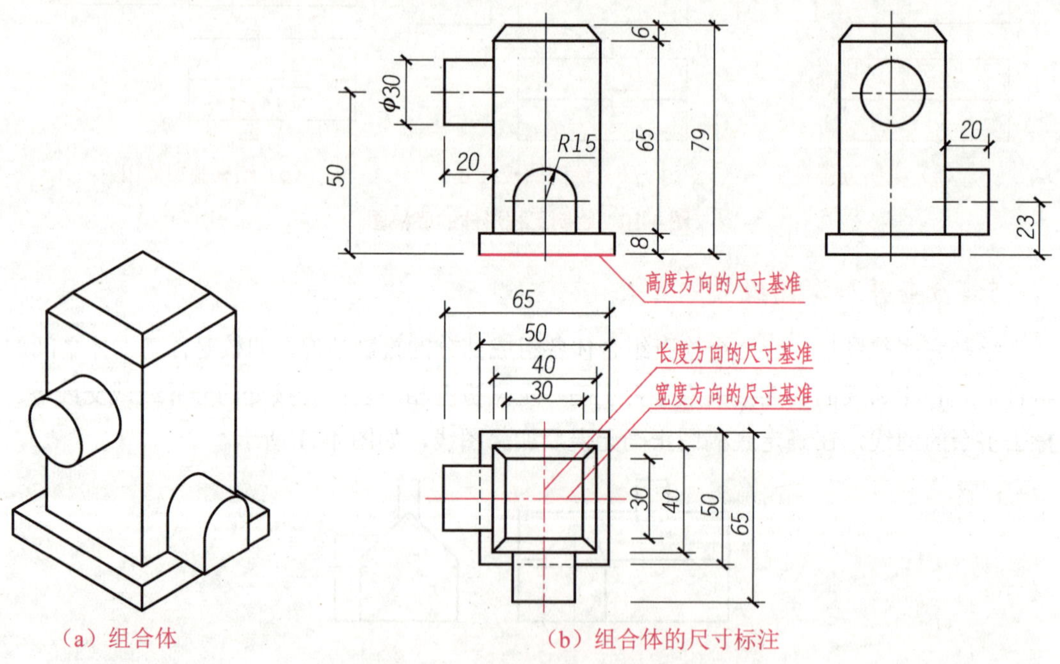

（a）组合体　　（b）组合体的尺寸标注

图 4-12　组合体及其尺寸标注

1）形体分析

对组合体进行分析可知，将四棱柱Ⅰ和四棱柱Ⅱ叠加后，首先在四棱柱Ⅰ的左侧中上方叠加一个圆柱Ⅲ，然后在其前方下侧叠加一个由四棱柱和半圆柱组成的叠加体Ⅳ，最后在其上方叠加一个四棱台Ⅴ，如图 4-13 所示。

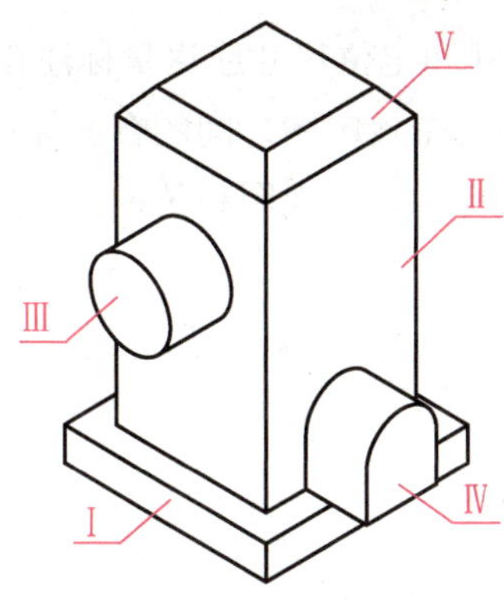

图 4-13　形体组成

2）确定尺寸基准

如图 4-12（b）所示，组合体在长度方向上的尺寸基准为四棱柱Ⅰ的右侧面，在宽度方向上的尺寸基准为四棱柱Ⅰ的后侧面，在高度方向上的尺寸基准为四棱柱Ⅰ的底面。

3）标注定形尺寸和定位尺寸

按组合体的形成过程，依次标注四棱柱Ⅰ、四棱柱Ⅱ、圆柱Ⅲ、叠加体Ⅳ、四棱台Ⅴ的定形尺寸和定位尺寸。

（1）由于正视图和俯视图能反映四棱柱Ⅰ和四棱柱Ⅱ的形状，因此将这两个形体的定形尺寸标注在正视图和俯视图上；由于它们的位置关系在俯视图中表现明显，因此将这两个形体的定位尺寸标注在俯视图上。

（2）由于圆柱Ⅲ的正视图能反映其形状，因此将定形尺寸标注在正视图上；由于其位置关系在正视图中表现明显，因此将定位尺寸标注在正视图上。

（3）由于叠加体Ⅳ的正视图和侧视图能反映其形状，因此将定形尺寸标注在正视图和侧视图上；由于其位置关系在侧视图中表现明显，因此将定位尺寸标注在侧视图上。

（4）由于四棱台Ⅴ的正视图和俯视图能反映其形状，因此将定形尺寸标注在正视图和俯视图上；由于其位置关系可以用长度方向和宽度方向的尺寸基准确定，因此不再标注定位尺寸。

值得注意的是，若定形尺寸和定位尺寸存在重复情况，则要合理选择，去掉重复尺寸。

4）标注总体尺寸

将组合体的总长和总宽可标注在俯视图上，总高可标注在正视图上。

3．尺寸标注的注意事项

标注尺寸时，除了要做到准确、完整和清晰地标出定形尺寸、定位尺寸和总体尺寸外，还要注意以下几点。

（1）圆柱的直径最好标注在投影为非圆的投影图上。

（2）小于半圆的圆弧尺寸必须标注在投影为圆弧的投影图上。

（3）尺寸尽可能标注在图形轮廓外，必要时也可标注在图形轮廓内。

（4）同一基本体的定形尺寸和定位尺寸应尽量标注在同一个投影图上；与两个投影图都有关的尺寸，应尽量标注在两个投影图之间的合适位置。其中，高度应尽量标注在正视图和侧视图之间；长度应尽量标注在正视图和俯视图之间；宽度应尽量标注在俯视图和侧视图之间。

（5）尺寸布置应整齐，在同一方向上标注尺寸时，应遵循“小尺寸在内，大尺寸在外”的标注原则。

（6）尽量避免在虚线上标注尺寸。

四、组合体投影图的识读

识读组合体投影图是绘制组合体投影图的逆过程。绘制组合体投影图是由物生图，而识读组合体投影图则是由图生物。

1. 识读组合体投影图的基本要领

识读组合体投影图，就是根据给出的投影图想象出组合体形状的过程。识读组合体投影图时，应掌握以下几个基本要领。

1）从反映形状特征最明显的投影图读起

识读组合体投影图的关键是抓住组合体的形状特征。通常，正视图能较多地反映组合体各部分的形状特征，因此读图时一般从正视图读起。但是由于组合体的组合形式和各基本体的相对位置不同，各基本体的形状特征不一定全集中在正视图上，有时还分散在其他视图上，因此读图时还需要结合能反映各基本体形状特征的其他视图，从而较快地认清组合体的形状。

2）将几个投影图联系起来看

我们知道，有时一个或两个投影图不能完全确定组合体的形状。因此，识读投影图时必须将几个投影图联系起来看，这样才能准确地想象出组合体的形状。如图 4-14 所示，由于两个组合体的 H 面投影和 W 面投影相同，因此只看 H 面投影和 W 面投影并不能区分它们，但如果结合 V 面投影一起看，就能区分这两个组合体了。

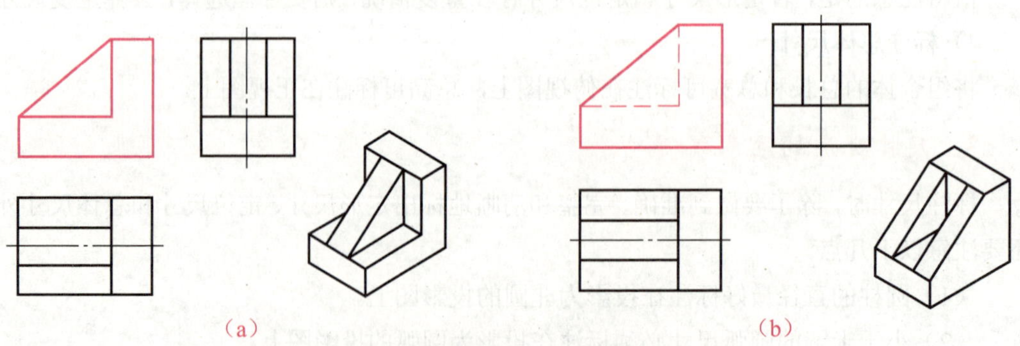

图 4-14　将几个投影图联系起来想象组合体形状

3）分析线框的含义

投影图中的线框可能是平面的投影、曲面的投影、孔洞的投影、平面与曲面的组合投影等，如图 4-15 所示。因此，要分析出投影图中的某个线框的含义，需要利用投影关系找到该线框在另外两个投影图上的相应投影，然后将所有的投影结合起来分析。

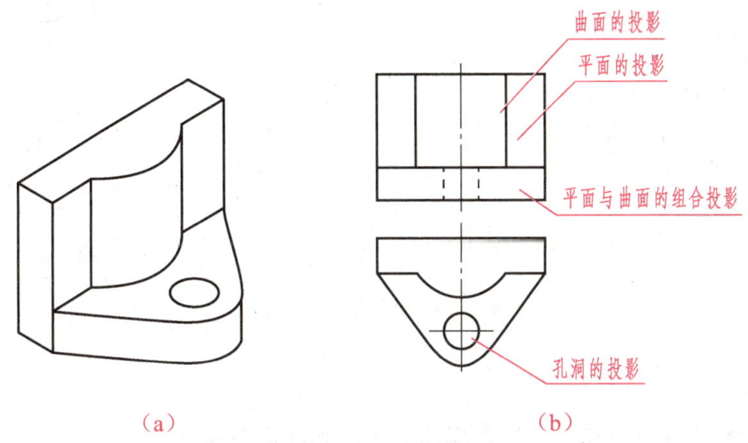

图 4-15 分析线框的含义

在如图 4-16（a）所示的某组合体三面投影图中，对正视图中的线框进行划分，将线框分为1′ 和 2′ 两部分。根据投影关系找到每个线框在另外两个投影图上的对应部分，想象出每部分的形状，然后根据各部分的相互位置关系将所有投影结合起来，分析出组合体的形状，如图 4-16（b）所示。

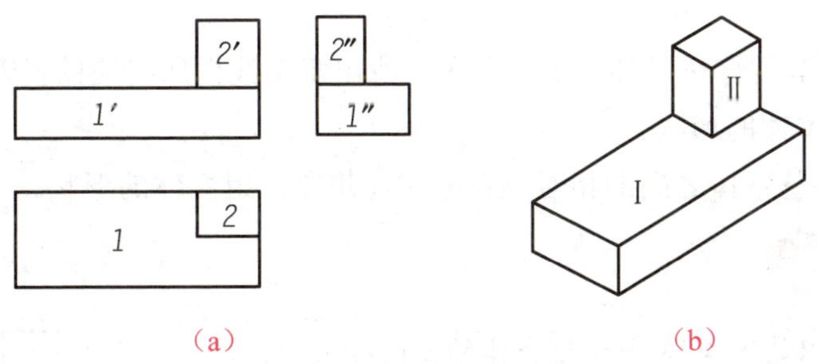

图 4-16 分析组合体的形状

4）分析图线的含义

投影图中的图线可能是平面或曲面的积聚投影、表面交线的投影和曲面转向轮廓线的投影等，如图 4-17 所示。要分析投影图中某条图线的含义，需要利用投影关系找到该图线在另外两个投影图上的相应投影，然后将所有的投影结合起来分析。

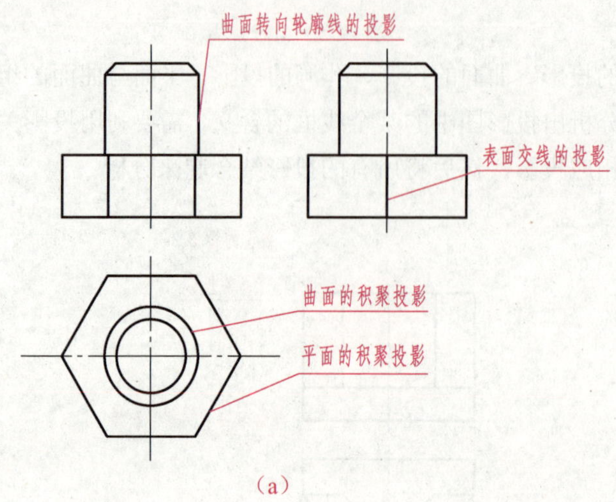

（a）

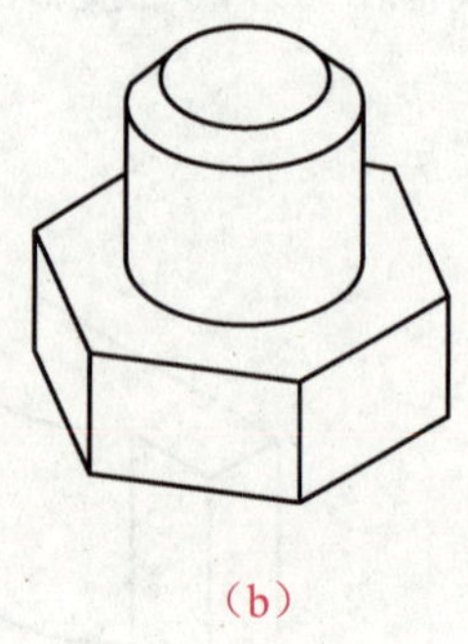

（b）

图 4-17　分析图线的含义

2. 识读组合体投影图的基本方法

识读组合体投影图的基本方法有形体分析法和线面分析法。

1）形体分析法

形体分析法是认识形体、表达形体和想象形体的基本方法。用形体分析法识读组合体投影图的基本思路如下。

（1）从能够反映组合体主要形状特征的投影图（一般为正视图）入手，以线框为基本单元，将该投影图分为几个相对独立的部分（线框），每个部分基本上对应一个基本体的投影。

（2）根据三等规律在另外两个投影图上找出每个线框所对应的投影，然后想象出这些线框所代表基本体的形状。

（3）分析各基本体之间的相对位置关系，想象出组合体的形状。

学以致用

【例 4-1】识读图 4-18 所示组合体的三面投影图，想象出该组合体的形状。

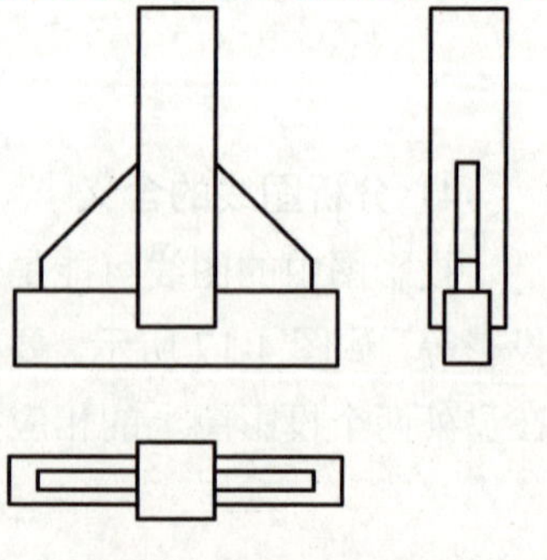

图 4-18　例 4-1 图

识读步骤：

（1）将正视图中的线框分为1′，2′，3′和4′四部分，并根据三等规律在另外两个投影图上找到这四部分所对应的投影，其中线框2′对应俯视图中的线框 2 和侧视图中的线框 a'' 和 b''，如图 4-19（a）所示。

（2）由线框1，1′和1″可以确定组合体中上方是带凹槽的四棱柱Ⅰ；由线框2，2′，a'' 和 b'' 可以确定带凹槽的四棱柱Ⅰ左方是形体Ⅱ；由

线框3，3′和3″可以确定组合体下方是四棱柱Ⅲ；由线框4，4′，a''和b''可以确定带凹槽的四棱柱Ⅰ右方是与形体Ⅱ相同的形体Ⅳ，如图4-19（b）所示。

（3）由图4-18中的三面投影图可以看出四棱柱Ⅲ从带凹槽的四棱柱Ⅰ下方的凹槽通过；形体Ⅱ和形体Ⅳ对称地放置在带凹槽的四棱柱Ⅰ的两侧，且与四棱柱Ⅲ的前后距离相等。结合各基本体的形状及相对位置关系，想象出组合体的形状，如图4-19（c）所示。

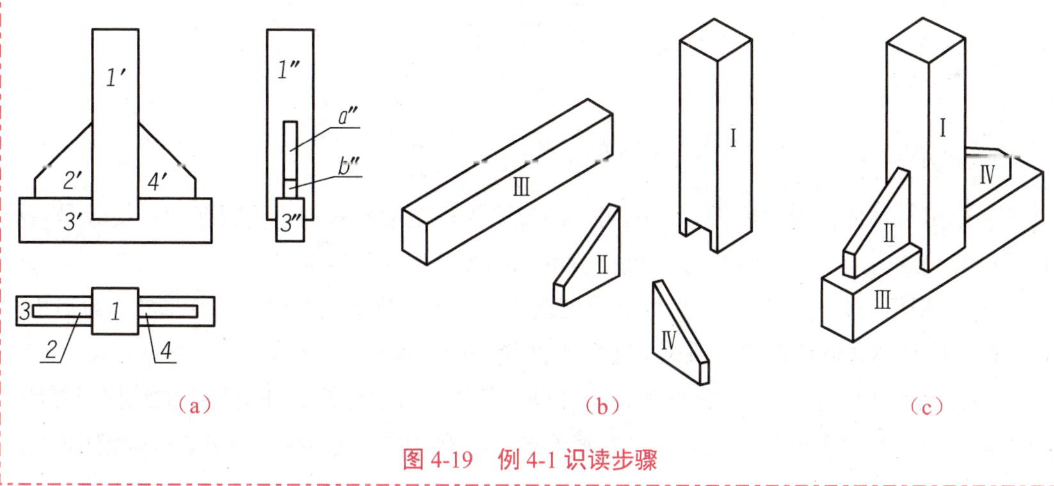

图4-19　例4-1识读步骤

2）线面分析法

线面分析法是指以直线、平面的投影规律为基础，通过分析组合体投影中直线、平面的形状与位置，来想象组合体形状的分析方法。当投影图局部比较复杂，难以用形体分析法分析清楚时，可以用线面分析法对不清楚地方的每条图线和每个线框加以分析，以弥补形体分析法的不足。

学以致用

【例4-2】试根据图4-20所示组合体的三面投影图，想象出该组合体的形状。

识读步骤：

（1）该组合体的俯视图可看成是由三个线框组成的，正视图和侧视图无法分成三个线框，因此可初步从线框较多的俯视图着手来分析组合体的形状。

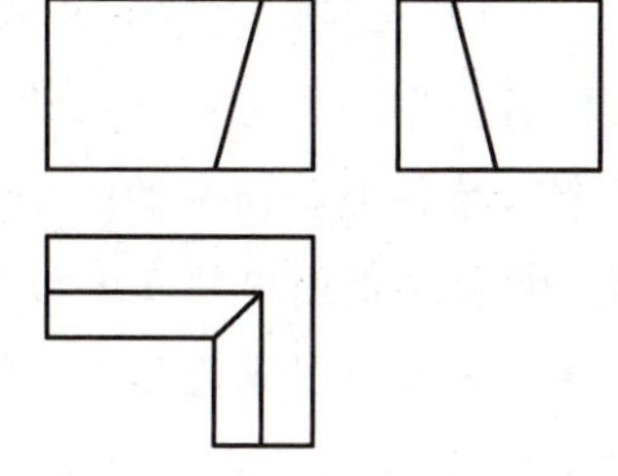

图4-20　例4-2图

（2）找出俯视图中线框1在另外两个投影面上的投影，想象出对应的立体形状，如图4-21（a）所示；同样，找出线框2和线框3在另外两个投影面上的投影，根据平面的投影特性可知，线框Ⅱ为侧垂面，线框Ⅲ为正垂面，如图4-21（b）所示。

（3）结合俯视图中三个线框的位置关系及三个线框对应的另外两面投影，综合想象出该组合体的形状，如图 4-21（c）所示。

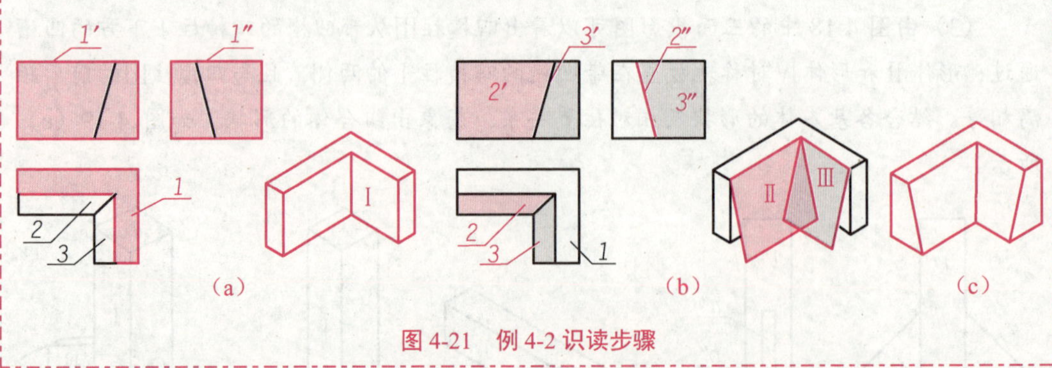

图 4-21　例 4-2 识读步骤

识读组合体的两面投影图，补画第三面投影图，是培养看图、绘图能力和检验是否能看懂投影图的有效手段。这种练习综合应用了形体分析法和线面分析法。

（1）根据形体分析法，找到每个线框的对应投影，想象出对应形体的形状，最后根据各线框对应形体之间的位置关系，补画第三面投影图。

（2）难以用形体分析法分析清楚的部分，可运用线面分析法补画其中的线框或图线。

补画第三面投影图的一般顺序：先画外形，再画内腔；先画叠加部分，再画挖切部分。

 学以致用

【例 4-3】试根据图 4-22 所示组合体的两面投影图，补画出第三面投影图。

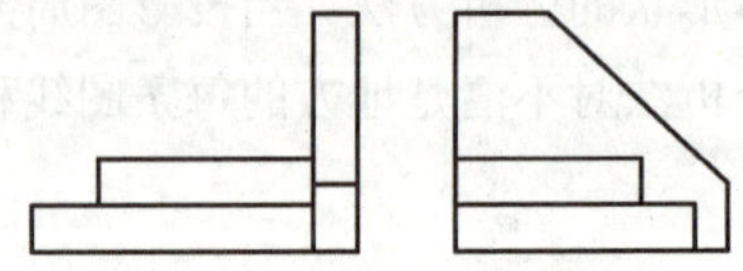

图 4-22　例 4-3 图

作图步骤：

（1）正视图左下方的两个矩形线框与侧视图左下方的两个矩形线框高平齐，且这两个矩形线框互相对应，可想象出组合体下方是由两个四棱柱叠加而成的，如图 4-23（a）所示；正视图右侧的大矩形线框对应侧视图中的五边形线框，正视图右侧大矩形线框内的一条水平线对应侧视图五边形线框的一个顶点，可想象出该部分的形状，如图 4-23（b）所示。综合想象出组合体的形状，如图 4-23（c）所示。

补画投影图

（2）根据两面投影图及想象出的组合体形状，补画出组合体的第三面投影图，如图 4-24 所示。

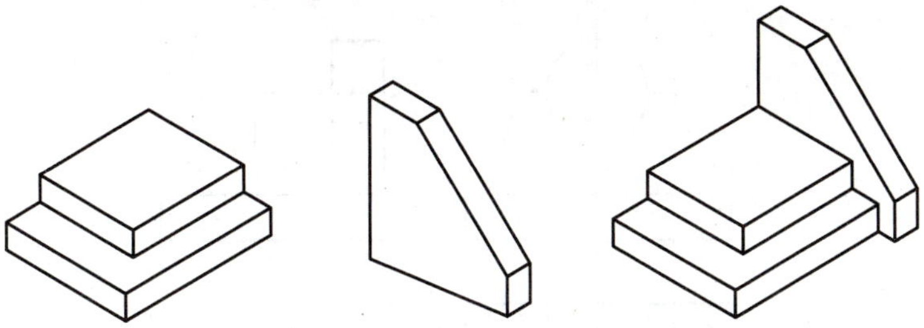

（a）（b）（c）

图 4-23 想象组合体的形状

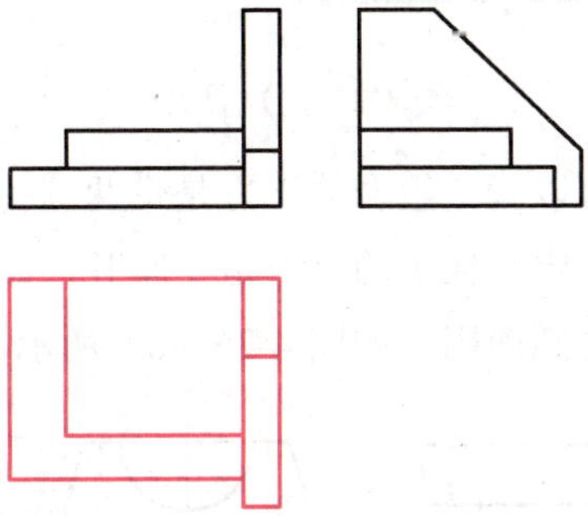

图 4-24 补画组合体的第三面投影图

笔记

实践操作——识读组合体的三面投影图

1. 任务描述

识读组合体的三面投影图是工程技术人员不可缺少的基本功，为了让学生更好地掌握组合体投影的相关知识，请指导教师组织学生识读图 4-1 所示的三面投影图。

2. 实施内容

（1）将正视图中的线框分为1′，2′和3′三部分，并根据三等规律在另外两个投影图上找到这三部分的对应投影，如图 4-25 所示。

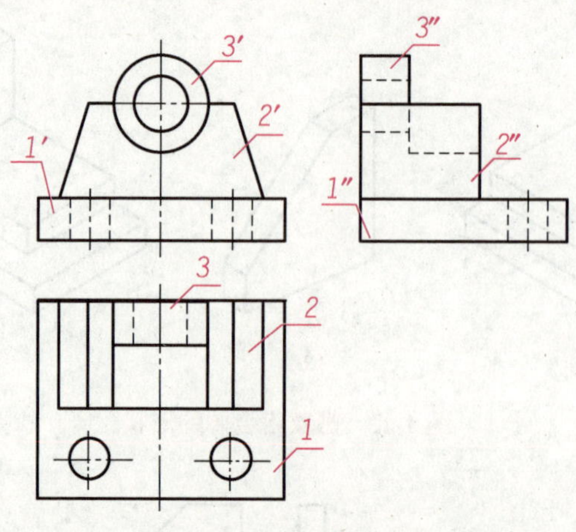

图 4-25　分析形体

（2）由线框1，1′和1″可以确定组合体下方是带两圆孔的底板Ⅰ，如图 4-26（a）所示；由线框2，2′和2″可以确定底板Ⅰ的上方是支座Ⅱ，如图 4-26（b）所示；由线框3，3′和3″可以确定支座Ⅱ上方是圆筒Ⅲ，如图 4-26（c）所示。

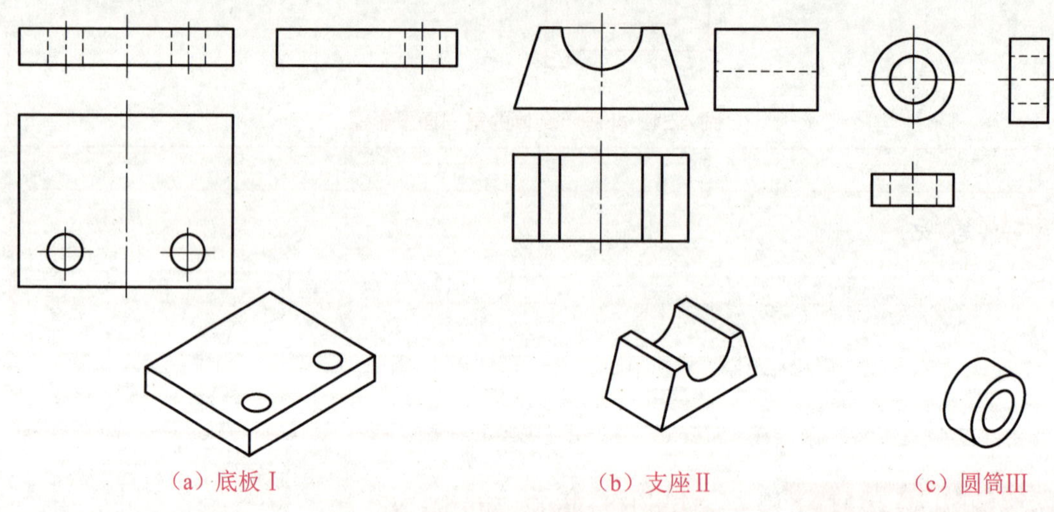

（a）底板Ⅰ　　（b）支座Ⅱ　　（c）圆筒Ⅲ

图 4-26　划分线框，想象组合体的形状

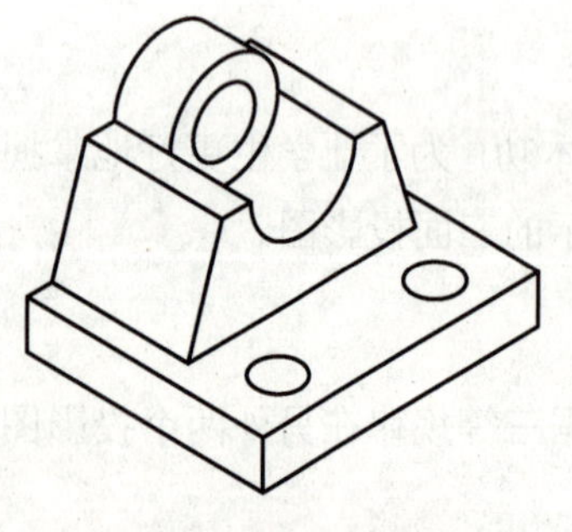

图 4-27　组合体的形状

（3）从图 4-25 中的侧视图可以看出，支座Ⅱ和圆筒Ⅲ的后表面均与底板Ⅰ的后表面平齐。就左右方向来说，从图 4-25 中的正视图可以看出，支座Ⅱ恰好在底板Ⅰ的中间位置，而圆筒Ⅲ则在支座Ⅱ的缺口中。由于圆筒Ⅲ与支座Ⅱ结合成了一体，因此侧视图中圆筒下方的那条轮廓线不存在。

（4）结合线框对应形体的形状及相对位置关系，想象出该组合体的形状，如图 4-27 所示。

任务二 认识剖面图

任务引入

随着时间的推移，建筑物会受到气候、环境、使用状况等多种因素的影响，可能会出现安全隐患。为了确保建筑物的安全，延长建筑物的使用寿命，在建筑施工及维护的各个阶段，工程人员需要详细、准确地了解建筑物的内部结构，因此工程中常借助剖面图来表达建筑物的内部结构。

思考
（1）剖面图是如何形成的？剖面图的种类有哪些？
（2）剖面图是如何进行绘制的？

任务工单

请扫描下方二维码，获取任务工单。根据任务工单，学生可以在课前预习相关知识，在课后进行实施。

三面投影图中，物体内部的孔、洞以及被外部遮挡的轮廓线，需要用虚线来表示。当物体内部的形状较复杂时，如果都用虚线表示这些从外部看不见的部分，必然会造成三面投影图上实线和虚线纵横交错、混淆不清的现象，给绘制与识读三面投影图带来不便。因此工程上常采用剖面图来弥补三面投影图的不足。

一、剖面图的形成

为了能够清晰地表达形体的内部结构，假想用一个平行于投影面的平面（称为剖切平面），在合适的位置将形体剖开，并移去剖切平面和观察者之间的部分，然后将剩余部分向投影面投射，由此所得到的图形称为剖面图。剖切平面与形体表面的交线所围成的平面图形称为断面。

如图 4-28 所示为杯形基础的三面投影图，由于杯形基础中间需要留置能够插入预制柱的杯口，因此正视图和侧视图中都出现了虚线，使得视图不够清晰。

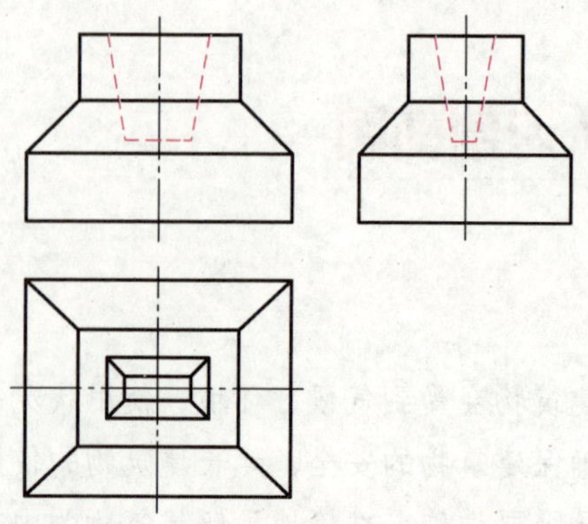

图 4-28　杯形基础的三面投影图

假设先用一个通过杯形基础前后对称面的剖切平面 P 将其剖切，然后移走剖切平面 P 和观察者之间的部分，将剩余部分向 V 面作投影，由此所得到的投影图即为杯形基础的剖面图，如图 4-29 所示。

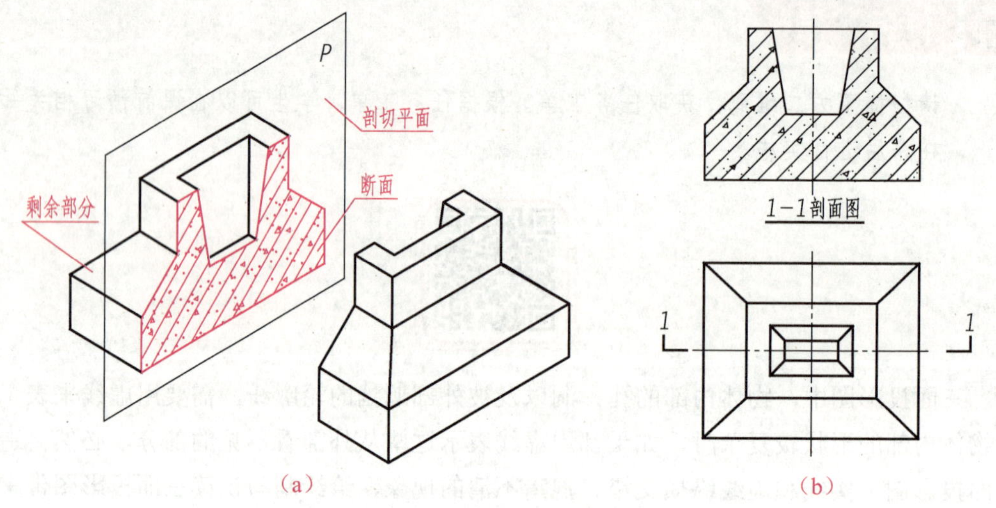

图 4-29　杯形基础剖面图的形成

从图 4-29（b）中的剖面图可以看出以下两点。

（1）原本不可见的虚线在剖面图上已变成了可见的轮廓线。

（2）剖面图由两部分组成，一部分是断面图形（即图中的阴影部分），另一部分是沿投射方向未被切到但能看到部分的投影（即杯口部分）。

二、剖面图的标注

为了更高效地查找剖面图与其他图样之间的对应关系，便于读图，需要对剖面图进行标注。制图标准中规定，剖面图的标注是由剖切符号及其编号组成的，如图 4-30 所示。

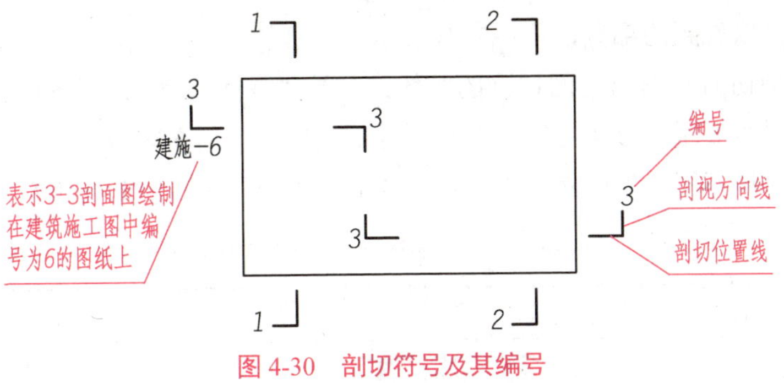

图 4-30 剖切符号及其编号

1. 剖切符号

剖切符号包括剖切位置线和剖视方向线。剖切位置线表示剖切平面的剖切位置，用两条粗实线绘制，长度宜为 6～10 mm。剖视方向线表示形体剖切后向剩余部分的方向作投影，用两条粗实线绘制在剖切位置线外端且与剖切位置线垂直，其长度应短于剖切位置线，宜为 4～6 mm。

2. 剖切符号的编号

对于一些复杂的形体，需要在不同的部位多次剖切才能完全了解其内部结构，为了更清楚地区分同一形体上的几个剖面图，需要对每次剖切进行编号。编号宜采用阿拉伯数字按剖切顺序由左到右、由下到上连续编排，并注写在剖视方向线的端部。

在剖面图的下方应以剖切符号的编号命名，如1–1剖面图、2–2剖面图（也可简写为1–1，2–2）等，并在图名下方绘制一条粗实线，其长度等于注写文字的长度，如图 4-29 所示。

小贴士

绘制剖切符号时，应注意以下几个方面。

（1）剖切符号不能穿越或接触其他图线。

（2）当用两个或两个以上平行的剖切平面（视为一个剖切平面）剖切时，对于需要转折的剖切位置线，应在转角的外侧加注与该剖切符号相同的编号，如图 4-30 中的 3–3 剖切平面。

（3）若剖面图与被剖切图样不在同一张图纸内，可在剖切位置线的一侧注明其所在图纸的编号，也可在图上集中说明。如图 4-30 所示，3–3 剖面图的剖切位置线下侧注写的“建施 – 6”，表示3–3剖面图绘制在建筑施工图中编号为 6 的图纸上。

三、剖面图的绘制

绘制剖面图时，断面部分的轮廓线用中粗实线表示；非断面部分即剖切平面没有切到，但沿投射方向可以看到的部分，用中实线表示。

在形体被剖切后，剖切平面切到的实体部分被“暴露出来”。制图标准规定，形体被假想剖开后，剖切平面与形体的接触部分称为剖面区域，剖面区域内应画出相应的建筑材料图例。建筑材料不同，其图例也不同。表 4-1 所示为几种常用的建筑材料图例。

表 4-1　几种常用的建筑材料图例

序号	名称	图例	备注
1	自然土壤		包括各种自然土壤
2	夯实土壤		—
3	砂、灰土		—
4	砂砾石、碎砖三合土		—
5	毛石		—
6	耐火砖		包括耐酸砖等砌体
7	实心砖、多孔砖		包括普通砖、多孔砖、混凝土砖等砌体
8	空心砖、空心砌块		包括空心砖、普通或轻骨料混凝土小型空心砌块等砌体
9	饰面砖		包括铺地砖、玻璃马赛克、陶瓷锦砖、人造大理石等
10	混凝土		① 包括各种强度等级、骨料、添加剂的混凝土 ② 在剖面图上表达钢筋时，不需要绘制图例线 ③ 断面图形较小，不易绘制表达图例线时，可填黑或深灰（灰度宜 70%）
11	钢筋混凝土		
12	多孔材料		包括水泥珍珠岩、沥青珍珠岩、泡沫混凝土、软木、蛭石制品等
13	木材		① 上图为横断面，左上图为垫木、木砖或木龙骨 ② 下图为纵断图

（续表）

序号	名称	图例	备注
14	金属		① 包括各种金属 ② 图形较小时，可涂黑或深灰（灰度宜 70%）
15	液体		应注明具体液体名称
16	玻璃		包括平板玻璃、磨砂玻璃、夹丝玻璃、钢化玻璃、中空玻璃、夹层玻璃、镀膜玻璃等

在绘制剖面图时，应注意以下几个方面。

（1）剖切平面一般选用投影面平行面，以便使断面的投影反映实形。剖切平面应尽量通过形体的孔、槽等结构的轴线或对称面，使得它们由不可见变成可见。

（2）为了使剖面图更加清晰，剖面图中一般不绘制虚线。

（3）剖切是假想的，剖面图是移去剖切平面和观察者之间的部分后剩余部分的投影，因此其他投影图仍应按整体的投影绘制。

（4）若未注明形体的材料，则应在相应的位置绘制出同向、同间距并与水平线成 45° 的细实线（也称剖面线）。绘制剖面线时，同一形体的剖面线在各个剖面图中应保持相同的倾斜方向和间距。

四、剖面图的分类

根据形体被剖切平面剖开的程度和方式不同，剖面图可分为全剖面图、半剖面图、局部剖面图、阶梯剖面图和展开剖面图。

1. 全剖面图

假想用一个剖切平面完全剖开形体后所得到的剖面图称为全剖面图，如图 4-29（b）中的1–1剖面图。全剖面图主要用于表达外形简单而内部结构复杂的形体，或内外形状都比较复杂但外形在其他投影图中已经表达清楚的形体。

2. 半剖面图

当形体对称（或基本对称）且内外结构都比较复杂时，向垂直于对称平面的投影面投射后所得到的图形，以对称中心线为界，一半绘制成剖面图，一半绘制成外形视图，这种组合的图形称为半剖面图，如图 4-31 所示。

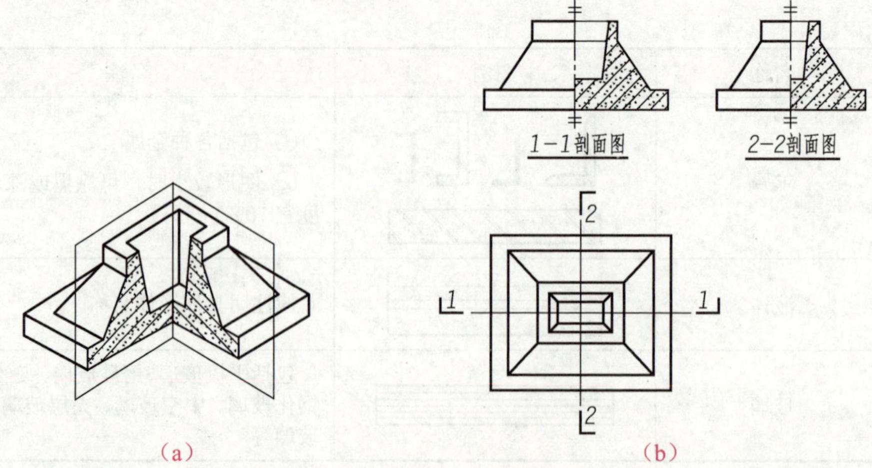

图4-31　形体的半剖面图

绘制半剖面图时，应注意以下几点。

（1）半剖面图中，投影图与剖面图以对称线（单点长画线）为分界线。

（2）由于剖切前的投影图是对称的，剖切后在半个剖面图中已经清楚地表达了物体的内部结构，因此已表达清楚的部分在另一半的投影图中一般不再用虚线表示。

（3）习惯上，当分界线为竖直线时，将剖面图绘制在分界线的右侧；当分界线为水平线时，将剖面图绘制在分界线的下侧。

（4）半剖面图的标注方法与全剖面图的标注方法相同。

3. 局部剖面图

当形体的外形比较复杂，完全剖开后无法表达清楚它的外形时，可以保留原投影图的大部分，只将局部绘制成剖面图。用一个剖切平面将形体局部剖开后所得到的剖面图称为**局部剖面图**。如图4-32所示为钢筋混凝土杯形基础，为了表示其内部钢筋的配置情况，俯视图采用了局部剖面图，在局部剖切部位绘制出了杯形基础的内部结构和建筑材料图例。

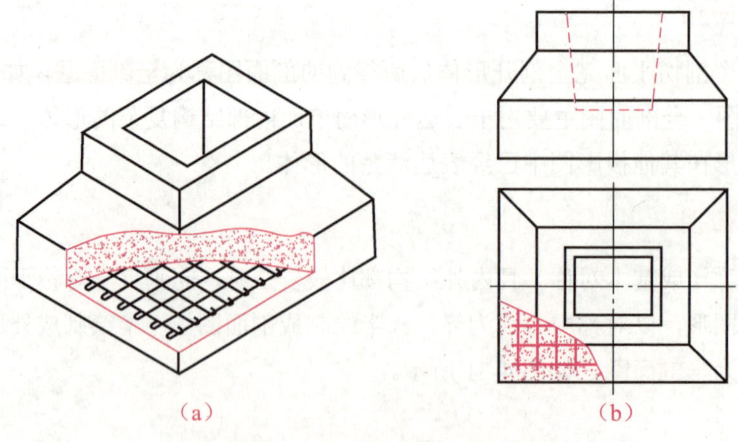

图4-32　钢筋混凝土杯形基础

在局部剖面图中，用波浪线表示投影图与剖面图的分界线，波浪线可视作形体断裂面的投影，故局部剖面图中的波浪线不能超出图形的轮廓线，且在孔洞处要断开。局部剖面图中剖切平面的剖切位置较为明显，一般不作标注。

在土木工程和装饰工程中，为了表示楼面、屋面、墙面及地面等的构造和所用建筑材料，常用分层剖切的方法绘制出各构造层次的剖面图，这种剖面图称为**分层局部剖面图**。如图 4-33 所示，分层局部剖面图清楚表达了地面的构造情况和各层所用的建筑材料等。

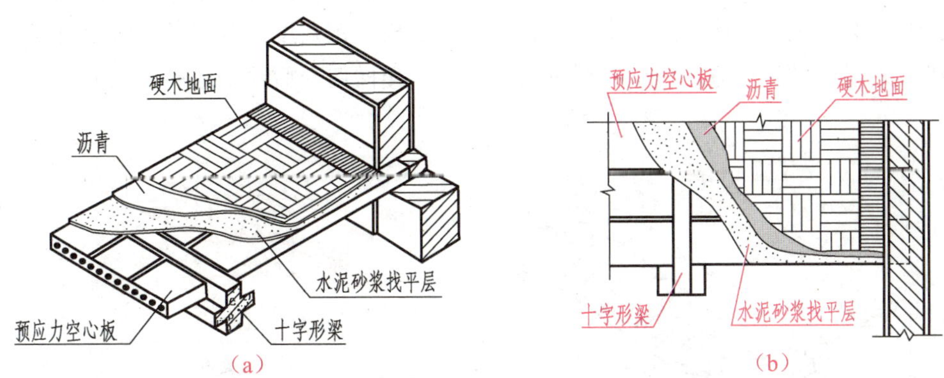

图 4-33 地面的分层局部剖面图

4. 阶梯剖面图

当用一个剖切平面不能将需要表达的形体内部结构都剖切到时，可用两个或两个以上平行的剖切平面剖切形体，所得到的剖面图称为**阶梯剖面图**，如图 4-34 所示。

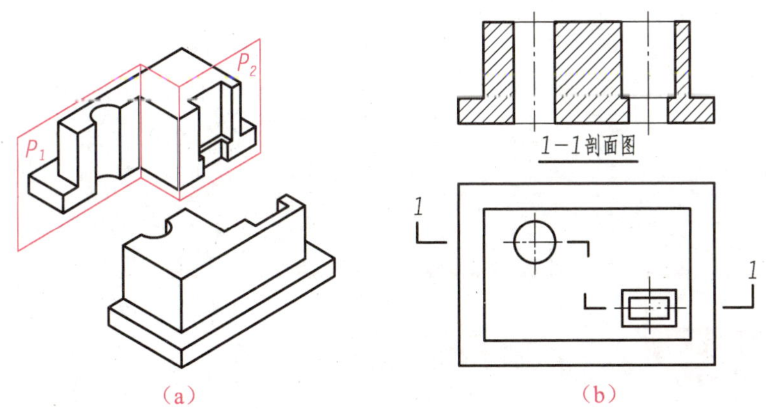

图 4-34 阶梯剖面图

绘制阶梯剖面图时，应注意以下几点。

（1）由于剖切平面是假设的，因此剖切位置的转折处不必绘制出分界线。

（2）标注阶梯剖面图时，转折处剖切符号的编号在不产生混淆的情况下可省略不标。

5. 展开剖面图

用两个相交的剖切平面（剖切平面的交线应垂直于某投影面）剖切形体后，将倾斜于投影面的剖切平面绕其交线旋转到与投影面平行的位置，然后再进行投影，所得到的剖面图称为**展开剖面图**，又称**旋转剖面图**。

绘制展开剖面图时，常选其中一个剖切平面，使其平行于投影面，另一个剖切平面与这个投影面倾斜，两剖切平面的交线在剖面图中不必画出，另外应在图明后注明“展开”字样。如图 4-35 所示，楼梯的两个梯段在水平面上成一定角度，为了表示踏步高度和扶手的形状，采用正平面和与之相交的铅垂面，将两段楼梯切开后绘制成展开剖面图。

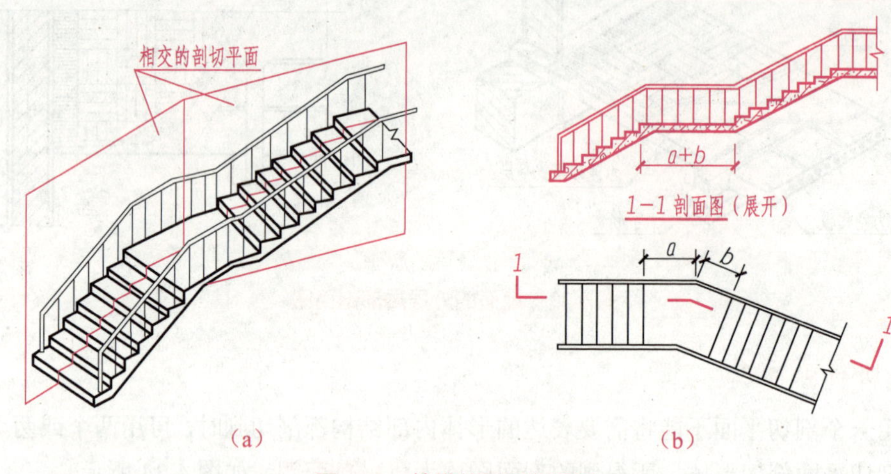

图 4-35　楼梯的展开剖面图

笔记

实践操作——绘制水槽的剖面图

1. 任务描述

水槽是我们生活中必不可少的设备，也是重要的给排水设施之一。绘制水槽的剖面图有助于我们更熟练地掌握剖面图的相关知识，请指导教师组织学生根据图 4-36 所示水槽的三面投影图绘制其剖面图。

2. 实施内容

（1）观察图 4-36 所示水槽的三面投影图，利用形体分析法想象出水槽的形状，如图 4-37 所示。

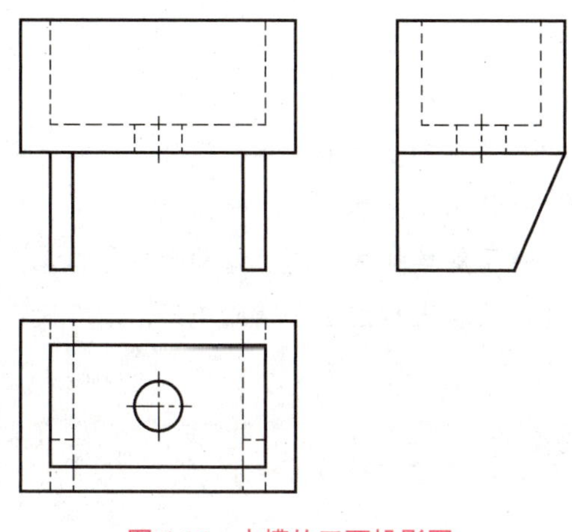

图 4-36　水槽的三面投影图

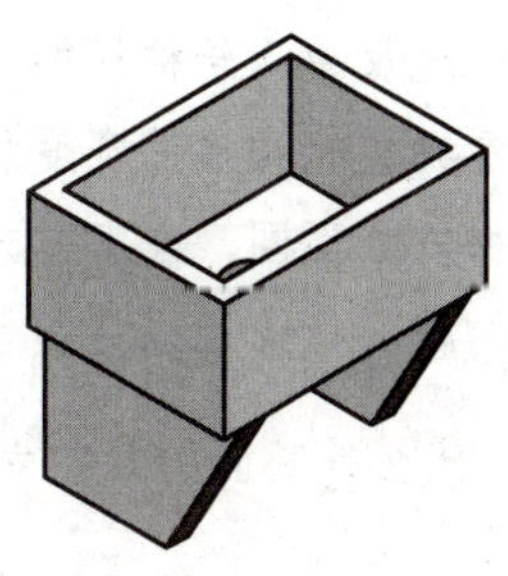
图 4-37　水槽的形状

（2）将过水槽底板上孔的轴线的正平面和侧平面，分别作为 V 面投影和 W 面投影的剖切平面。确定好剖切平面的位置和方向，并在俯视图的相应位置标注剖切符号及其编号。在 V 面投影和 W 面投影的基础上，将剖切后断面部分的轮廓线用中粗实线表示，非断面部分的轮廓线用中实线表示，如图 4-38（a）所示。

（3）由于水槽一般是用混凝土建造的，因此在两个剖面图中被剖切平面剖到的部分绘制出混凝土图例，并根据剖切符号的编号，在对应的剖面图下方注写剖面图的名称，如图 4-38（b）所示。

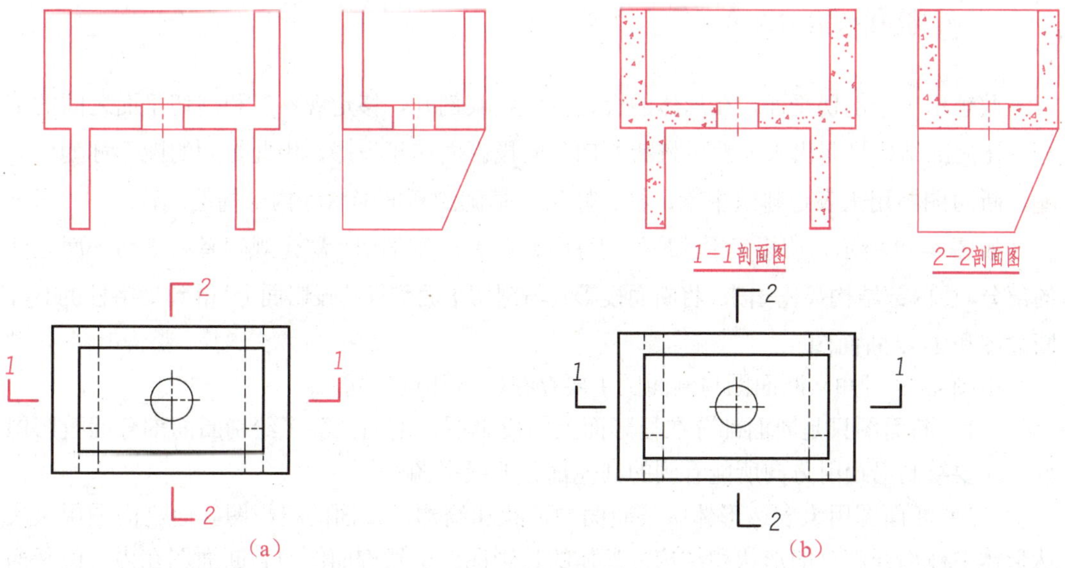

图 4-38　绘制水槽的剖面图

任务三 认识断面图

任务引入

在设计某博物馆的楼梯时，设计师出于美观和实用的考虑，设计了旋转楼梯。为了更好地反映旋转楼梯的设计细节，设计师使用了断面图。在断面图中，不仅可以清晰地看到旋转楼梯的宽度和高度，而且能够了解楼梯扶手的位置和形状等信息。通过该楼梯的断面图，施工方充分理解了设计师的初衷和意图并精心施工，最终使得该博物馆的楼梯设计得以完美呈现。

思考　什么是断面图？它主要有什么用途？

任务工单

请扫描下方二维码，获取任务工单。根据任务工单，学生可以在课前预习相关知识，在课后进行实施。

一、断面图的形成

假想用一个剖切平面，在形体的合适位置将其剖开，移走观察者和剖切平面之间的部分，让内部结构显露出来，然后将断面部分向投影面作正投影，由此得到的图形称为**断面图**。断面图常用来表达建筑中梁、柱、屋架、基础的断面形状和内部构造。

如图 4-39 所示，假想工字柱被剖切平面 P_1 和 P_2 分别剖切，移走观察者和剖切平面之间的部分，让内部结构显露出来，将断面投影到与剖切平面平行的投影面上，得到工字柱的1－1断面图和2－2断面图。

由图 4-39 可知，断面图与剖面图主要存在以下几点不同。

（1）断面图只是断面部分在投影面上的投影图，剖面图除了绘制断面部分的投影图外，还要绘制沿投射方向所能看到的其他部分的投影图。

（2）断面图用来表达形体中某断面的形状和结构，是面的投影图。而剖面图用来表达形体中被剖开部分的形状和结构，是体的投影图。虽然剖面图包含断面图在内，但断面

图一般单独绘制出来。

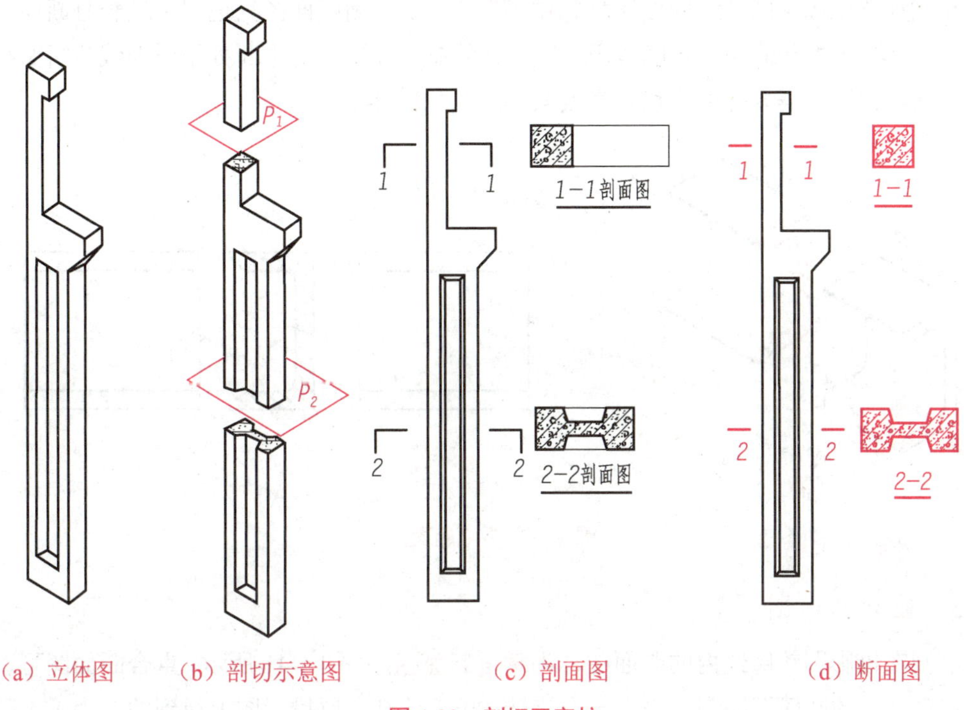

(a) 立体图　(b) 剖切示意图　(c) 剖面图　(d) 断面图

图 4-39　剖切工字柱

（3）剖面图的剖切符号包括剖切位置线和剖视方向线两部分；断面图的剖切符号只有剖切位置线，没有剖视方向线，其剖视方向是通过断面图编号（即阿拉伯数字）的注写位置来表示的，编号注写在剖视方向的一侧。如图 4-39（d）所示，两个断面图的编号均注写在剖切位置线的下侧，表示其剖视方向为由上向下。

（4）剖面图中的剖切位置可以转折，得到阶梯剖面图或展开剖面图，而断面图中的剖切位置不可以转折。

除上述所示区别外，断面图中线型、线宽、图名注写和材料图例等的要求，均与剖面图相同。

二、断面图的分类

根据所配置的位置不同，断面图可分为移出断面图、中断断面图和重合断面图。

1．移出断面图

绘制在投影图轮廓线外的断面图称为**移出断面图**，如图 4-39（d）所示。移出断面图应尽量绘制在剖切位置线的延长线上，必要时可以适当放大比例。移出断面图的轮廓线用中粗实线绘制，其下方应标注与剖切符号相对应的编号，如1–1，1–2等，但不必写“断面图”字样。

2．中断断面图

绘制在投影图中断处的断面图称为中断断面图。中断断面图只适用于较长且断面形状对称的形体。中断断面图的轮廓线用中粗实线绘制，投影图的中断处用波浪线或折断线绘制。中断断面图不需要标注剖切符号及其编号，如图 4-40 所示。

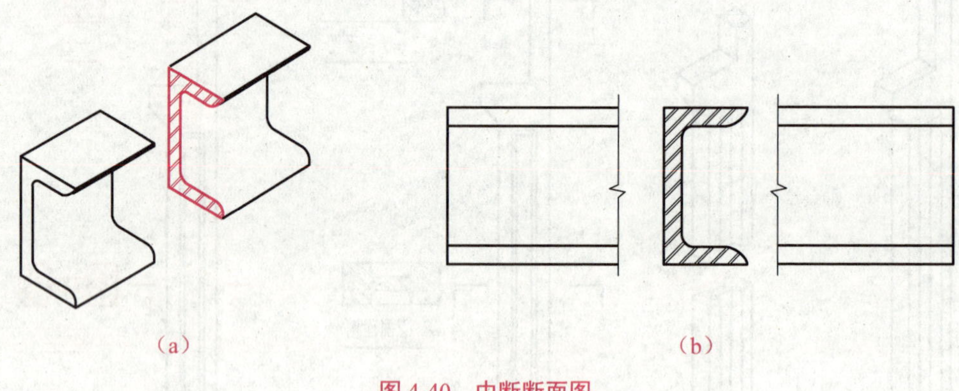

图 4-40　中断断面图

3．重合断面图

绘制在投影图轮廓线内的断面图称为重合断面图，如图 4-41 所示。重合断面图可以看作是将剖切后的断面图绕剖切平面向上旋转 90°，绘制在原投影图上得到的。为了不引起误解，重合断面图中的轮廓线一般用细实线绘制。当投影图的轮廓线与重合断面图的轮廓线重合时，投影图的轮廓线仍需要完整地绘制出来，不可间断。重合断面图不需要标注剖切符号及其编号。

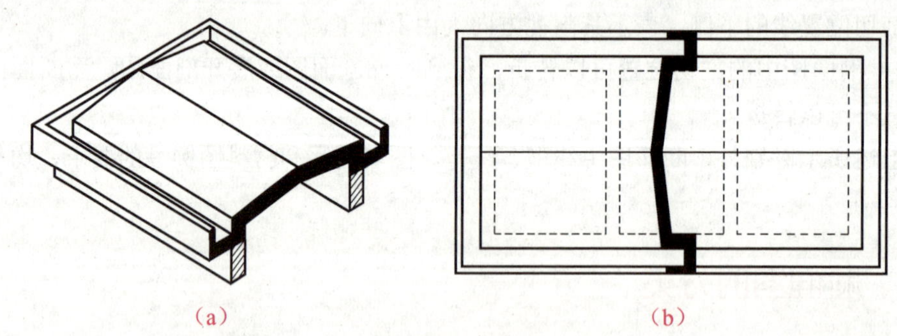

图 4-41　重合断面图

三、断面图的绘制

剖面图与断面图的区别

根据形体的投影图绘制断面图时，应先看懂投影图并想象出形体的形状，然后再根据剖切平面的位置绘制出断面图。绘制断面图时，断面部分的轮廓线一般用中粗实线表示。

学以致用

【例 4-4】根据钢筋混凝土梁的投影图（见图 4-42）中剖切位置线的位置，绘制出这两处的移出断面图。

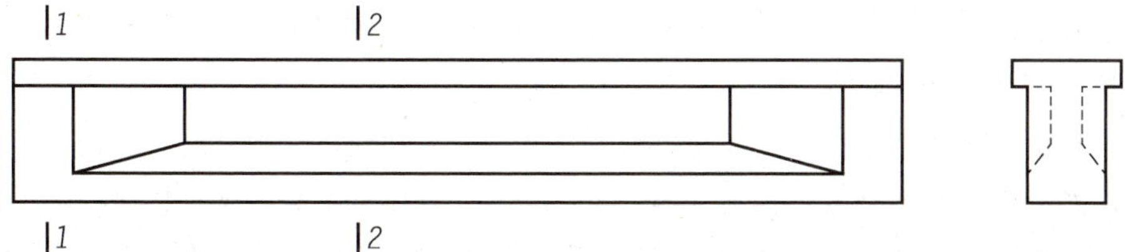

图 4-42　钢筋混凝土梁的投影图

作图步骤：

（1）观察图 4-42 中的两个投影图，想象出钢筋混凝土梁的外部形状，如图 4-43（a）所示；然后根据侧视图中的虚线，想象出钢筋混凝土梁的断面形状，如图 4-43（b）所示。

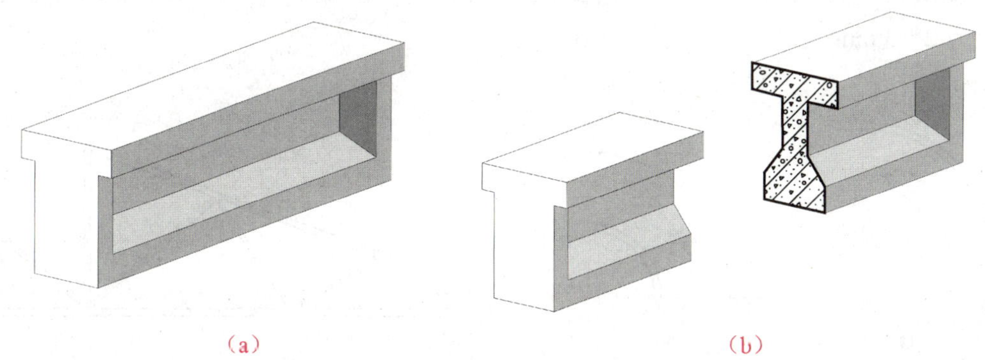

图 4-43　钢筋混凝土梁的空间形状

（2）由图 4-42 可知剖切位置线的位置，并且两处的剖切方向均由左到右。假想用两个剖切平面，分别在两个剖切位置线处将钢筋混凝土梁剖开，依次移走各剖切平面左侧的部分，将断面部分向投影面作正投影，最终得到这两处的断面图，如图 4-44 所示。

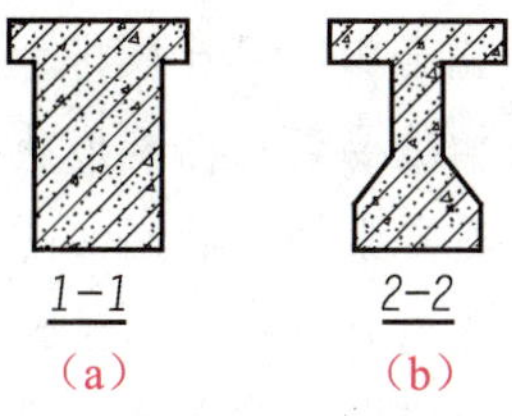

图 4-44　钢筋混凝土梁的断面图

知识加油站

为了合理地利用图纸、节省绘图时间，制图标准中规定了一些将投影图适当简化的处理方法，即投影图的简化画法。下面主要介绍对称结构的简化画法、相同构造要素的省略画法、较长结构的折断省略画法和构配件的局部省略画法。

1．对称结构的简化画法

当构配件是对称结构，且当投影图中仅有一条对称线时，可只绘制出该投影图的一半，并绘制出对称符号，如图 4-45（a）所示。当投影图有两条对称线时，可只绘制出该投影图的四分之一，并绘制出对称符号，如图 4-45（b）所示。投影图也可稍微超出对称线，此时不必绘制出对称符号，需要在超出对称线的部分绘制上折断线或波浪线，如图 4-45（c）所示。

对称符号是由对称线和两端的两对平行线组成的，对称线用单点长画线表示，线宽宜为细线；平行线用实线表示，其长度宜为 6～10 mm，每对平行线的间距宜为 2～3 mm，线宽宜为中线。对称线应垂直平分两对平行线，其两端超出平行线的长度宜为 2～3 mm。

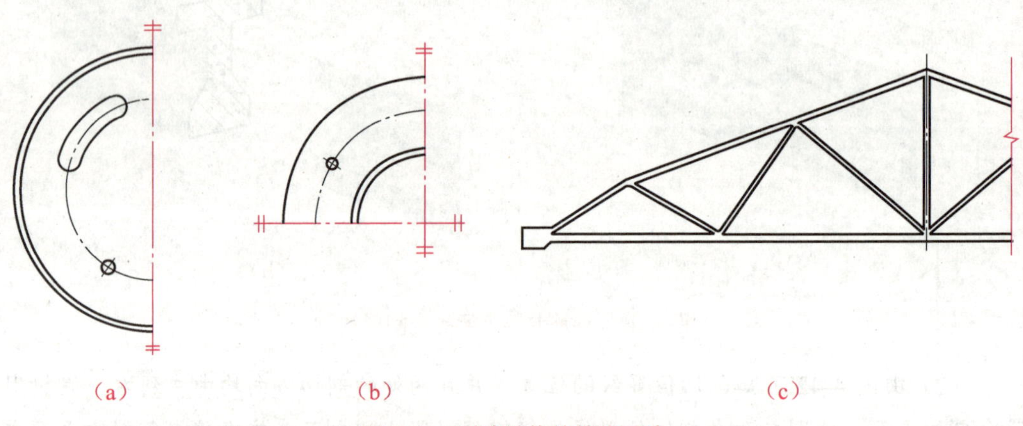

图 4-45　对称结构的简化画法

2．相同构造要素的省略画法

当构配件的投影图内有多个完全相同且连续排列的构造要素时，可仅在投影图的两端或适当位置绘制出少数几个构造要素的完整形状，其余构造要素可以用中心线或中心线交点表示，并注明相同构造要素的个数，如图 4-46（a）～（c）所示。当有多个完全相同但不连续排列的构造要素时，可只在合适位置绘制出少数几个构造要素的完整形状，其余部分应在构造要素中心线的交点处用小圆点表示，并注明相同构造要素的个数，如图 4-46（d）所示。

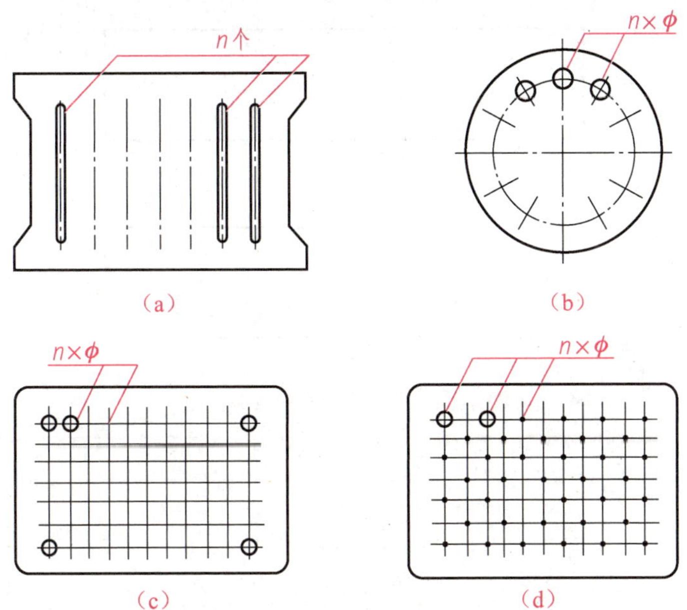

图 4-46 相同构造要素的省略画法

3．较长结构的折断省略画法

对于较长的构件，若沿长度方向的形状相同或按一定规律变化，可采用折断省略画法绘制，断开处应用折断线表示。折断线两端应超出轮廓线 2～3 mm，构件尺寸应按其实际长度标注，如图 4-47 所示。

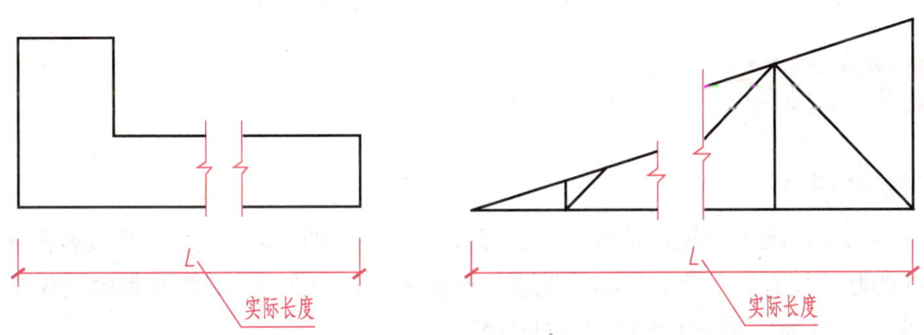

图 4-47 较长结构的折断省略画法

4．构配件的局部省略画法

如果一个构配件与另一个构配件仅有一部分不相同，则该构配件可只绘制出不同部分，但应在两个构配件的相同部分与不同部分的分界线处分别绘制出连接符号，连接符号用折断线和字母表示，两个连接符号的字母应相同。如图 4-48 所示，Ⅰ，Ⅱ两构配件的大部分相同，仅右端不同，因此在绘制构配件Ⅱ时，可将其与构配件Ⅰ左端相同的部分省略不绘制，只绘制出右端不同部分，并绘制出连接符号。

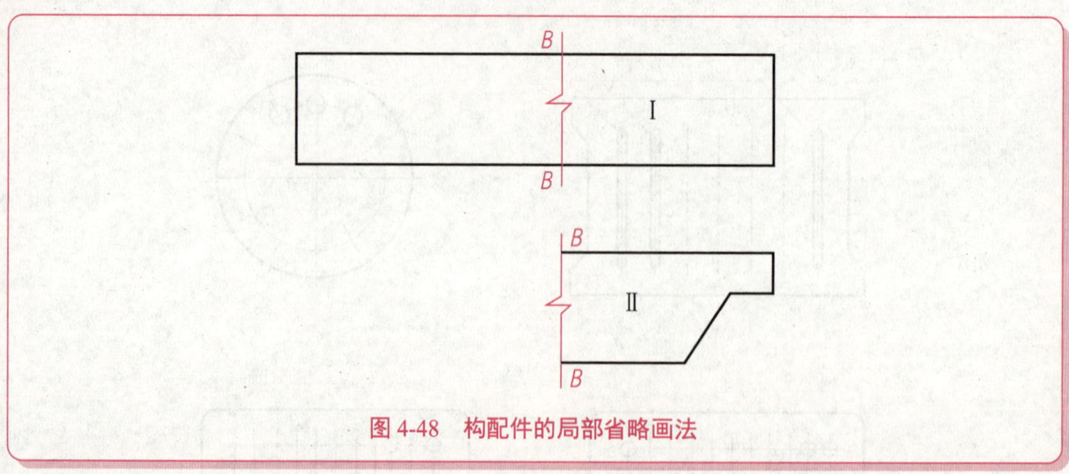

图 4-48　构配件的局部省略画法

笔记

实践操作——绘制窨井的断面图

1. 任务描述

窨井是常见的地下建筑，是城市地下管线中转、控制的地下空间，常被窨井盖覆盖。绘制窨井的断面图有助于我们更熟练地掌握断面图的相关知识，请指导教师组织学生根据图 4-49 所示窨井的三面投影图绘制其断面图。

2. 实施内容

（1）观察图 4-49 所示窨井的三面投影图，利用形体分析法综合想象出窨井的形状，如图 4-50 所示。

（2）根据图 4-49 剖切符号可知剖切位置，剖视方向是从上向下的，将剖切后断面部分的轮廓线用中粗实线表示，并去掉不可见部分的虚线。

（3）由于窨井一般是用混凝土建造的，因此在被剖切平面剖到的部分绘制出混凝土图例，并根据剖切符号的编号，在对应的断面图下方注写断面图的名称，如图 4-51 所示。

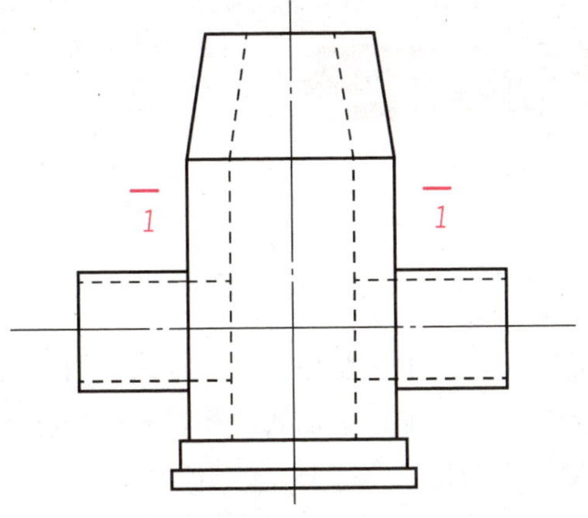

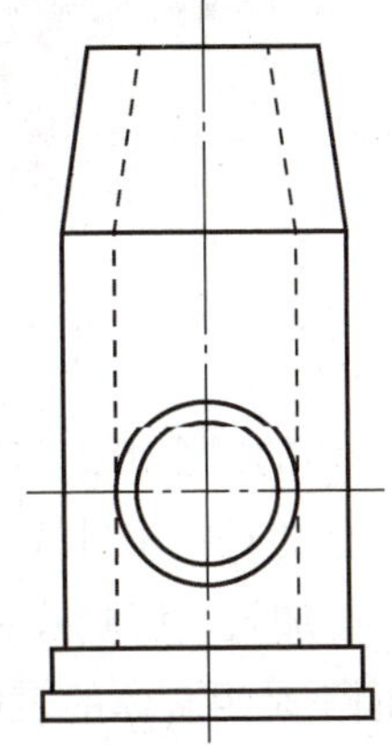

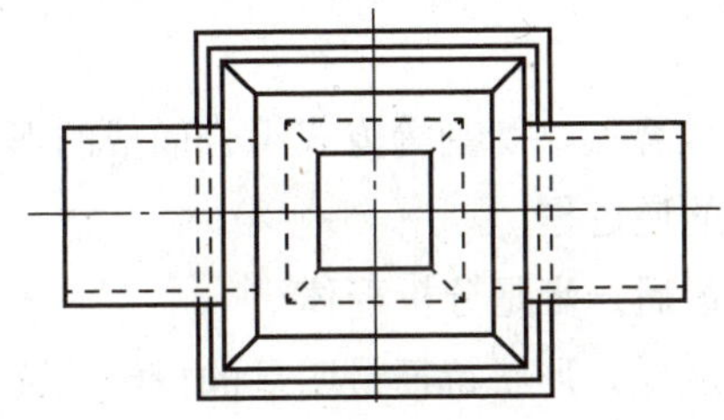

图 4-49 窨井的三面投影图

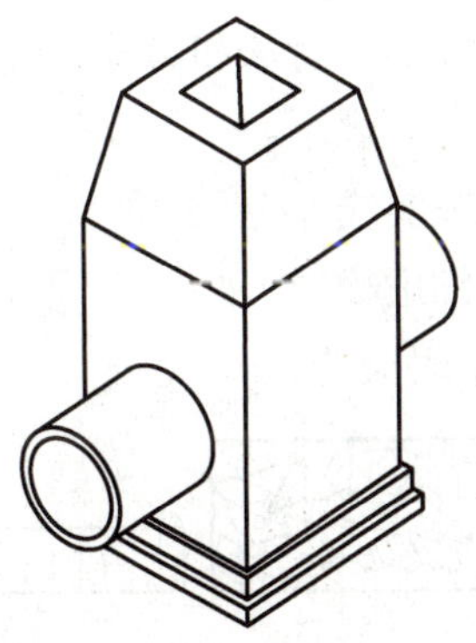

图 4-50 窨井的立体图

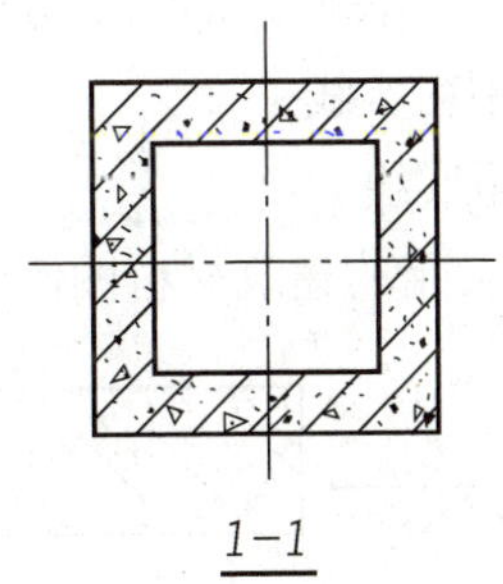

图 4-51 绘制窨井的断面图

投影图不仅仅是一个工程上的概念，更是解决实际问题的重要工具。在掌握投影图的相关理论知识的同时，我们还要注重理论与实践的结合，将投影图灵活应用于建筑设计、工程制图等多个领域，为未来构建安全可靠的工程奠定坚实的基础。

项目考核

一、单选题

（1）组合体的组合形式有（　　）。

A．叠加式、相贯式、相切式　　B．叠加式、平行式、相切式

C．叠加式、切割式、综合式　　D．叠加式、相贯式、平行式

（2）下面不是组合体的表面连接关系的是（　　）。

A．平齐　　B．相错

C．错位　　D．相交

（3）关于组合体相关说法错误的是（　　）。

A．组合体是由多个基本体通过叠加、切割等方式组合而成的形体

B．识读投影图是绘制投影图的逆过程

C．绘制组合体三面投影图的最后一步是分析形体

D．识读组合体投影图时，应从反映形状特征最明显的投影图读起

（4）识读组合体投影图的基本方法有（　　）。

A．形体分析法和线面分析法　　B．归纳分析法和验算分析法

C．形体分析法和归纳分析法　　D．线面分析法和验算分析法

（5）绘制剖面图时，断面部分的轮廓线用（　　）表示。

A．中粗实线　　B．细实线

C．粗实线　　D．细虚线

（6）下列常用的建筑材料图例中，（　　）表示耐火砖。

A　　B　　C　　D

（7）断面图的编号注写在剖切位置线的左侧，表示其剖视方向（　　）。

A．由左向右

B．由右向左

C．剖切位置线的左侧部分由上向下

D．剖切位置线的右侧部分由上向下

（8）当投影图的轮廓线与重合断面图的轮廓线重合时，投影图的轮廓线（　　）。

A．仍需要完整的绘制出来，不可间断

B．仍需要完整的绘制出来，可间断

C．不需要完整的绘制出来，可间断

D．不需要完整的绘制出来，不可间断

二、填空题

（1）组合体的尺寸有____________、____________和____________三种类型。

（2）剖切符号包括__________________和__________________两部分。

（3）在局部剖面图中，用______________表示投影图与剖面图的分界线。

（4）断面图的剖视方向是通过______________________来表示的。

三、简答题

（1）简述组合体尺寸标注的注意事项。

（2）简述识读组合体投影图的基本要领。

（3）简述剖面图和断面图的分类。

（4）投影图的简化画法有哪些？

四、实操题

根据图 4-52 所示形体的两面投影图，作出1–1剖面图（不指明建筑材料）。

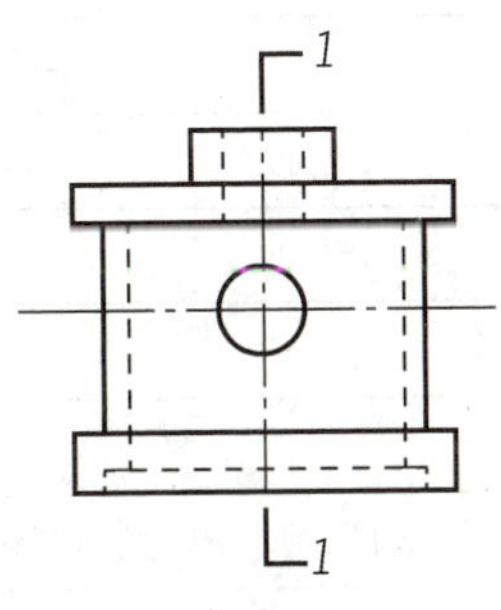

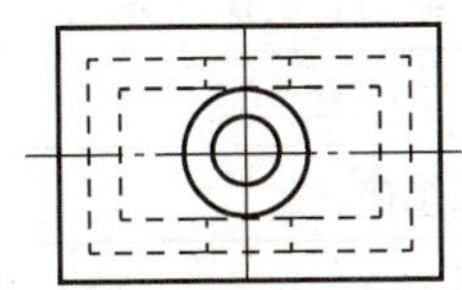

图 4-52　形体的两面投影图

项目评价

指导教师根据学生实际学习成果对其进行评价，学生配合指导教师完成如表 4-2 所示的项目评价表。

表 4-2　项目评价表

<table>
<tr><td>班级</td><td></td><td>组号</td><td></td><td>日期</td><td></td></tr>
<tr><td>姓名</td><td></td><td>学号</td><td></td><td>指导教师</td><td></td></tr>
<tr><td>项目名称</td><td colspan="5">组合体及建筑形体的表达</td></tr>
<tr><td>评价项目</td><td colspan="3">评价内容</td><td>满分/分</td><td>评分/分</td></tr>
<tr><td rowspan="8">知识
（40%）</td><td colspan="3">组合体的组合形式及表面连接关系</td><td>4</td><td></td></tr>
<tr><td colspan="3">组合体投影图的绘制</td><td>6</td><td></td></tr>
<tr><td colspan="3">组合体的尺寸标注</td><td>4</td><td></td></tr>
<tr><td colspan="3">组合体投影图的识读</td><td>6</td><td></td></tr>
<tr><td colspan="3">剖面图与断面图的形成</td><td>4</td><td></td></tr>
<tr><td colspan="3">剖面图与断面图的标注</td><td>6</td><td></td></tr>
<tr><td colspan="3">剖面图与断面图的绘制</td><td>6</td><td></td></tr>
<tr><td colspan="3">剖面图与断面图的分类</td><td>4</td><td></td></tr>
<tr><td rowspan="4">技能
（40%）</td><td colspan="3">绘制组合体投影图</td><td>10</td><td></td></tr>
<tr><td colspan="3">识读组合体投影图</td><td>10</td><td></td></tr>
<tr><td colspan="3">绘制剖面图</td><td>10</td><td></td></tr>
<tr><td colspan="3">绘制断面图</td><td>10</td><td></td></tr>
<tr><td rowspan="5">素养
（20%）</td><td colspan="3">积极参加教学活动，主动学习、思考、讨论</td><td>6</td><td></td></tr>
<tr><td colspan="3">认真负责，按时完成学习、实操任务</td><td>4</td><td></td></tr>
<tr><td colspan="3">团结协作，与组员密切配合</td><td>4</td><td></td></tr>
<tr><td colspan="3">服从指挥，遵守课堂纪律</td><td>4</td><td></td></tr>
<tr><td colspan="3">守正创新，自信自强</td><td>2</td><td></td></tr>
<tr><td colspan="4">合计</td><td>100</td><td></td></tr>
<tr><td>自我评价</td><td colspan="5"></td></tr>
<tr><td>指导教师评价</td><td colspan="5"></td></tr>
</table>

项目五

建筑施工图识读

项目导读

建造房屋时，除了要知道其形状和大小外，还需要知道房屋的组成情况、细部构造、构件布置、材料做法等，这些内容都可以借助建筑施工图来体现。准确地识读建筑施工图能够帮助建筑从业者更好地理解设计意图，提高施工质量和效率，进而建造出符合人们需求的房屋。本项目将主要介绍房屋的分类和组成，施工图的形成和组成，以及建筑施工图的有关规定和识读方法等内容。

项目目标

知识目标

（1）了解房屋的分类和组成。

（2）了解施工图的形成和组成。

（3）掌握建筑施工图的有关规定。

（4）掌握建筑施工图的图示内容。

（5）掌握建筑施工图的识读要点。

技能目标

（1）能够识读建筑总平面图、建筑平面图。

（2）能够识读建筑立面图、建筑剖面图和建筑详图。

素质目标

（1）遵守职业道德规范，树立良好的职业形象。

（2）践行精益求精、科学严谨、追求卓越的工匠精神。

任务一 认识建筑施工图

任务引入

房屋是人们生活的基本场所，其重要性不言而喻。它不仅是能够满足我们居住需求的避风港，还是我们心灵的归宿。建造一个舒适、安全且美观的房屋离不开建筑施工图，它为施工提供了详细的指导，确保了工程的顺利进行，在房屋建造过程中起到了至关重要的作用。

思考 为了保证工程的顺利进行，我们需要在建筑施工图中识读到哪些信息？

任务工单

请扫描下方二维码，获取任务工单。根据任务工单，学生可以在课前预习相关知识，在课后进行实施。

房屋是供人们生产、生活、学习和娱乐的场所。将一栋拟建房屋的外部形状、内部布置、结构构造、内外装修、材料做法、设备及施工要求等内容，按照国家标准规定的正投影法详细、准确地画出来，所得到的图样称为施工图，它是房屋施工的重要依据。

一、房屋的分类和组成

1. 房屋的分类

按使用功能的不同，房屋可分为民用建筑、工业建筑和农业建筑。

（1）民用建筑是供人们居住和进行各种公共活动的建筑总称。按使用功能的不同，民用建筑又可分为居住建筑（如公寓、宿舍等）和公共建筑（如学校、医院等）。本书中若没有特别注明，所说建筑均为民用建筑。

（2）工业建筑是指以工业生产为主要使用功能的建筑。按使用功能的不同，工业建筑又可分为生产类工业建筑（如生产车间等）、辅助类工业建筑（如工具车间、机修车间、模型车间等）、动力类工业建筑（如发电站、煤气站、锅炉房等）和仓储类工业建筑（如原材料仓库、半成品仓库、成品仓库等）。

（3）农业建筑是指以农业生产为主要使用功能的建筑，如饲养场、饲料加工站等。

2. 房屋的组成

对于各种不同类型的房屋，虽然它们在使用要求、空间形状、结构形式和规模大小等方面各不相同，但基本上是由基础、墙（或柱）、楼（地）面、屋顶、楼梯和门窗等组成的，如图 5-1 所示。

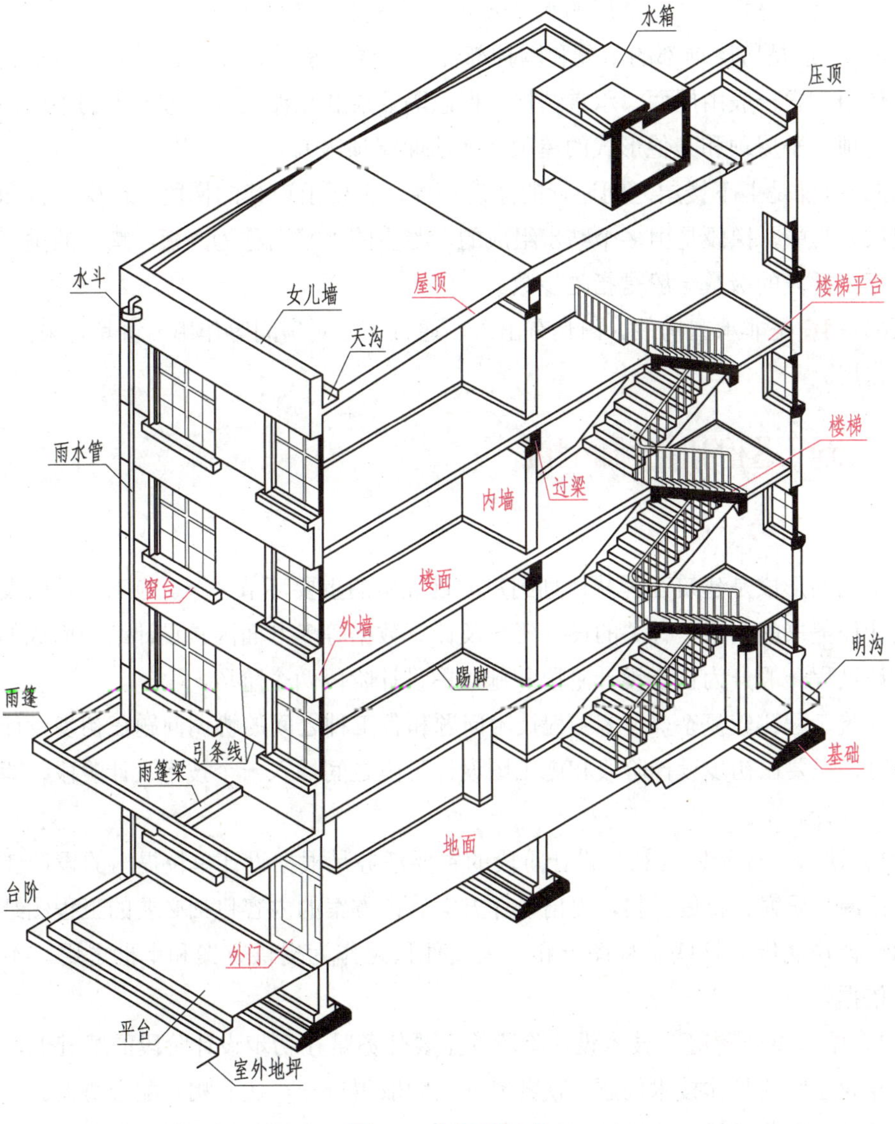

图 5-1 房屋的组成

（1）基础是房屋最下部与地基接触的承重构件，它的作用是将所承受的各种荷载传递到地基上。地基是支承基础的土体或岩体，不是房屋的组成部分。

（2）墙（或柱）是房屋的竖向承重构件。墙是房屋的承重、围护和分隔构件，同时又兼有保温、隔热、隔声、防水、防潮等作用。按位置的不同，墙有外墙和内墙之分。外墙起承重和围护的作用，内墙起承重和分隔空间的作用。作为承重构件，墙承受由屋顶和各楼层传来的荷载，并将这些荷载传给基础。当房屋的内部空间较大时，根据结构需要，常用柱来承受上部荷载，墙只起到围护和分隔的作用。

（3）楼（地）面是房屋水平方向的主要承重和水平分隔构件，它在承受人、家具、设备等荷载的同时，将内部空间分为若干层。楼面是指二层及二层以上的承重构件和水平分隔构件；地面是指第一层使用的水平部分，可承受底层荷载。

（4）屋顶是房屋顶部的承重和围护部件，主要起承重、保温、隔热、防水、排水和围护等作用。它一般由屋面、承重结构、保温隔热层和顶棚组成。按外形的不同，屋顶可分为坡屋顶、平屋顶和其他形式的屋顶（如曲面屋顶等）。

（5）楼梯是上下楼层之间通行的建筑部件，主要由连续的梯段、楼梯平台和楼梯栏杆等组成。其中，梯段是由多个踏步组成的，踏步的水平面称为踏板，踏步的垂直面称为踏步立板。梯段的级数一般是指踏步数。

（6）门窗是非承重构件。门具有出入、通风、分隔房间等作用，窗具有采光、通风、隔声等作用。

二、施工图的形成和组成

1. 施工图的形成

施工图的形成是建筑工程从计划到建成过程中的重要环节之一。施工图是由设计单位根据设计任务书的要求、有关的设计资料及计算数据等多方面因素设计绘制而成的。施工图的设计过程一般分为初步设计阶段和施工图设计阶段两个阶段。

当建筑工程比较复杂，许多工程技术问题和各工种之间的协调问题在初步设计阶段无法确定时，需要在初步设计阶段和施工图设计阶段之间插入一个技术设计阶段，即按三个阶段进行设计。

（1）初步设计阶段。初步设计阶段的主要任务是根据设计单位提出的设计任务和要求，进行调查研究、收集资料，提出设计方案。该方案的内容包括必要的工程图纸、设计概算和设计说明等。这些工程图纸和有关文件只是作为提供方案和审批之用，不能作为施工的依据。

（2）技术设计阶段。技术设计阶段的主要任务是在初步设计阶段的基础上，进一步确定各专业之间的具体技术问题，使各专业之间取得统一，达到相互配合协调。当进行技术设计时，各专业均需要绘制出相应的技术图纸，并写出有关的设计说明和初步计算等，为施工图设计提供比较详细的资料。

（3）施工图设计阶段。施工图设计阶段的主要任务是在已批准的设计方案基础上，为满足施工的具体要求，分建筑、结构、设备等专业进行深入细致的设计，完成一套能完

整地反映建筑物整体和各细部构造的图样。该阶段产生的全部图样即为施工图，它是指导房屋建设施工的依据。

综上所述，施工图的形成过程是一个综合性的设计过程，需要考虑各种因素，以确保最终的设计方案能够满足建设单位的要求，并且能够作为施工的依据。

2. 施工图的组成

一套完整的施工图由施工首页图、建筑施工图、结构施工图和设备施工图等组成。其中，建筑施工图、结构施工图、设备施工图是按专业或工种的不同划分的。

（1）施工首页图（简称首页图）包括图纸目录、设计总说明、门窗表、工程做法表等。图纸目录是整套图纸的总目录，包括图纸类型、各类图纸的张数，以及每张图纸的名称、内容和编号等，便于检索和查找。设计总说明是对工程基本情况的介绍，包括设计依据、设计规模和建筑面积，相对标高与绝对标高的对应关系，建筑用料和施工要求说明，以及采用新技术、新材料或有特殊要求的做法说明等。对于一般的工程，设计总说明中的各项内容可分别在各专业图纸上表述。

（2）建筑施工图（简称建施）是施工图的重要组成部分，主要表示建筑物的规划位置、内部布置、外部构造、构造做法、施工要求等。它一般包括建筑总平面图、平面图、立面图、剖面图和详图等。

（3）结构施工图（简称结施）主要表示建筑物的构件布置、类型、形状、尺寸、具体的构造做法等。它一般包括结构设计说明、结构平面图和构件详图等。

（4）设备施工图（简称设施）主要表示给排水、采暖通风、电气等设备的布置和安装要求等。它一般包括给排水施工图、采暖通风施工图、电气施工图等。

一套完整的施工图在装订时的编排顺序一般为施工首页图、建筑施工图、结构施工图和设备施工图。此外，各专业施工图编排顺序总的原则是全局性的在前，局部性的在后；先施工的在前，后施工的在后；重要的在前，次要的在后。

三、建筑施工图的有关规定

绘制建筑施工图时，除了应遵守 GB/T 50001—2017《房屋建筑制图统一标准》中的相关规定外，当具体绘制建筑总平面图时，还应遵守 GB/T 50103—2010《总图制图标准》中的相关规定；当绘制建筑平面图、立面图、剖面图和详图时，还应遵守 GB/T 50104—2010《建筑制图标准》中的相关规定。下面介绍建筑施工图中图线、比例、定位轴线、标高、索引符号和详图符号、指北针和风玫瑰图等内容的相关规定。

1. 图线

在建筑施工图中，为了表达不同内容，且使图样层次清晰、主次分明，必须选用不同线型和线宽的图线，如表 5-1 所示。

表 5-1　建筑施工图中图线的规定

名称		线型	线宽	用途
实线	粗	————	b	① 建筑平面图、剖面图中被剖切的主要建筑构造（包括构配件）的轮廓线 ② 建筑立面图或室内立面图的外轮廓线 ③ 建筑构造详图中被剖切的主要部分的轮廓线 ④ 建筑构配件详图中的外轮廓线 ⑤ 建筑平面图、立面图、剖面图的剖切符号
	中粗	————	$0.7b$	① 建筑平面图、剖面图中被剖切的次要建筑构造（包括构配件）的轮廓线 ② 建筑平面图、立面图、剖面图中构配件的轮廓线 ③ 建筑构造详图及构配件详图中的一般轮廓线
	中	————	$0.5b$	小于 $0.7b$ 的图形线，尺寸线，尺寸界线，详图材料做法引出线，粉刷线，保温层线，地面、墙面的高差分界线等
	细	————	$0.25b$	图例填充线、家具线、纹样线等
虚线	中粗	- - - - - -	$0.7b$	① 建筑构造详图及构配件详图中的不可见轮廓线 ② 建筑平面图中的起重机（吊车）轮廓线 ③ 拟建、扩建建筑物轮廓线
	中	- - - - - -	$0.5b$	投影线、小于 $0.5b$ 的不可见轮廓线
	细	- - - - - -	$0.25b$	图例填充线、家具线等
单点长画线	粗	—— - —— - ——	b	起重机（吊车）轨道线
	细	—— - —— - ——	$0.25b$	中心线、对称线、定位轴线
折断线	细	——\/——	$0.25b$	部分省略表示时的断开界线
波浪线	细	～～～	$0.25b$	① 部分省略表示时的断开界线，曲线形构件的断开界线 ② 构造层次的断开界线

2. 比例

由于建筑物的形体较大而且复杂，因此应根据其尺寸选用不同的比例绘图。建筑施工图的常用比例，如表 5-2 所示。

表 5-2 建筑施工图的常用比例

图名	比例
建筑物或构筑物的平面图、立面图和剖面图	1∶50，1∶100，1∶150，1∶200，1∶300
建筑物或构筑物的局部放大图	1∶10，1∶20，1∶25，1∶30，1∶50
配件及构造详图	1∶1，1∶2，1∶5，1∶10，1∶15，1∶20，1∶25，1∶30，1∶50

3. 定位轴线

定位轴线是用来确定建筑物主要结构及构件位置的尺寸基准线，是施工中定位、放线的重要依据。凡墙、柱、梁、屋架等主要承重构件都应绘制定位轴线，施工时以此为定位基准。定位轴线的相关规定如下。

（1）定位轴线应用细单点长画线绘制，并进行编号。

（2）定位轴线的编号应标注在轴线端部的圆内。圆应用细实线绘制，直径宜为8～10 mm，圆心应在定位轴线的延长线或延长线的折线上。

（3）建筑平面图上定位轴线的编号，宜标注在图样的下方和左侧。横向编号应用阿拉伯数字，按由左到右的顺序编写；竖向编号应用大写英文字母，按由下到上的顺序编写，如图 5-2 所示。值得注意的是，英文字母作为定位轴线的编号时，应全部采用大写字母，不应用同一英文字母的大小写来区分定位轴线，且英文字母中的 *I*，*O*，*Z* 不得用作定位轴线的编号，以免与数字 1，0，2 混淆。

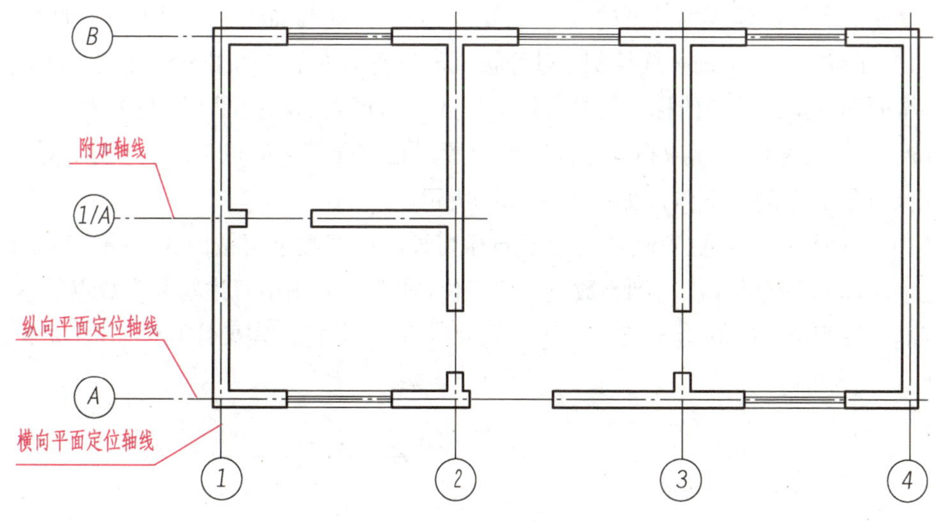

图 5-2 定位轴线的编号

（4）附加轴线的编号应以分数形式表示，分母表示前一根定位轴线的编号，分子表示附加轴线的编号且用阿拉伯数字依次编写，如图 5-3 所示。

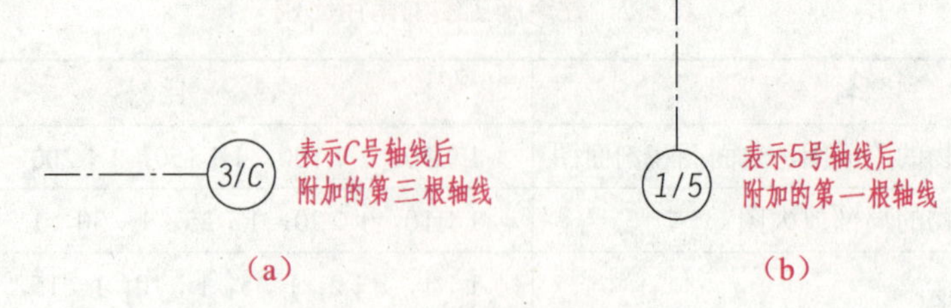

图 5-3　附加轴线的编号

（5）若一个详图同时适用于多根定位轴线，则应注明各有关定位轴线的编号，如图 5-4 所示。

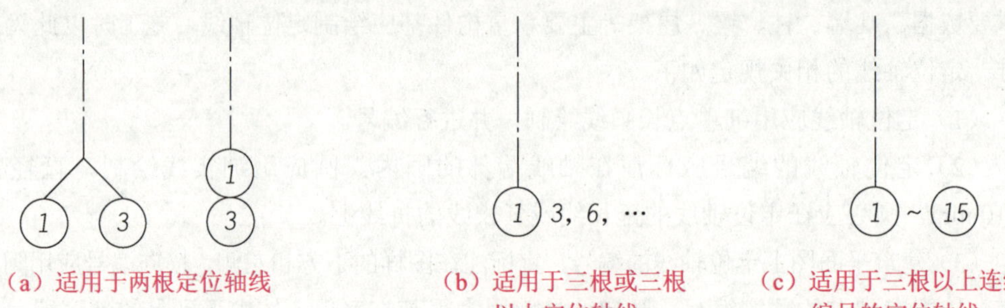

图 5-4　详图的定位轴线编号

4. 标高

标高是一种标注建筑物高度的尺寸形式。标高符号和标高数字的相关规定如下。

（1）标高符号应用细实线绘制，以等腰直角三角形表示，如图 5-5（a）～（b）所示。建筑总平面图上室外地坪的标高符号宜用涂黑的三角形表示，如图 5-5（c）所示。

（2）标高符号的尖端应指向被注高度位置，且宜向下，但也可向上。标高数字应注写在标高符号的上侧或下侧，如图 5-5（d）所示。

（3）当图样的同一位置表示几个不同标高时，标高数字可按图 5-5（e）所示标注。标高数字应以 m 为单位，注写到小数点后第三位，在总平面图中可注写到小数点后第二位。零点标高应注写成 ± 0.000，正数标高不注写“ + ”，负数标高需要注写“ - ”，如 3.000，- 0.600。

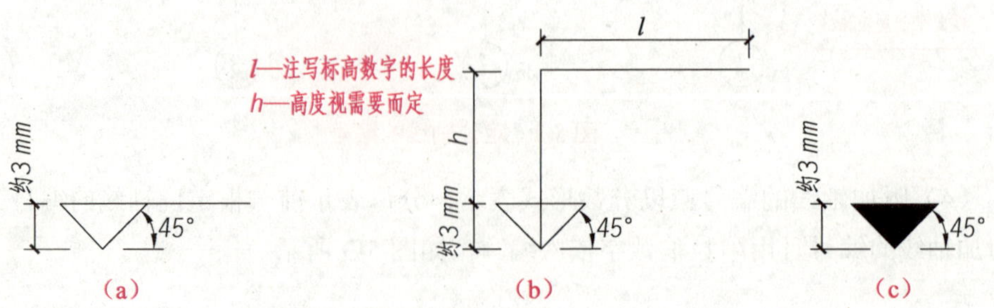

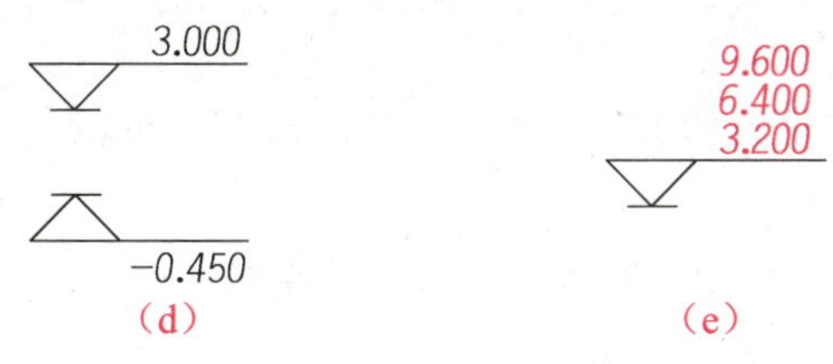

图 5-5　标高的标注方法

5. 索引符号和详图符号

在建筑施工图中，若某一局部或构配件需要另见详图时，应用索引符号进行索引，被索引的详图应注写详图符号。

1）**索引符号**

索引符号应由直径为 8～10 mm 的圆和水平直径组成，圆和水平直径应用细实线绘制。索引符号应按下列规定标注。

（1）当索引出的详图与被索引的详图在同一张图纸内时，应在索引符号的上半圆中用阿拉伯数字注明索引出的详图编号，并在下半圆中间画一段水平细实线，如图 5-6（a）所示。

（2）当索引出的详图与被索引的详图不在同一张图纸内时，应在索引符号的上半圆中用阿拉伯数字注明索引出的详图编号，在索引符号的下半圆中用阿拉伯数字注明详图所在图纸的编号，如图 5-6（b）所示。

（3）当索引出的详图采用标准图集时，应在索引符号水平直径的延长线上加注该标准图集的编号。如图 5-6（c）所示，编号为 1 的详图在标准图集 J103（仅示意）的第 3 页。

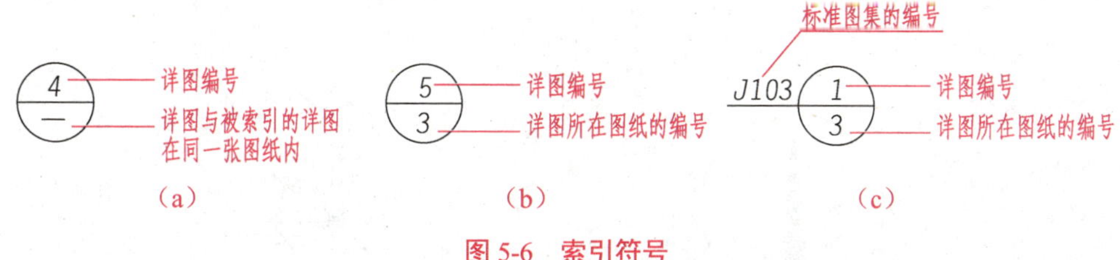

图 5-6　索引符号

（4）当索引符号用于索引剖视详图时，应在被剖切的部位绘制剖切位置线，并以引出线引出索引符号，引出线所在的一侧应为剖视方向，如图 5-7 所示。

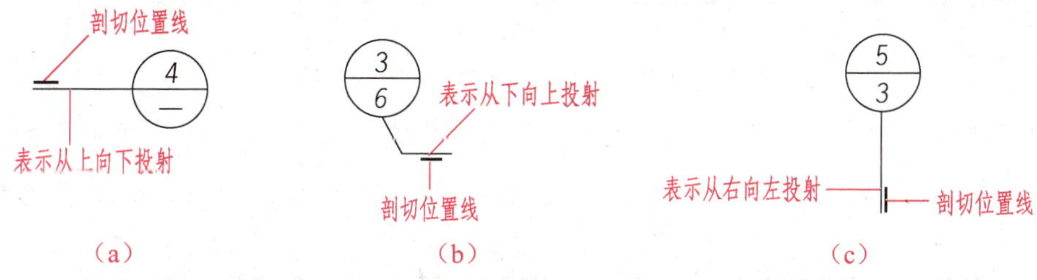

图 5-7　用于索引剖视详图的索引符号

2）详图符号

详图符号表示详图的位置和编号，用一个直径为 14 mm 的粗实线圆绘制。详图符号应按下列规定标注。

（1）当索引出的详图与被索引的详图在同一张图纸内时，应在详图符号内用阿拉伯数字注明详图编号，如图 5-8（a）所示。

（2）当索引出的详图与被索引的详图不在同一张图纸内时，应在详图符号内用细实线画一水平直径，在上半圆中注明详图编号，在下半圆中注明被索引详图所在图纸的编号，如图 5-8（b）所示。

图 5-8 详图符号

6. 指北针和风玫瑰图

在建筑平面图中应绘制出指北针或玫瑰图，来指示建筑物的朝向或提供风向信息。

1）指北针

指北针表示建筑物的朝向，如图 5-9 所示。指北针中圆的直径宜为 24 mm，用细实线绘制。指针尾部的宽度宜为 3 mm，指针头部应注“北”或“N”字。当需要绘制较大直径的指北针时，指针尾部宽度宜为直径的 1/8。

2）风玫瑰图

风玫瑰图是表示某一地区的风向、风速、频率的特定图案，如图 5-10 所示。

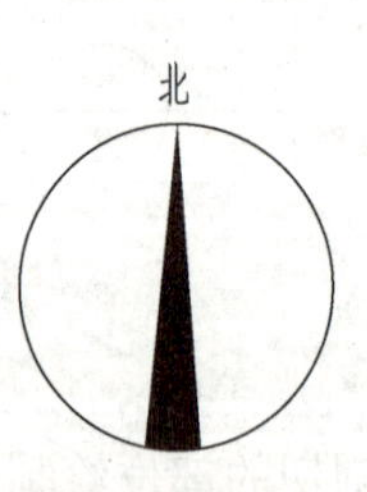

图 5-9 指北针

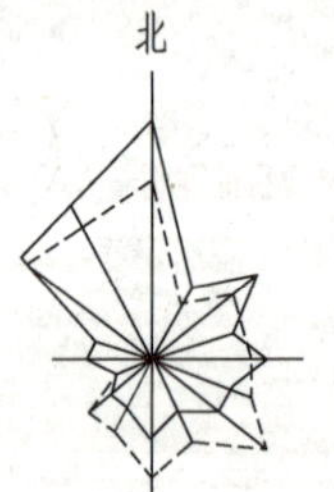

图 5-10 风玫瑰图

笔记

实践操作——识读索引符号

1．任务描述

建筑施工图是设计师用来表达和实现其设计理念的重要工具，准确地识读建筑施工图有助于施工人员、管理人员和业主理解设计师的设计理念。索引符号是建筑施工图的重要组成部分，读图人员能够通过索引符号准确地找到建筑施工图中详图所在的位置。为了让学生更好地掌握建筑施工图的有关规定，请指导教师组织学生识读图 5-11 所示建筑施工图中的索引符号。

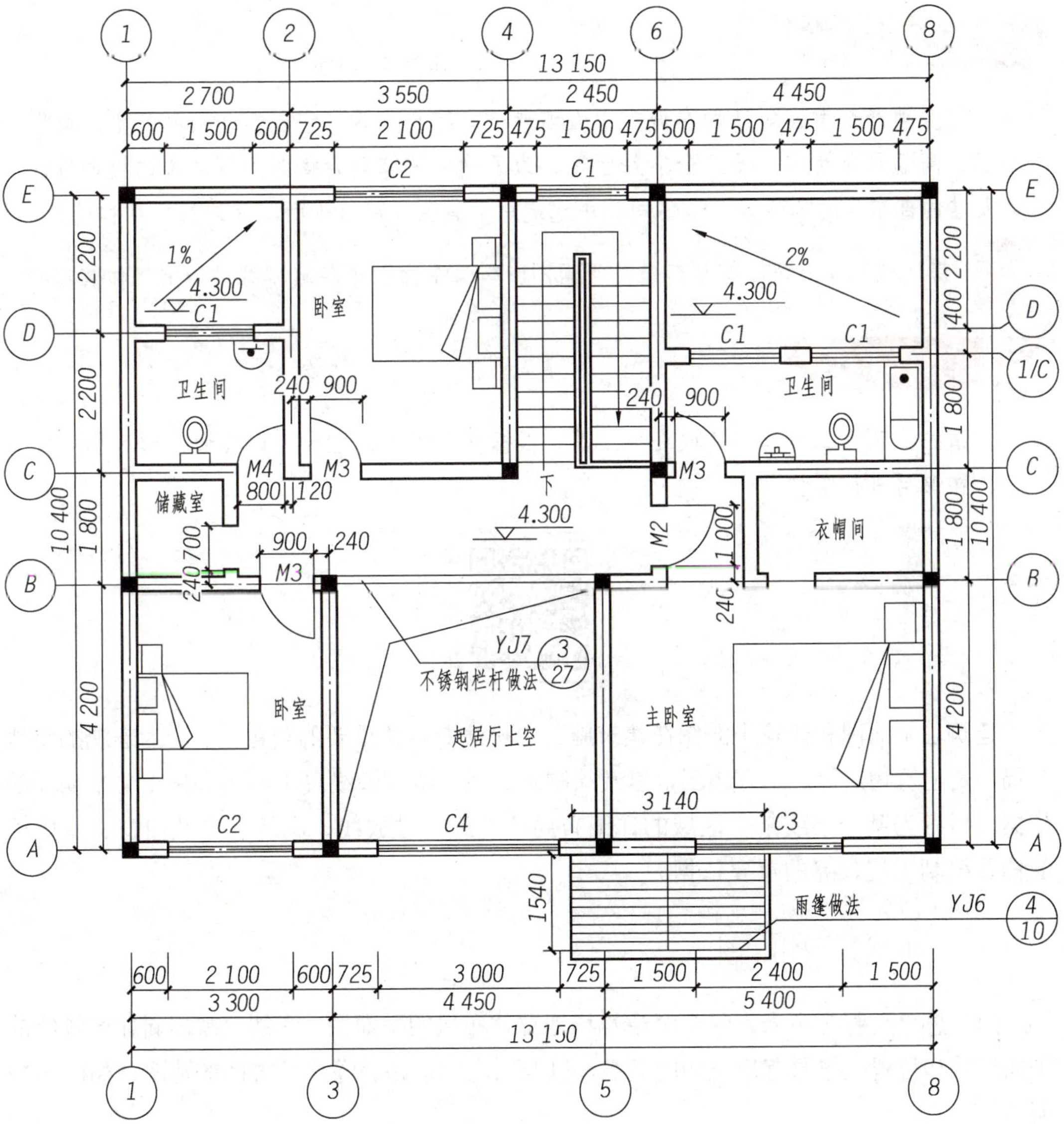

图 5-11 建筑施工图

2. 实施内容

图 5-11 所示的索引符号有 YJ7 $\frac{3}{27}$ 和 YJ6 $\frac{4}{10}$，索引出的详图分别表示了不锈钢栏杆做法和雨篷做法。YJ7 $\frac{3}{27}$ 表示索引出的详图采用标准图集 YJ7，详图编号为 3，且详图在标准图集的第 27 页。YJ6 $\frac{4}{10}$ 表示索引出的详图采用标准图集 YJ6，详图编号为 4，且详图在标准图集的第 10 页。

任务二　识读建筑总平面图、建筑平面图

任务引入

某房地产开发公司计划在城市中心建造一座综合大楼，它包括高端办公室、豪华公寓、高端零售商店及顶层豪华餐厅等。为了确保该综合大楼与周围环境的协调性，以及其内部布局的合理性，该公司利用建筑总平面图和建筑平面图来进行规划和设计。

思考　房地产开发公司能够从建筑总平面图、建筑平面图中获取哪些关键信息和数据？

任务工单

请扫描下方二维码，获取任务工单。根据任务工单，学生可以在课前预习相关知识，在课后进行实施。

建筑总平面图和建筑平面图在建筑施工中扮演着至关重要的角色。前者为宏观的整体布局，是建筑物定位、土方施工，以及绘制水、暖、电等管线总平面图和施工总平面图的依据。后者为某一层或某一区域的详细布局，是施工时放线、砌墙、安装门窗、室内外装修及编制工程预算的重要依据。

一、建筑总平面图

建筑总平面图是用来表示整个建筑场地总体布局的平面图，它能反映出新建建筑物的平面形状和位置、与原有建筑物的关系，以及周围的道路、绿化等方面的情况，如图 5-12 所示。

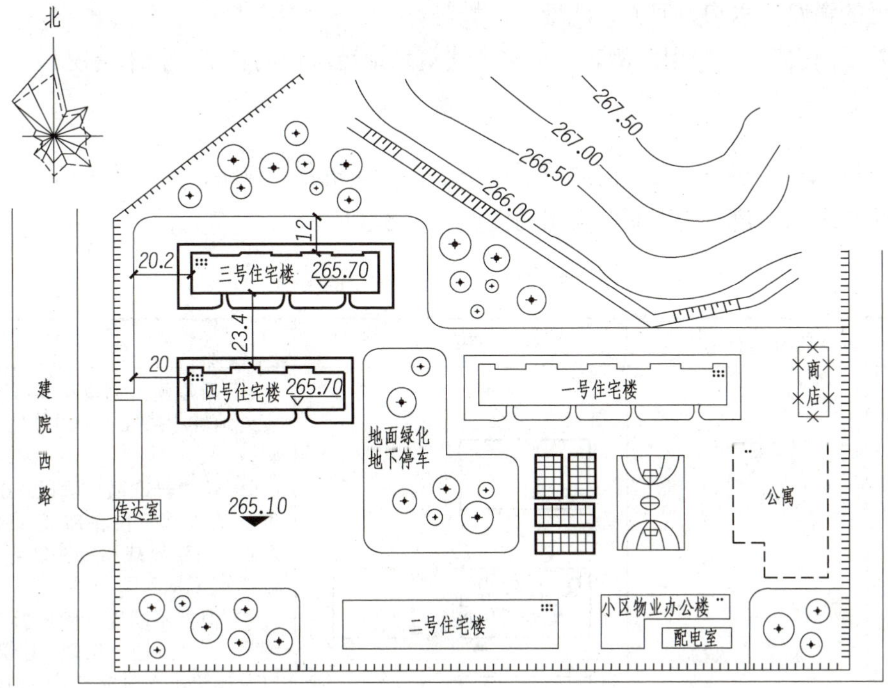

图 5-12 某小区住宅楼建筑总平面图

1. 建筑总平面图的图示内容

（1）图名、比例。因为建筑总平面图所反映的区域范围较大，内容相对简单，所以常选用较小的比例，如 1∶300，1∶500，1∶1 000，1∶2 000 等。值得注意的是，建筑总平面图的单位为 m。

（2）新建建筑物。新建建筑物用粗实线表示，并在线框内用数字或点数表示建筑层数。

（3）新建建筑物的位置。建筑总平面图的主要任务是确定新建建筑物的具体位置，定位方式有以下三种。

① 利用新建建筑物和原有建筑物（或道路中心线）之间的距离来确定新建建筑物的位置。

② 利用施工坐标来确定新建建筑物的位置。

③ 利用大地测量坐标来确定新建建筑物的位置。

（4）新建建筑物的室内外地坪标高。室内外地坪标高数字的单位为 m。

（5）与新建建筑物相邻的有关建筑物。原有建筑物用细实线表示，并在线框内用数字或点数表示建筑物的层数，计划扩建的建筑物用中粗虚线表示，拆除的建筑物用细实线表示，并在线框上打叉。

（6）附近的地形地物。若地形变化较大，则应画出相应的等高线。应标注出新建建筑物附近的道路、水沟、河流、池塘、土坡等。

（7）绿化情况。应用图例表示出整个建筑场地范围内的花草、树木情况。

2. 建筑总平面图的图例

在建筑总平面图中，为了简洁明了地表示各种建筑物、道路、围墙及大门等，通常会使用图例来表示。建筑总平面图常用的图例如表 5-3 所示。

表 5-3　建筑总平面图常用的图例

序号	名称	图例	备注
1	新建建筑物	X= Y= ① 12F/2D H=59.00 m	① 新建建筑物以粗实线表示与室外地坪相接处 ± 0.00 外墙定位轮廓线 ② 新建建筑物一般以 ± 0.00 高度处的外墙定位轴线交叉点坐标定位；定位轴线用细实线表示，并标明定位轴线的编号 ③ 根据不同设计阶段标注建筑编号，地上、地下层数，建筑高度，以及建筑出入口位置（两种表示方法均可，但同一图纸采用一种表示方法） ④ 新建地下建筑物以粗虚线表示 ⑤ 新建建筑物上部（± 0.00 以上）外挑建筑用细实线表示 ⑥ 新建建筑物上部连廊用细虚线表示并标注位置
2	原有建筑物		用细实线表示
3	计划扩建的 预留地或建筑物		用中粗虚线表示
4	拆除的建筑物		用细实线表示
5	建筑物下面的通道		—
6	散状材料露天堆场		需要时可注明材料名称
7	铺砌场地		—

（续表）

序号	名称	图例	备注
8	围墙及大门		—
9	坐标	X=105.00 Y=425.00 A=105.00 B=425.00	① 上图表示地形测量坐标系 ② 下图表示自设坐标系
10	挡土墙	5.00 1.50	挡土墙根据不同设计阶段的需要标注 $\frac{\text{墙顶标高}}{\text{墙底标高}}$
11	填挖边坡		—
12	新建的道路	0.30% 100.00 R=6.00 107.50	“$R=6.00$”表示道路转弯半径；“107.50”表示道路中心线交叉点设计标高，图中所示两种表示方法均可，同一图纸采用一种表示方法；“100.00”表示变坡点之间的距离；“0.30%”表示道路坡度
13	原有的道路		—
14	计划扩建的道路		—
15	拆除的道路		—
16	常绿阔叶乔木		—
17	落叶阔叶乔木		—
18	常绿针叶乔木		—

（续表）

序号	名称	图例	备注
19	落叶针叶乔木		—
20	草坪		① 上图表示草坪 ② 中图表示自然草坪 ③ 下图表示人工草坪

3. 建筑总平面图的识读

识读建筑总平面图时，应先看标题栏，以了解新建建筑工程的名称，再看指北针或风玫瑰图，了解新建建筑物的地理位置、朝向和常年风向，最后了解新建建筑物的形状、层数、室内外地坪标高及其定位，以及道路、绿化和原有建筑物等。

建筑总平面图的识读要点如下。

（1）建筑总平面图因为包括的地面范围较大，所以绘图比例较小，图中所用图例符号较多，看图前要先熟悉图例符号的意义。

（2）看建筑总平面图时，要将图形和文字结合起来看，以全面、准确地了解工程性质。

（3）要看清用地范围内新建、原有、计划扩建、拆除的建筑物等的位置，新建建筑物附近的地形地物，以及新、旧道路布局等情况。

（4）要看清楚绿化情况，知道哪些是草坪、乔木等。

学以致用

【例 5-1】试识读图 5-12 所示的某小区住宅楼建筑总平面图。

（1）了解图名、比例。图名和比例标注在建筑总平面图的下方，图名为总平面图，比例为 1∶1 000。

（2）分析图中的建筑物。新建建筑物为三号住宅楼和四号住宅楼；原有建筑物为一号住宅楼、二号住宅楼、小区物业办公楼、配电室和传达室等；计划扩建的建筑物为公寓，公寓西侧的场地依次是篮球场、铺砌场地；拆除的建筑物为商店。

（3）分析新建建筑物的位置及朝向。三号住宅楼位于建院西路（南北方向）的东侧，其西墙与南北方向的原有道路平行且与该路的内侧相距 20.2 m，北墙与东西方向的

原有道路平行且与该路的内侧相距 12 m；四号住宅楼的西墙与南北方向的原有道路平行且与该路的内侧相距 20 m，北墙与三号住宅楼的南墙相距 23.4 m。根据风玫瑰图可知，三号住宅楼和四号住宅楼均为南北朝向。

（4）分析新建建筑物的室内外地坪标高、层数和附近的地形情况。室外地坪标高为 265.10 m，室内地坪标高为 265.70 m，室内地坪标高比室外高 0.60 m。根据新建建筑物左上角小黑点的个数可知，三号住宅楼和四号住宅楼均有六层。由等高线可知，该小区的地形是东北方向较高，西南方向较低。

（5）分析整个建筑场地范围内的绿化情况。建筑场地范围内设有落叶阔叶乔木。

二、建筑平面图

建筑平面图（简称**平面图**）是用一个假想的水平剖切平面，在略高于窗台的位置剖切建筑物，移去水平剖切平面上方的部分，将剩余部分向 H 面作正投影所得的水平剖面图，如图 5-13 所示。

建筑平面图

建筑平面图能够反映建筑物的平面形状，房间的位置、大小、相互关系，墙体的位置、厚度、材料，柱子的截面形状与大小，以及门窗的位置及类型等。

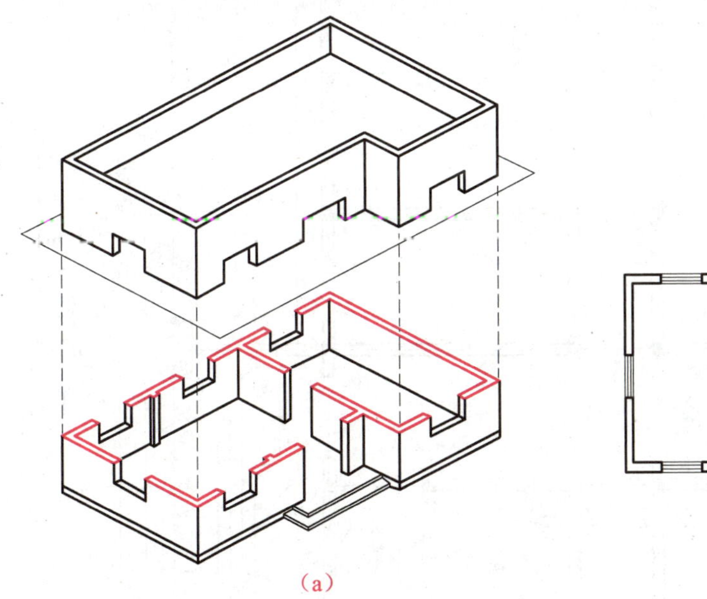

（a）

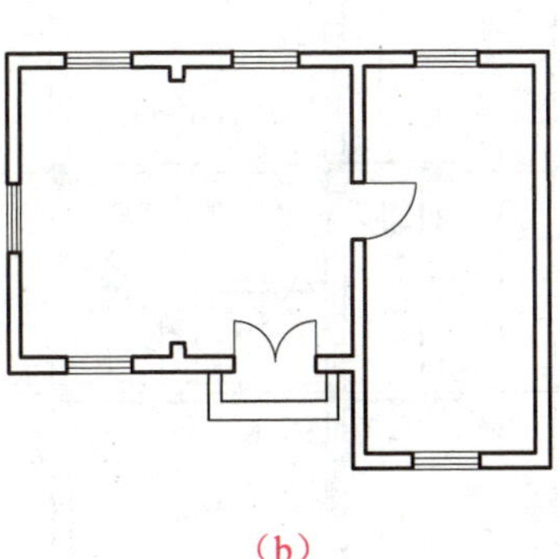

（b）

图 5-13 建筑平面图的形成

1. 建筑平面图的分类

建筑平面图一般包括底层平面图、标准层平面图、顶层平面图和屋顶平面图。

1）底层平面图

底层平面图又称首层平面图或一层平面图，主要反映建筑物底层的形状、大小，房间的布置情况及名称，入口、走道、门窗、楼梯等的平面位置、数量，以及墙或柱的平面形状等，如图 5-14 所示。除此之外，底层平面图还应反映建筑物的朝向（用指北针表示），以及室外台阶、散水、花坛等的布置情况。一般情况下，要在底层平面图中注明建筑剖面图的剖切符号。

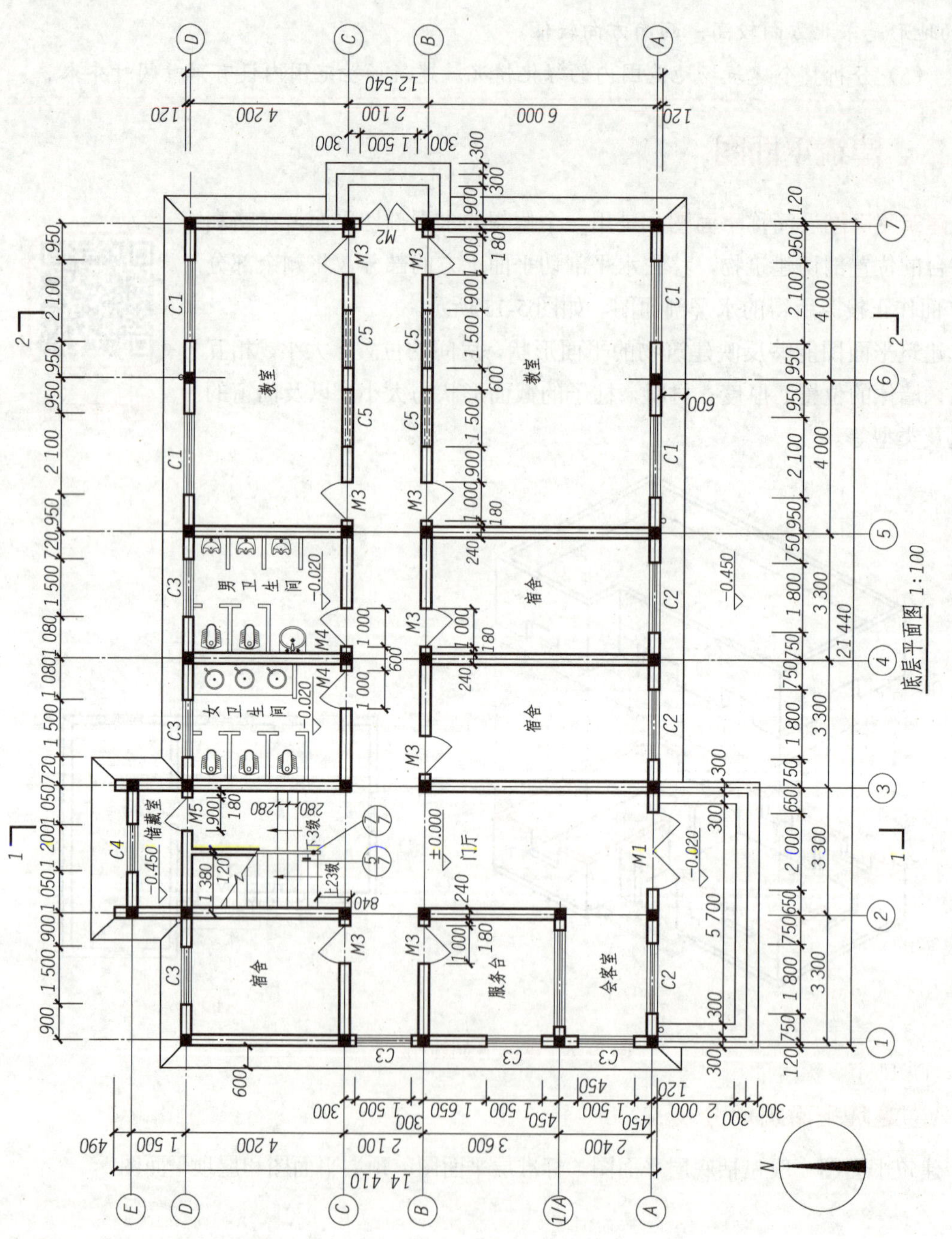

图 5-14　某校培训中心楼的底层平面图

2）标准层平面图

在多层建筑中，有几层就应绘制几个建筑平面图，并在各建筑平面图的正下方注写相应的图名，如二层平面图、三层平面图等。但若中间各层布局、构造均相同，则可合用一张建筑平面图表示，这张合用的建筑平面图就是标准层平面图。

标准层平面图所表示的内容与底层平面图基本相同。为了简化作图，在底层平面图上表示过的内容，在标准层平面图上不再表示，如不再画散水、明沟、室外台阶等，但需要画出底层室外的雨篷、遮阳板等。

3）顶层平面图

顶层平面图是建筑物最高层的建筑平面图，也可用相应的楼层命名。顶层平面图上不再画标准层平面图上表示过的雨篷等。若建筑物顶层平面图与标准层平面图相同，则顶层平面图可省略不画。

4）屋顶平面图

屋顶平面图是对建筑物由上向下所作的水平投影图，反映了屋面的排水方向、坡度、水箱、女儿墙、雨水管等的位置及屋顶构造等。

课堂互动

当某建筑物有多个建筑平面图时，需要按什么顺序识读？各建筑平面图之间有什么区别？

2. 建筑平面图的图示内容

（1）图名、比例。建筑平面图一般选用的比例为1∶50，1∶100，1∶150，1∶200，1∶300等。

（2）定位轴线及其编号。定位轴线及其编号能够确定墙、柱的位置。

（3）建筑物的平面布置。建筑物的平面布置应包括各房间的布局、功能（名称），以及门窗的平面布置、编号等。

（4）建筑物的细部构造和设备配置的情况。建筑平面图应注明电梯、楼梯的位置，以及楼梯上下行方向；室外花坛、阳台、通风道、管井、雨水管、散水、排水沟、雨篷、斜坡等的位置；卫生器具、水池、工作台、隔断及重要设备的位置和形状；有关部分的详图索引符号及相关说明。

（5）尺寸、标高。

① 尺寸。标注的尺寸包括外部尺寸和内部尺寸。外部尺寸一般为三道尺寸：最外面一道尺寸表示图形外轮廓的尺寸，从一端外墙到另一端外墙的总长或总宽；第二道尺寸表示轴线之间的距离，通常表示房间的开间和进深；第三道尺寸为细部尺寸，表示门窗洞口、墙、柱的大小和位置等。内部尺寸表示室内的门窗洞口、孔洞、墙厚和

固定设备的大小和位置等。

② 标高。建筑平面图中应注明建筑物各组成部分（如地面、楼面、楼梯平台、室外台阶面、阳台地面等处）的标高，标高的单位为 m。

此外，在底层平面图上，还应表示出指北针、剖面图的剖切符号及其编号；在屋顶平面图上，还应表示出女儿墙、檐沟、屋面坡度、水分线与雨水口、变形缝、水箱、天窗、上人孔、消防梯及其他构筑物等。

3. 建筑平面图的图例

绘制和识读建筑平面图前，熟悉图例是非常重要的。建筑平面图中的图例是用来表示建筑物各个组成部分的标准化符号，有利于简化绘图、方便识图。建筑平面图常见的图例如表 5-4 所示。

表 5-4 建筑平面图常见的图例

序号	名称	图例	备注
1	墙体		① 上图为外墙，下图为内墙 ② 外墙细线表示有保温层或有幕墙 ③ 加注文字、涂色或图案填充，表示各种材料的墙体 ④ 在各层建筑平面图中防火墙宜着重以特殊图案填充表示
2	隔断		① 加注文字、涂色或图案填充，表示各种材料的轻质隔断 ② 适用于到顶和不到顶隔断
3	玻璃幕墙		是否表示幕墙龙骨由项目设计决定
4	栏杆		—
5	坡道	下	长坡道
		下 下 下	上图为两侧垂直的门口坡道，中图为有挡墙的门口坡道，下图为两侧找坡的门口坡道

（续表）

序号	名称	图例	备注
6	台阶	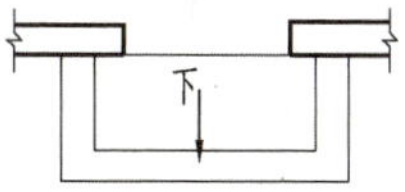 下	—
7	墙预留洞、槽	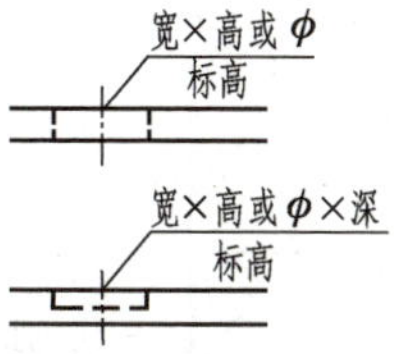 宽×高或φ 标高 宽×高或φ×深 标高	① 上图为预留洞，下图为预留槽 ② 平面以预留洞（槽）中心定位 ③ 标高以预留洞（槽）底或中心定位 ④ 宜以涂色区别墙体和预留洞（槽）
8	孔洞		阴影部分可填充灰度或涂色来代替
9	烟道	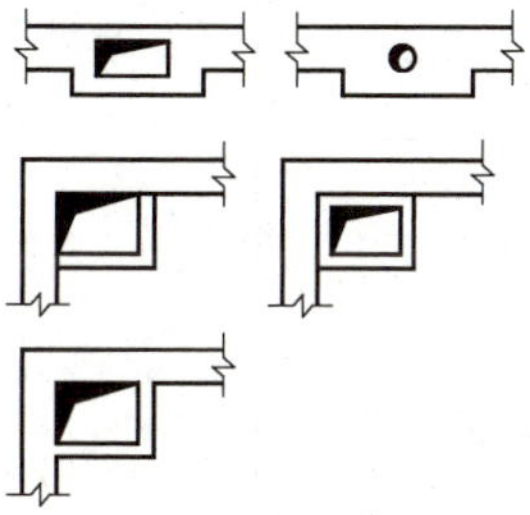	① 阴影部分可填充灰度或涂色来代替 ② 烟道、风道与墙体为相同材料时，其相接处墙身线应连通 ③ 烟道、风道根据需要增加不同材料的内衬
10	风道	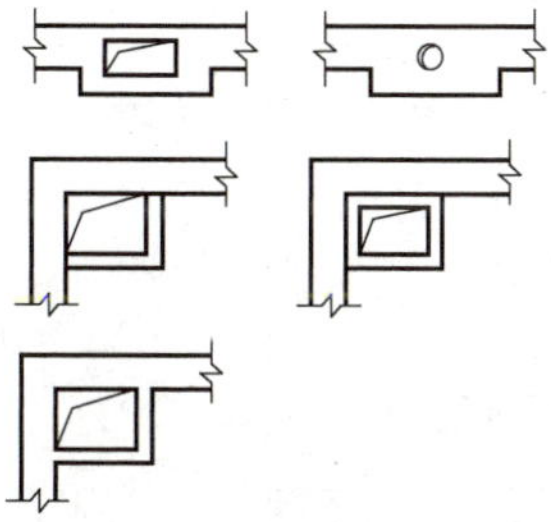	
11	单面开启单扇门（包括平开或单面弹簧）	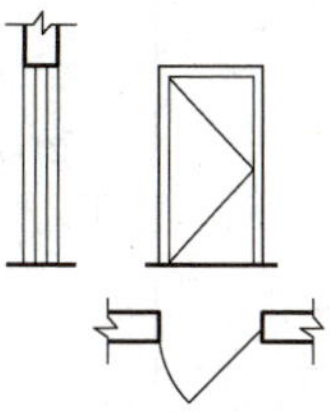	① 门用“M”表示 ② 建筑平面图中，下为外，上为内（建筑剖面图中，左为外，右为内）。开启线的角度为90°，60°或45°
	双面开启单扇门（包括双面平开或双面弹簧）	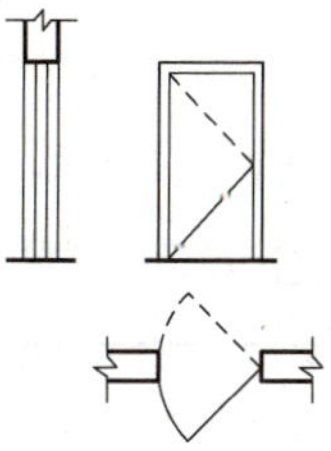	

（续表）

序号	名称	图例	备注
11	双层单扇平开门	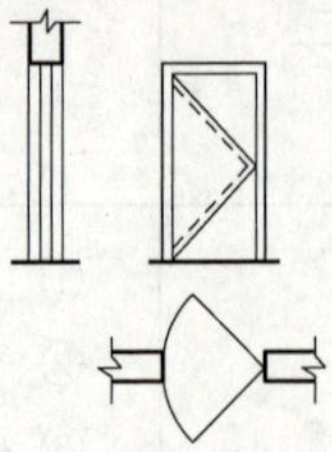	
	单面开启双扇门（包括平开或单面弹簧）	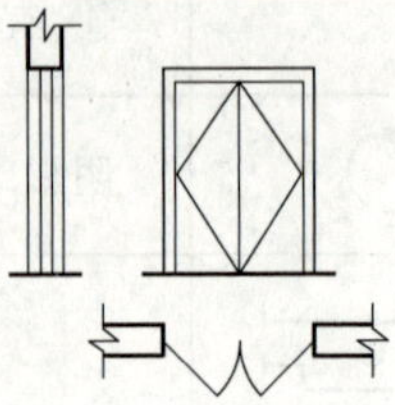	③ 建筑立面图中，开启线中实线表示外开，虚线表示内开。开启线交角的一侧为安装合页一侧 ④ 附加纱扇应以文字说明，在建筑平面图、建筑立面图和建筑剖面图中均不表示
	双面开启双扇门（包括双面平开或双面弹簧）	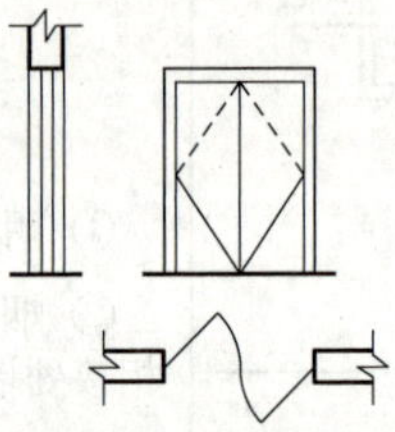	
12	单层外开平开窗	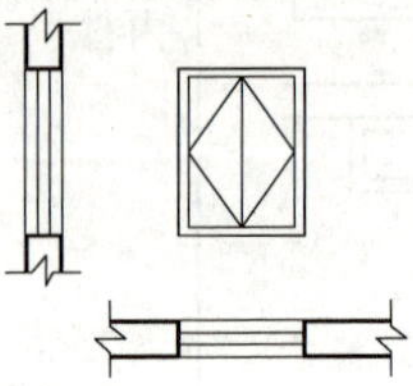	
13	单层推拉窗	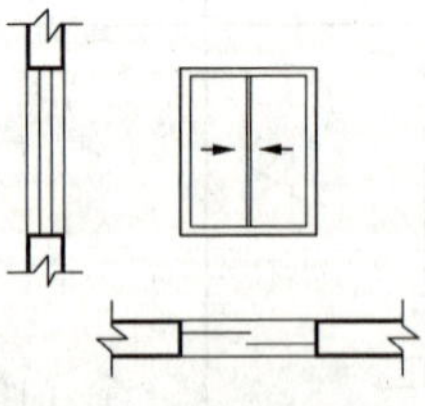	① 窗用“C”表示 ② 建筑立面图中，开启线实线表示外开。开启线交角的一侧为安装合页一侧
14	百叶窗	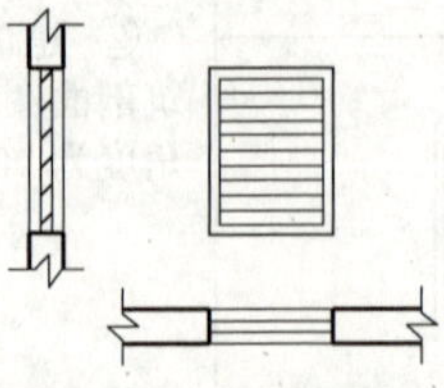	

4. 建筑平面图的识读

建筑平面图的识读要点如下。

（1）熟悉图例，了解图名和比例。

（2）注意定位轴线与墙、柱的关系，需要看清楚定位轴线是处于墙、柱的中央位置，还是处于偏心位置。

（3）弄清楚各部分地面的标高情况。

（4）了解图中门窗的数量和尺寸。

（5）注意楼梯的形状、走向和级数，并注意所选的标准图集。

（6）熟悉其他构件（如台阶、雨篷、阳台等）的位置、尺寸，以及厨房、卫生间等室内设施的布置。

 学以致用

【例 5-2】试识读图 5-14 所示某校培训中心楼的底层平面图。

（1）了解图名、比例。图名和比例标注在建筑平面图的下方，图名为底层平面图，比例为 1∶100。

（2）分析建筑物的朝向和平面布置情况。由图中的指北针可知该建筑物为南北朝向；横向定位轴线有 6 条，纵向定位轴线有 7 条，内部可分为南北两部分。建筑物的出入口分别设在西南侧和东侧，由西南侧门进入门厅后，其左侧分别设有会客室和服务台，其正对面是楼梯间（双跑楼梯），由此上二楼需要经过 23 级台阶，下 3 级台阶即可通向储藏室；进入门厅后，沿中间走廊行走即可进入宿舍、女卫生间、男卫生间和教室等。

（3）了解门窗的位置及编号。图中门用“M”表示，窗用“C”表示，其编号均用阿拉伯数字表示，如 M1，M2，M3，M4，C1，C2，C3，C4 和 C5。门和窗的编号不同，其类型和尺寸也不同。

（4）尺寸和标高。

① 尺寸。由外部尺寸可知该建筑物的总长为 21.44 m，总宽为 14.41 m；由第二道尺寸可知各房间的开间和进深，如东南侧教室的开间和进深分别为 8 m 和 6 m；由第三道尺寸可知门的宽度和位置、窗的宽度和位置、墙厚等。

② 标高。男、女卫生间地面的标高为 – 0.020 m；储藏室地面的标高为 – 0.450 m；室外地面的标高为 – 0.450 m；室外台阶面的标高为 – 0.020 m；各房间及门厅、走廊等处的标高为 ± 0.000。

（5）了解索引符号。楼梯处有两个索引符号，用来引出楼梯的详细构造。对应索引出的详图编号分别为 5 和 7，对应详图所在图纸的编号均为 7。

（6）了解剖切符号及其编号。该底层平面图中分别有两处标注了剖切符号及其编号，以反映该建筑物的竖向内部构造和分层情况，如②轴线和③轴线之间的1–1，⑥轴

线和⑦轴线之间的2－2。

由于标准层平面图、顶层平面图与底层平面图的形式相同，仅其中的个别地方表达不太相同，因此可参照上述识读底层平面图的方法识读标准层平面图和顶层平面图。

笔记

实践操作——识读某职工住宅楼的底层平面图

1．任务描述

建筑平面图是建筑施工图中最基本、最重要的图样之一，对施工过程中的各种决策和操作具有关键作用。为了让学生更好地掌握建筑平面图的识读方法，请指导教师组织学生识读图 5-15 所示某职工住宅楼的底层平面图。

2．实施内容

（1）了解图名、比例。图名和比例标注在建筑平面图的下方，图名为底层平面图，比例为 1∶100。

（2）分析建筑物的朝向和平面布置情况。该建筑物为南北朝向；横向定位轴线有 8 条，纵向定位轴线有 19 条；布置为一梯两户，通过入口平台进入楼梯，再由楼梯进入楼层各房间，如主卧、主卫、客卫、衣帽间、餐厅、厨房、书房、卧室和客厅。

（3）了解门窗的位置及编号。图中门用“M”表示，窗用“C”表示，其编号均用阿拉伯数字表示，如 M0921，M1021，M0924，M0821，M1521，C0815，C0915，C1015 等。

（4）了解各种尺寸和标高。

① 尺寸。由外部尺寸可知该建筑物的总长为 25.74 m，总宽为 16.44 m；由第二道尺寸可知各房间的开间和进深，如主卧的开间和进深分别为 3.9 m 和 5.1 m；由第三道细部尺寸可知门的大小和位置、窗的宽度和位置、墙厚 0.24 m 等。

② 标高。室外地坪标高为－1.000 m；楼梯间地坪标高为－0.900 m；室内地坪标高为±0.000。

（5）了解索引符号。从图中可以看出在Ⓓ轴线和①轴线相交处附近有一个索引符号，用来引出散水的详细构造。对应索引出的详图采用标准图集西南 J812，详图编号为 1，详图在标准图集的第 4 页。

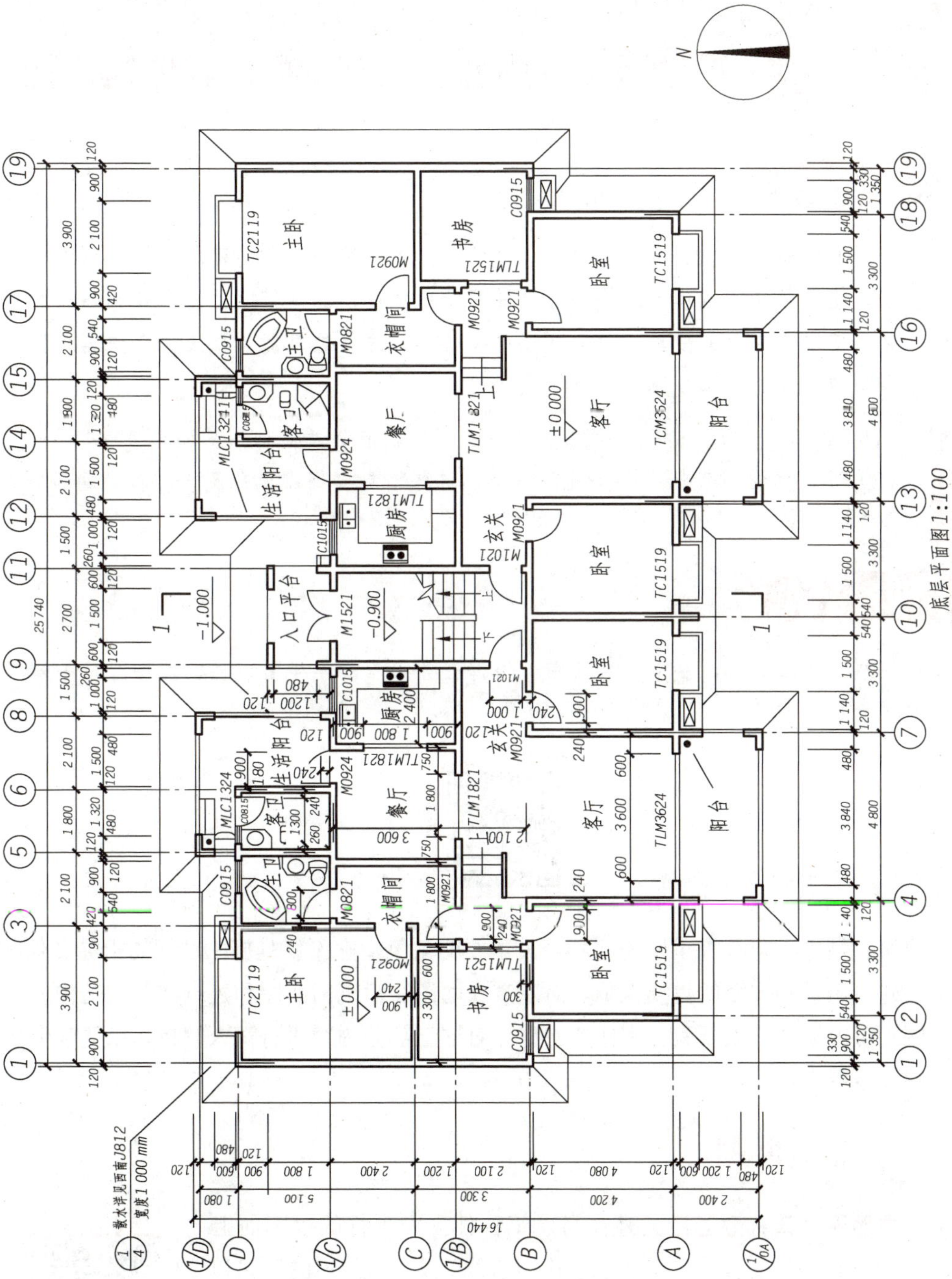

底层平面图 1:100

图 5-15 某职工住宅楼的底层平面图

笔记

任务三 识读建筑立面图、建筑剖面图和建筑详图

任务引入

为了提升建筑物的整体形象和品质，建设单位决定请施工方对建筑物的外墙进行重新装修。在开展这项工作前，施工方根据建设单位提供的建筑立面图了解到之前的外墙面装修情况，如材料使用、颜色、设计风格等。这些信息对于施工方来说具有极高的参考价值。

思考

（1）为什么在重新装修建筑物的外墙前，了解原有装修情况是如此重要？

（2）建筑立面图包含了哪些关键信息？这些信息如何帮助施工方进行外墙装修设计？

任务工单

请扫描下方二维码，获取任务工单。根据任务工单，学生可以在课前预习相关知识，在课后进行实施。

在建筑领域中，建筑施工图扮演着至关重要的角色，它不仅是施工过程的指导文件，还是确保建筑质量和安全的重要保障。而建筑立面图、建筑剖面图和建筑详图则是构成建筑施工图不可或缺的三大要素。本任务将重点对这三部分内容进行深入解析，以便学生更好地理解和应用它们。

一、建筑立面图

建筑立面图（简称**立面图**）是在与建筑物外立面平行的投影面上进行投影所得到的投影图。它反映了建筑物的外部造型、门窗的形式和位置、外墙面的装修情况以及立面上的其他构造等。如图 5-16 所示，建筑立面图常用以下三种方式命名。

建筑立面图

（1）以建筑物两端定位轴线的编号命名，如①～⑦立面图、Ⓐ～Ⓕ立面图等。

（2）以建筑物立面的朝向命名。若建筑物的立面朝南，则该立面图称为**南立面图**；若建筑物的立面朝北，则该立面图称为**北立面图**。

（3）以建筑物立面的主次命名。常将能反映建筑物主要出入口或主要外貌特征的立面图称为**正立面图**，其余立面图相应地称为**背立面图**、**侧立面图**。

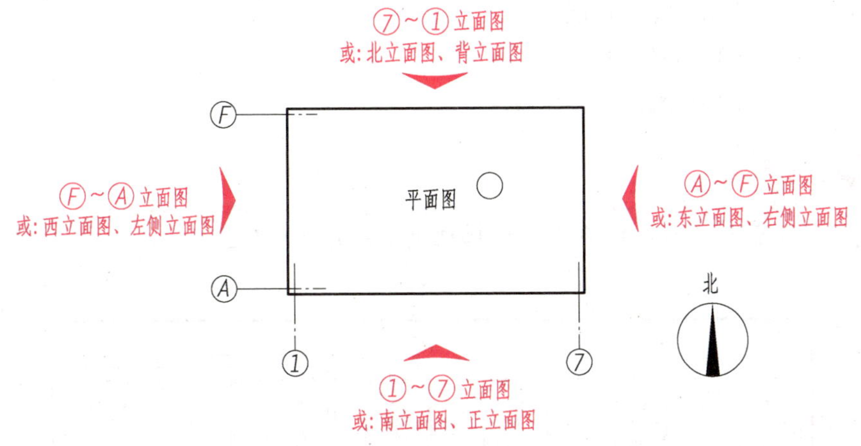

图 5-16 建筑立面图的命名

1. 建筑立面图的图示内容

（1）需要标注出图名、比例，建筑立面图一般选用的比例为 1∶50，1∶100，1∶150，1∶200，1∶300 等，通常与建筑平面图相同。

（2）需要标注出建筑物外可以看见的室外地坪线、勒脚、台阶、花池、门、窗、雨篷、阳台、窗台、室外楼梯、墙体外边线、柱、外墙的预留孔洞、檐口、屋顶（女儿墙或保温隔热层）、雨水管、墙面分格线或其他装饰构件等。

（3）需要标注出定位轴线及其编号，且一般只需要绘制出立面两端的定位轴线及编号即可；需要用图例、文字或列表表示出外墙面的材料及装修做法，若建筑立面图局部需要画详图，则应标注详图索引符号。

（4）需要标注出建筑物中各主要部位的标高，如室外地面、台阶、窗台、雨篷、女儿墙等的标高。

知识加油站

为了使建筑立面图主次分明，有一定的立体感，通常用粗实线表示建筑物外轮廓和较大转折处轮廓的投影；用中实线表示外墙上突出或凹进部位，如壁柱、窗台、楣线、挑檐、门窗洞口等的投影；用细实线表示门窗的细部分格和外墙上的装饰线；用加粗的粗实线（1.4*b*）表示室外地坪线。

2. 建筑立面图的识读

建筑立面图的识读要点如下。

（1）熟悉图例，了解图名和比例。

（2）对照建筑平面图，核对建筑立面图上的有关内容。

（3）了解建筑物的外貌特征。

（4）核实建筑物的竖向标高。

（5）了解建筑物外墙面的装修做法。

 学以致用

【例 5-3】试识读图 5-17 所示某校培训中心楼的南立面图。

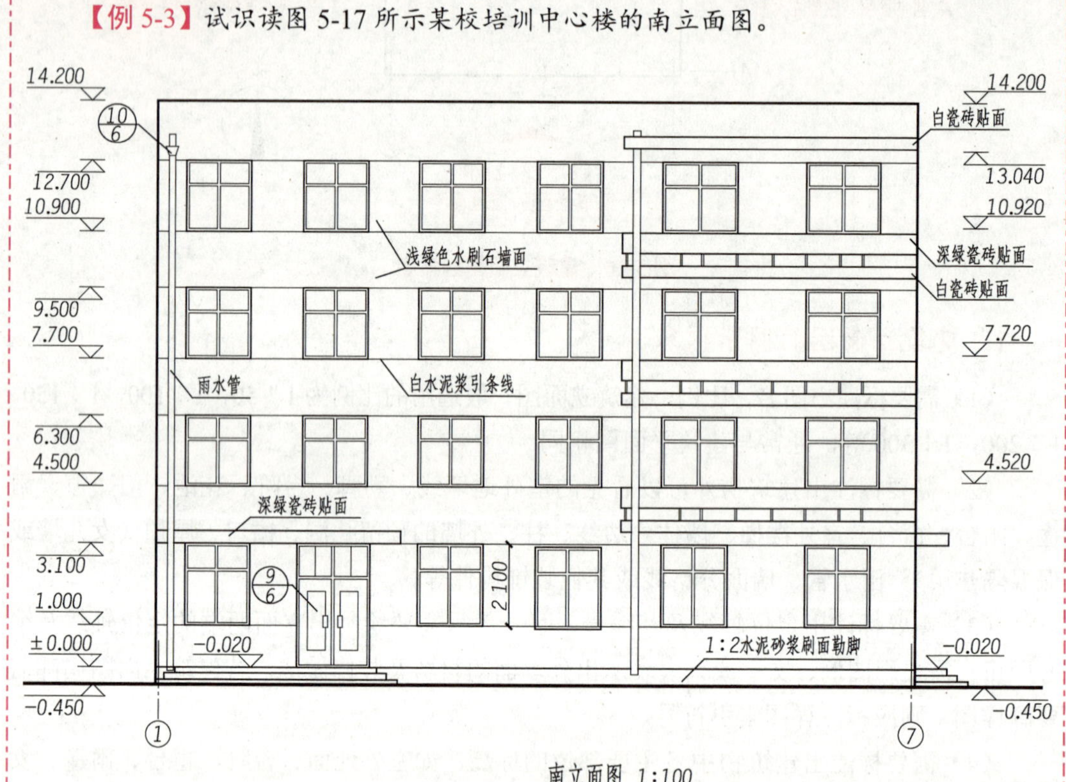

图 5-17 某校培训中心楼的南立面图

（1）了解图名、比例及定位轴线。图名为南立面图，比例为 1∶100，其两端的定位轴线为①轴线和⑦轴线。

（2）了解在室外地坪线以上建筑物的全貌。该建筑物共有 4 层，出入口位于南立面的西侧和东侧，其上设有雨篷，下设有 3 级台阶；东侧 2 至 4 层楼均设有阳台；墙面上设有两根雨水管。

（3）了解建筑物的标高。南立面图的左侧和右侧都注有标高，室外地坪标高为 −0.450 m，室内地坪标高为 ±0.000。

（4）了解建筑物的装修做法。该建筑物以浅绿色水刷石墙面为主，部分用白瓷砖贴面或深绿瓷砖贴面，外墙的勒脚用 1∶2 水泥砂浆刷面。

（5）了解索引符号的含义。图中左上角处有一个索引符号，用来引出雨水管的详细构造；左下角处还有一个索引符号，用来引出门的详细构造。

二、建筑剖面图

建筑剖面图（简称**剖面图**）是假想用一个或几个铅垂剖切平面剖切建筑物后，移去一部分并对剩余部分作正投影后所得到的投影图。它反映了建筑物内部垂直方向上楼层的分层情况、建筑物内部的结构构造，以及各层楼（地）面、屋顶等的构造、相关尺寸和标高等，如图 5-18 和图 5-19 所示。

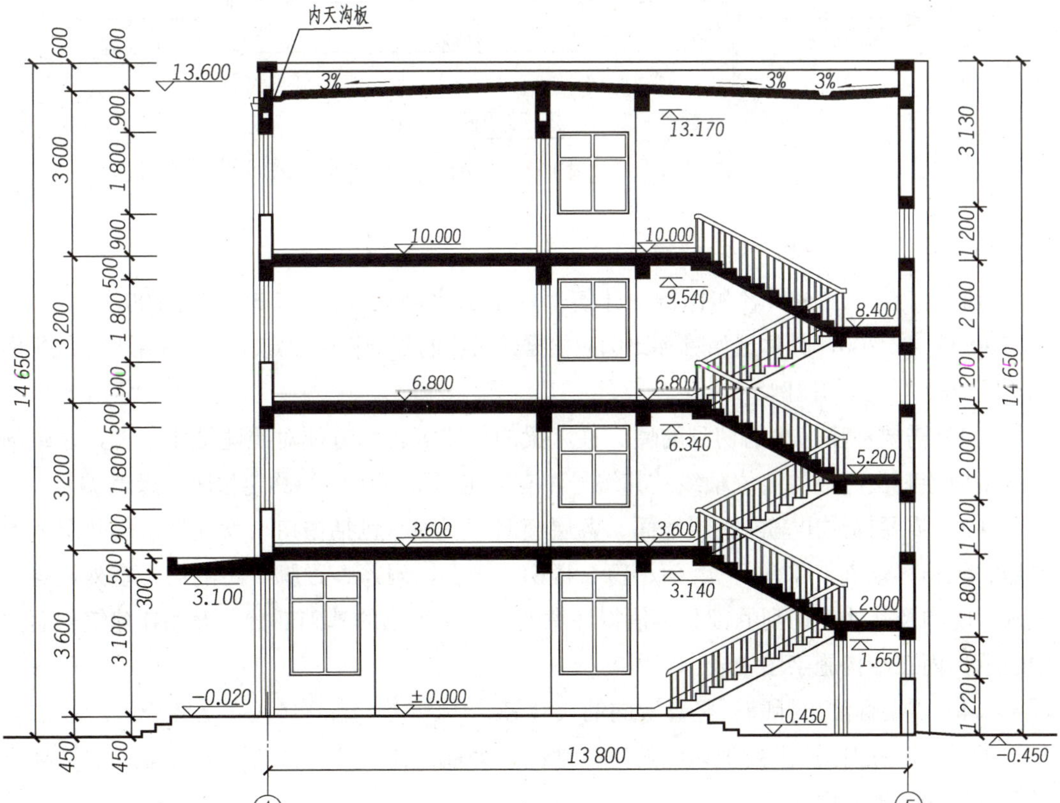

1−1剖面图 1∶100

图 5-18　某校培训中心楼的 1－1 剖面图

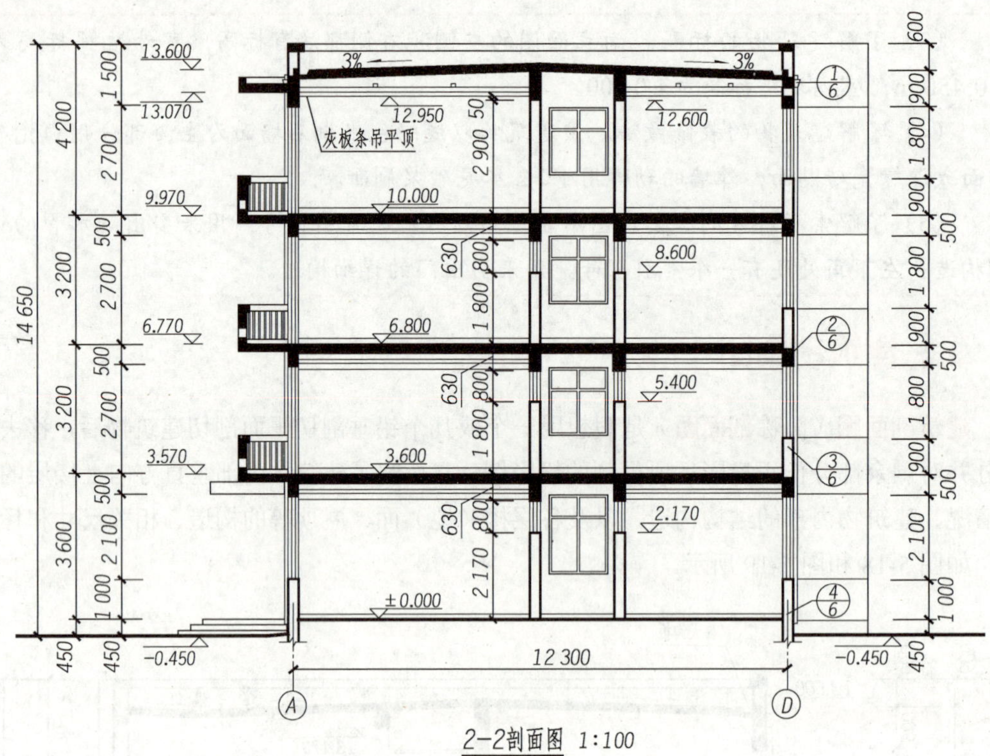

图 5-19　某校培训中心楼的 2 – 2 剖面图

1. 建筑剖面图的图示内容

（1）需要标注出图名和比例，建筑剖面图的比例宜选用 1∶50，1∶100，1∶150，1∶200 或 1∶300，具体选用哪种比例应根据建筑物的复杂程度而定，一般选用与建筑平面图相同或较大一些的比例。

（2）需要标注出被剖切到的墙、柱、梁的位置等。为方便对照建筑平面图，建筑剖面图中应绘制出两端的定位轴线及其编号，有时也需要画出中间的定位轴线及其编号。

（3）需要标注出室内底层地面、各层楼面、屋顶（包括檐口、女儿墙、隔热层或保温层、天窗、烟囱、水池等）、门、窗、楼梯、阳台、雨篷、踢脚、防潮层、室外地面、散水、明沟及其他剖切到的部分。值得注意的是，建筑物的基础部分一般不在建筑剖面图中表示，而在结构施工图中表示。

（4）需要标注出标高、竖直方向的尺寸等。

① 标高。应标注出被剖切到的室外地面、外墙门窗洞口、檐口、女儿墙顶的标高，以及各层楼（地）面的标高。

② 竖直方向的尺寸。同建筑平面图一样，尺寸也包括外部尺寸和内部尺寸。外部尺寸一般为三道尺寸：最外面一道尺寸表示室外地坪线以上建筑物的总高；第二道尺寸表示楼层间的高度；第三道尺寸为细部尺寸，表示勒脚高度、门窗高度、檐口厚度等。内部

尺寸表示隔断、隔板和墙裙等的高度。需要注意的是，建筑剖面图中的尺寸应与建筑立面图、建筑平面图中对应位置上的尺寸相吻合。

课堂互动

建筑剖面图的剖视位置和剖视方向有什么作用？我们可以在哪个建筑施工图中找到它们？

2. 建筑剖面图的识读

建筑剖面图的识读要点如下。

（1）了解图名、比例及剖切位置。

（2）核对建筑剖面图所表达的内容与建筑平面图的剖切位置是否一致，并应注意被剖切到和未剖切到的各构配件的位置、尺寸、形状和图例。

（3）根据图中尺寸和标高，了解建筑物的层数、层高、总高及室内外高差。

（4）了解详图索引符号、某些装修做法及用料注释等。

学以致用

【例 5-4】试识读图 5-18 所示某校培训中心楼的1–1剖面图。

（1）了解图名、比例及剖切位置。图名为1–1剖面图，比例为 1∶100。结合图 5-14 所示某校培训中心楼的底层平面图中剖切符号可知，该剖面图的剖切位置位于②轴线和③轴线之间。

（2）了解建筑物的层高及各构配件的位置。

① 该建筑物共有 4 层，各层的钢筋混凝土板和屋面板都搁置在两端的砖墙或梁上，绘图比例较小，被剖切到的楼板和屋面板用两条粗实线表示，中间的钢筋混凝土图例涂黑表示。

② 为排水需要，屋面铺设成 3%的坡度，檐口处设置了内天沟板，以便使屋面的雨水导向雨水管。

③ 结合图 5-14 可知，被剖切到的有Ⓓ轴线墙体、Ⓔ轴线墙体、Ⓐ轴线墙体及其上的门和窗。墙体的门窗洞顶和各层楼板下的涂黑断面，分别为该建筑物的门窗过梁和圈梁。大门上方的涂黑断面为过梁连同雨篷的断面。外墙顶部的涂黑断面为女儿墙顶部的现浇钢筋混凝土压顶。

④ 被剖切到的楼梯梯段为第 2，4，6 梯段，并通过涂黑表示，未被剖切到的第 1，3，5 梯段仅绘制出了轮廓线。

⑤ 结合图 5-14 中剖切符号的位置可知，(1/A)轴线墙体、Ⓑ轴线墙体和Ⓒ轴线墙体未被剖切到，其投影为最外侧轮廓线的投影。此外，沿投射方向还可以看到底层会客室处和 1~4 层走廊处的窗户。

（3）了解各种标注。

① 由建筑剖面图中的标高可知，室内地坪标高为±0.000，室外地坪标高为－0.450 m，说明室内外高差为450 mm。此外，该建筑剖面图中还标注了楼梯平台和楼梯梁底等处的标高。

② 由建筑剖面图中竖直方向的尺寸可知，室外地坪线以上建筑物的总高为14.65 m；首层和顶层层高为3.6 m，其余两层层高为3.2 m。

笔记

三、建筑详图

建筑平面图、建筑立面图和建筑剖面图可以表达建筑物的平面布置、外部形状和主要尺寸，但反映的内容范围大、比例小，对建筑物的细部构造难以表达清楚。为了满足施工要求，对建筑物的细部构造用较大的比例详细地表达出来的图称为**建筑详图**（简称**详图**，又称**大样图**）。

建筑详图包括构造节点详图和构配件详图。凡表达建筑物某一局部构造、尺寸和材料的详图称为**构造节点详图**，如檐口、窗台、勒脚、明沟等；凡表达构配件本身构造的详图称为**构配件详图**，如门、窗、楼梯、花格、雨水管等。

对于套用标准图集或通用图集的构造节点和构配件，不必另外绘制建筑详图，但需要注明所套用图集的名称、编号或页次（索引符号）。

建筑详图是施工的重要依据，一幢建筑物的施工图通常需要绘制多种建筑详图，如外墙身详图、楼梯详图、阳台详图、厨房和厕所详图、门窗详图、壁柜详图等。各种建筑详图的绘制方法基本相同，只是它们的构造做法有所区别，这里仅介绍外墙身详图和楼梯详图。

1. 外墙身详图

外墙身详图（又称**墙身详图**或**墙身大样图**）是建筑剖面图中外墙墙身的局部放大图。主要表达外墙与地面、楼面、屋面的构造情况，以及檐口、窗台、散水、明沟等的尺寸、材料、做法。外墙身详图是砌墙、室内外装修、门窗安装、编制施工预算及材料估算等的重要依据。

1）外墙身详图的图示内容

为节省图幅，外墙身详图通常采用折断画法，且往往在窗的中间断开，成为几个节点详图的组合，如图 5-20 所示。

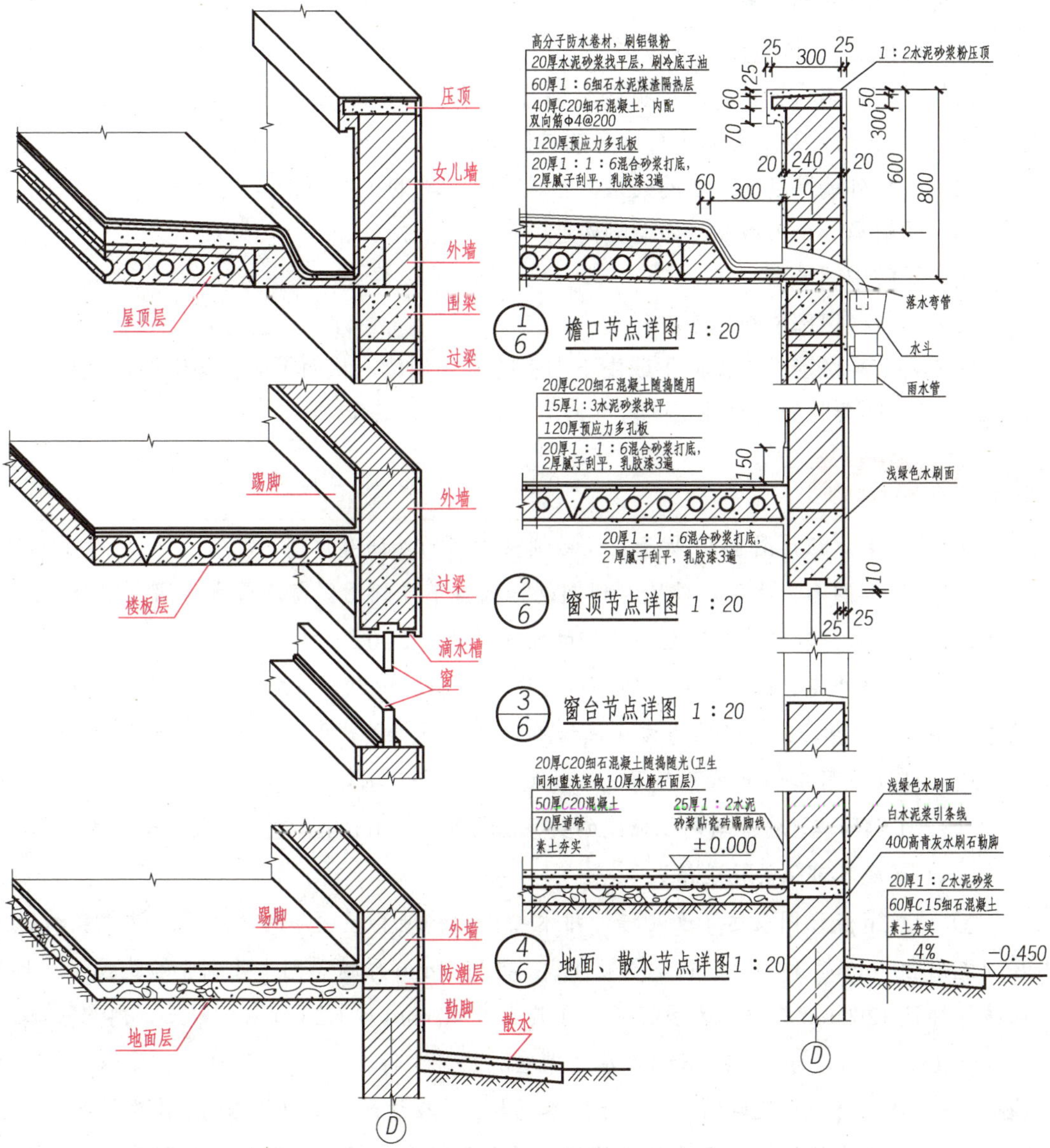

图 5-20　外墙身详图

当多层建筑物中各层的构造相同时，可只绘制墙脚、中间节点和檐口三个节点，基础部分可用折断线断开而不绘制。各节点详图可按顺序依次排在同一张图纸上，以便读图。

（1）墙脚主要是指底层窗台及以下的部分，包括散水（或明沟）、勒脚、防潮层和底层地面等的形状、大小、材料及其构造情况。

（2）中间节点主要包括楼板层、过梁和踢脚等的形状、大小、材料及其构造情况，此外还应表示出楼板层与外墙的关系。

（3）檐口应表示出屋顶层、压顶、女儿墙和外墙等的形状、大小、材料及其构造情况。

2）外墙身详图的识读

外墙身详图的识读要点如下。

（1）了解图名、比例，并根据图名编号找到对应建筑平面图中的剖切位置或建筑立面图中的索引符号，从而全面了解墙身的具体位置。

（2）了解外墙厚度与轴线的关系，即轴线是在墙的正中间还是有些偏移。

（3）了解第一个节点图，如墙脚构造。

（4）了解中间节点。

（5）了解檐口部位的做法。

（6）各节点图应按由上向下或由下向上的顺序识读，从而了解各部位的详细构造、尺寸、做法，必要时应对照施工图首页、工程做法表等识读。

 **学以致用**

【例 5-5】试识读图 5-20 所示某校培训中心楼的外墙身详图。

（1）了解图名、比例。外墙身详图包括檐口节点详图，窗顶节点详图，窗台节点详图，以及地面、散水节点详图，它们的比例均为 1∶20。

（2）了解外墙身详图所表达的部位。图中外墙轴线为Ⓓ轴线，对照图 5-14 所示底层平面图可知，Ⓓ轴线处的墙为该建筑物的北侧外墙，结合图 5-19 可知，该外墙身详图所表达的部位为图 5-19 中索引符号$\frac{1}{6}$～$\frac{4}{6}$处。

（3）了解墙厚、墙身与定位轴线的关系。墙厚为 240 mm，定位轴线位于墙身中心。

（4）了解各部位的构造情况。

① 檐口节点详图表达了女儿墙外排水檐口的构造和屋顶层的做法等。该建筑物的屋顶先用 20 mm 厚 1∶1∶6 混合砂浆打底，再用 2 mm 厚腻子刮平并刷 3 遍乳胶漆。上面接着铺设 120 mm 厚预应力多孔板，在其上做 40 mm 厚 C20 细石混凝土（内配 ϕ4 双向筋@200）和 60 mm 厚 1∶6 细石水泥煤渣隔热层，再在其上先用 20 mm 厚水泥砂浆找平，并刷冷底子油，最后铺贴高分子防水卷材，并在该卷材上刷铝银粉（作为保护层）。

② 窗顶节点详图主要表达了窗顶过梁处的做法和楼板层的做法。由图可知，过梁外侧底面用水泥砂浆做出 25 mm× 10 mm 的滴水槽，以防雨水流入窗内。由图中文字标注可知楼面的做法及其所用材料。

③ 窗台节点详图主要表达了砌砖窗台的做法。由图可知，窗台面的外侧做一斜坡，以便排水。

④ 地面、散水节点详图主要表达了室内地面及室外散水的材料、做法及要求。此外，室内外做了踢脚、勒脚来保护墙壁，并用文字标注了其详细做法。

2. 楼梯详图

楼梯的构造比较复杂，一般需要绘制出楼梯详图来表示楼梯的类型、构造、尺寸及装修做法等。楼梯详图包括楼梯平面图、楼梯剖面图和楼梯节点详图（如栏杆、踏步、扶手等节点详图），这些楼梯详图应尽可能绘制在同一张图纸上。

1）楼梯详图的图示内容

（1）楼梯平面图的图示内容。

① 用定位轴线表示楼梯间的位置，标注出楼梯间的开间、进深和墙厚。

② 标注出梯段的长度、宽度，以及梯段的级数、踏板的宽度。

③ 标注出楼梯平台的形状和位置。

④ 标注出楼梯井的宽度、各梯段的尺寸、各楼层的标高和各楼梯平台的标高。在底层平面图上还应标注出楼梯剖面图的剖切符号。

（2）楼梯剖面图的图示内容。

楼梯剖面图要表明楼梯的竖向关系，如各楼层和各楼梯平台的标高、梯段及其级数、各构件的构造做法、栏杆及扶手的高度、楼梯间门窗洞口的位置及尺寸等，常用比例为1∶50。

（3）楼梯节点详图的图示内容。

需要标注出栏杆、踏步、扶手的做法。若采用标准图集，则直接引注标准图集的编号；若楼梯节点的形式特殊，则可用1∶10，1∶5或1∶2的比例详细表示其形状、大小、所用材料及具体做法。

2）楼梯平面图的识读

楼梯平面图反映了梯段的尺寸、上行或下行方向、踏板尺寸和级数、楼梯平台的尺寸、栏杆、扶手的位置及其他构配件的构造等。楼梯平面图又分为底层楼梯平面图、中间层楼梯平面图和顶层楼梯平面图。

（1）底层楼梯平面图（见图5-21）是在底层和二层之间的楼梯平台以下剖切得到的，楼梯剖切断开处用45°或30°折断线表示，通常只绘制出半跑楼梯，箭头表示上楼方向。有的楼梯还有通道或小楼梯间及向下的若干级踏步，如图5-21所示的向下的3级踏步。此外，在底层楼梯平面图中还应有楼梯剖面图的剖切位置和投影方向。

（2）中间层楼梯平面图（见图5-22）是在上一层与下一层之间的楼梯平台以下剖切得到的，折断线绘制在上行梯段（从下一层上楼的梯段），折断线的两端分别是上行和下行梯段的投影，箭头表示上楼和下楼的方向。

（3）顶层楼梯平面图（见图5-23）的剖切平面位于栏杆之上，当从上往下看时，全是下行梯段，箭头表示下楼方向。

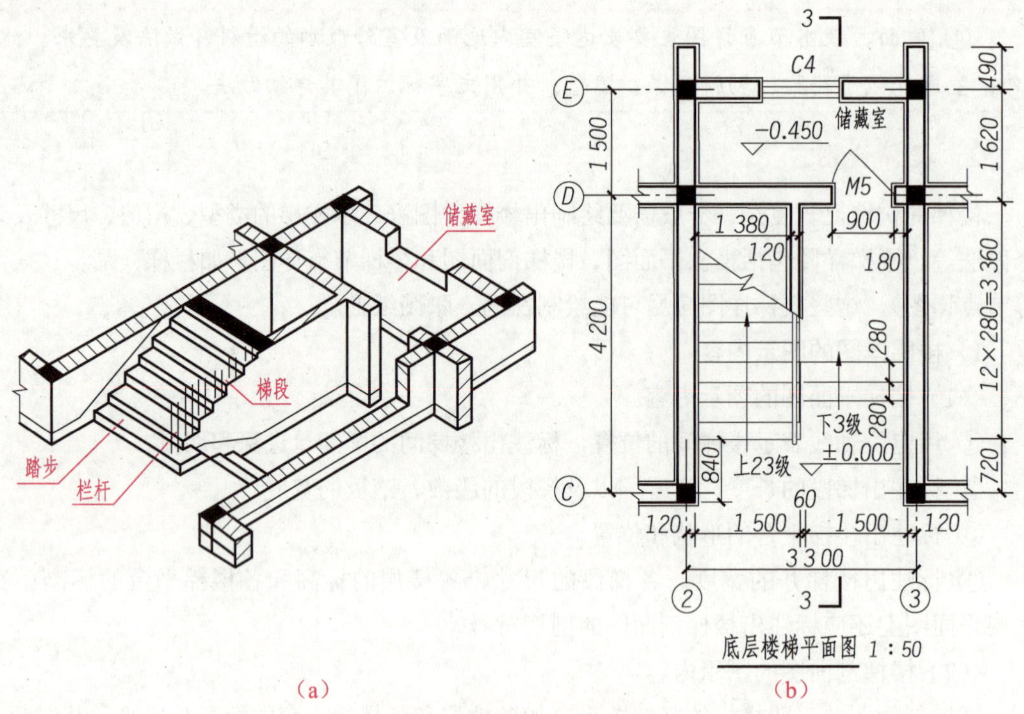

（a）　　（b）

图 5-21　底层楼梯平面图

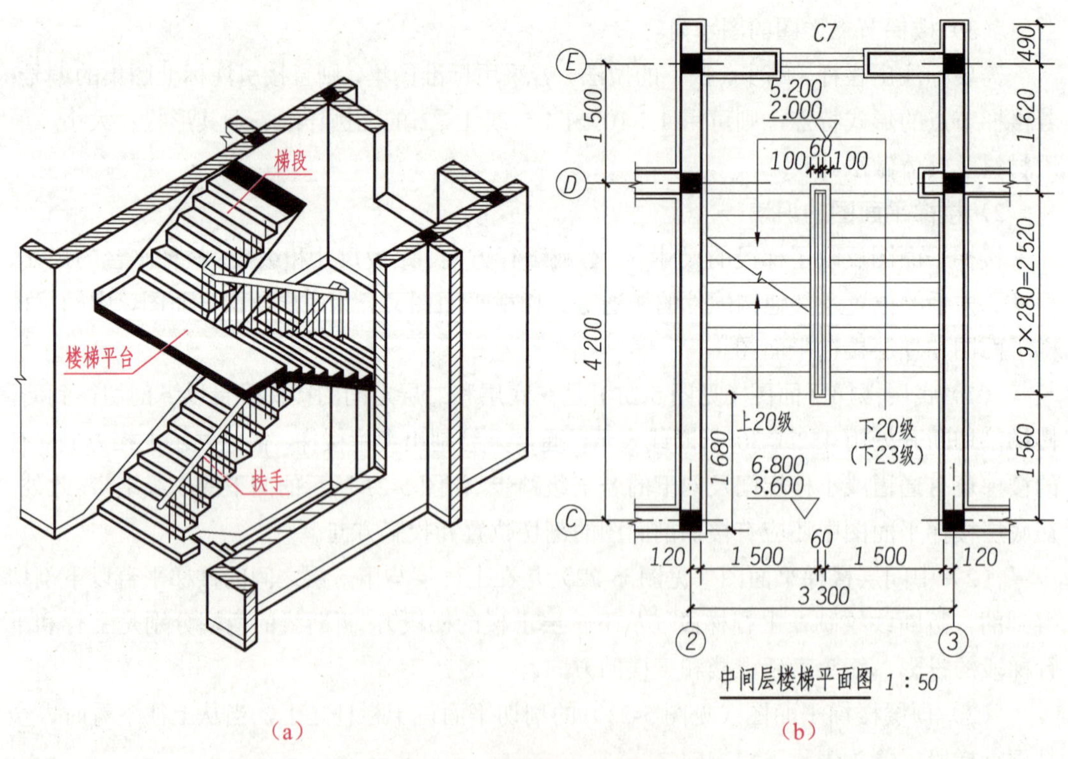

（a）　　（b）

图 5-22　中间层楼梯平面图

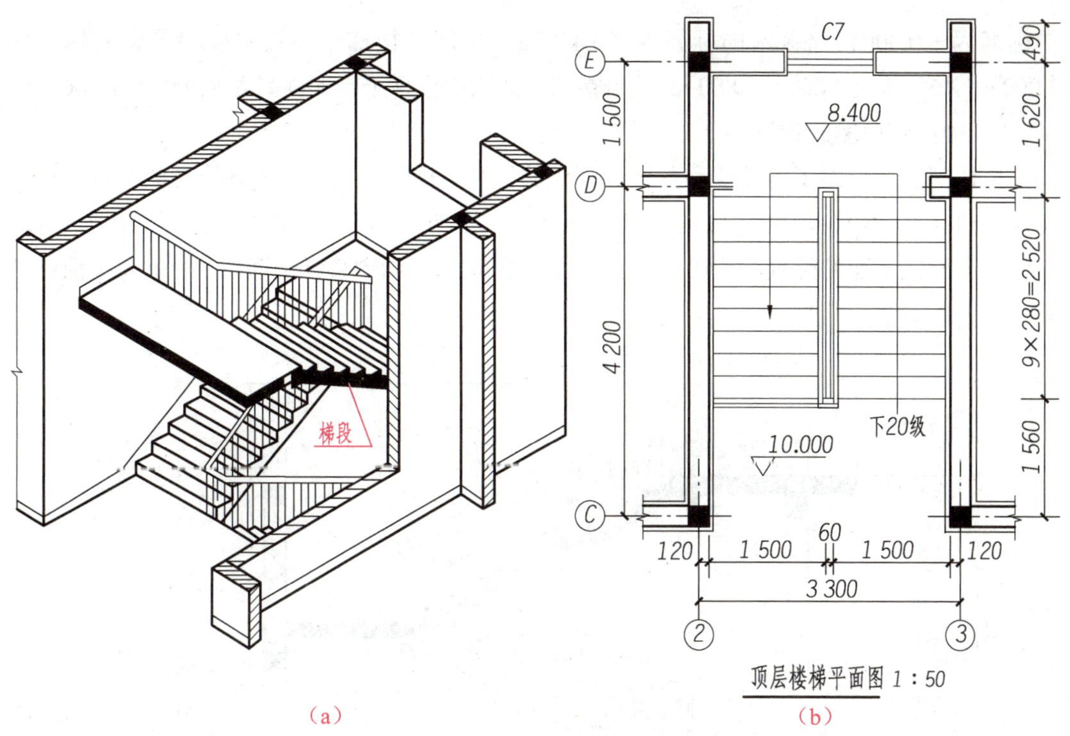

（a） （b）

图 5-23 顶层楼梯平面图

以图 5-21～图 5-23 所示的楼梯平面图为例，介绍楼梯平面图的识读方法。

（1）了解图名、比例。图名分别为底层楼梯平面图、中间层楼梯平面图和顶层楼梯平面图，比例均为 1∶50。

（2）了解楼梯间的位置。从各平面图中的定位轴线可知，楼梯均位于②轴线与③轴线、Ⓒ轴线与Ⓔ轴线之间。

（3）了解楼梯的上行、下行情况。由图 5-21 中“上 23 级”和箭头可知从底层向上走 23 级可达第二层，由“下 3 级”和箭头可知从底层向下走 3 级可达储藏室。此外，在图 5-21 所在的底层楼梯平面图中还有楼梯剖面图的剖切位置和投射方向。从图 5-22 中“上 20 级”和箭头可知从下一层向上走 20 级即可达上一层，由“下 20 级（下 23 级）”和箭头可知从上一层向下走 20 级（或 23 级）即可达下一层。从图 5-23 中“下 20 级”和箭头可知从顶层向下走 20 级即可达下一层。

（4）了解楼梯间的开间、进深和墙厚，以及梯段的情况。各楼梯间的开间均为 3 300 mm，进深均为 4 200 + 1 500 = 5 700 (mm)，墙厚均为 240 mm。底层楼梯平面图中的 12×280 = 3 360 (mm)表示该梯段上有 12 个踏板，每个踏板的宽度为 280 mm，整段楼梯的水平投影长度为 3 360 mm。中间层楼梯平面图和顶层楼梯平面图中的梯段上均有 9 个踏板，每个踏板的宽度均为 280 mm，整段楼梯的水平投影长度均为 2 520 mm。

（5）了解标高。主要从各楼梯平面图中的标高符号了解各层楼面的标高、各楼梯平台的标高、进楼梯前未上台阶时地面的标高等。底层楼梯平面图中进楼梯前未上台阶时地面的标高为±0.000，储藏室的标高为–0.450 m；中间层楼梯平面图中楼梯平台的标高为2.000 m，3.600 m，5.200 m，6.800 m；顶层楼梯平面图中楼梯平台的标高为8.400 m，10.000 m。

3）楼梯剖面图的识读

楼梯剖面图反映了各楼层和各楼梯平台的标高、梯段及其级数、各构件的构造、栏杆及扶手的高度、楼梯间门窗洞口的位置及尺寸等。楼梯剖面图应与楼梯平面图对照着识读，且应注意剖切平面的位置和投影方向。下面以图5-24所示的楼梯剖面图为例，介绍楼梯剖面图的识读方法。

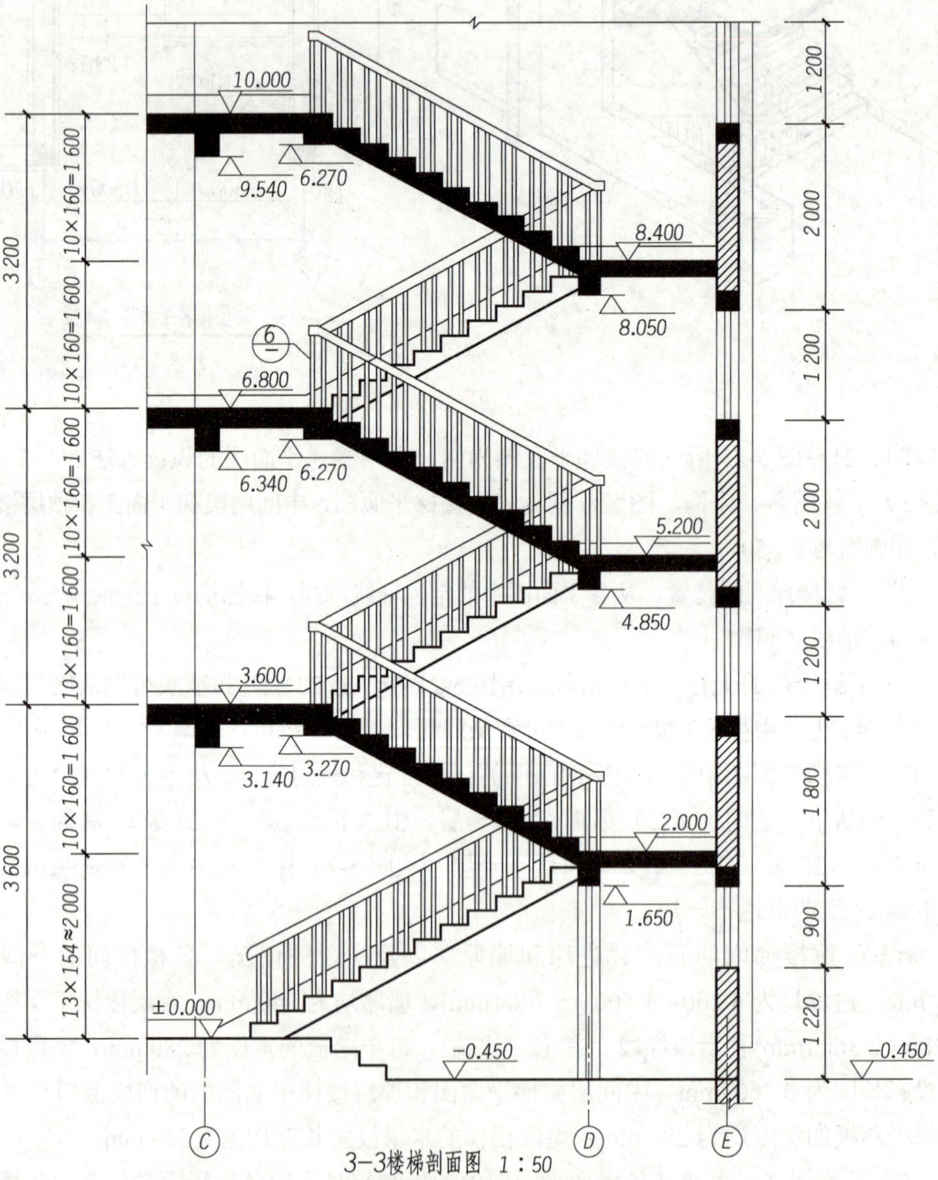

3—3楼梯剖面图 1∶50

图5-24 楼梯剖面图

（1）了解图名、比例。图名为3－3楼梯剖面图，比例为 1∶50。从楼梯底层平面图（见图 5-21）中的剖切符号可以看出，该楼梯剖面图的剖切位置位于②轴线与③轴线之间。

（2）了解楼梯的构造形式。该楼梯为现浇钢筋混凝土双跑式楼梯，每层有两个梯段，其上行的第二梯段被剖到，上行的第一个梯段未被剖到。

（3）了解各种标注。由图中的标高可知各楼梯平台、楼层等的高度，由竖直方向的尺寸可知各楼层的高度，以及各梯段的高度、级数和踏步高度。例如，底层第一梯段的高度为 $13\times154\approx2\,000$ (mm)，表示该梯段的级数为 13 级，每个踏步高度为 154 mm；第二梯段的高度为 $10\times160=1\,600$ (mm)，表示该梯段的级数为 10 级，每个踏步高度为 160 mm。

（4）了解索引符号。由图中所注索引符号可知楼梯的栏杆另有详图，且与该剖面图画在同一张图纸上，该索引符号对应的详图编号为 6。

4）楼梯节点详图的识读

楼梯节点详图反映了楼梯栏杆、踏步、扶手的构造情况。它的识读要点与其他建筑详图的识读要点类似，只是构造情况有所不同。

如图 5-25 所示为根据图 5-14 所示底层平面图和图 5-24 所示楼梯剖面图中的索引符号，绘制出的楼梯节点详图，各节点详图均用较大的比例表达了索引部位的形状、大小、构造及材料情况。当某些局部（如踏步、扶手等）在形式、构造及尺寸上仍表达不清时，可采用更大的比例进一步表达，如图 5-25 中的踏步剖面图和扶手断面图。踏步剖面图应表明踏步的截面形式、大小、材料及做法。由于踏板边沿磨损较大，行人易滑跌，因此常在踏板边沿设置防滑条，其具体位置和材料如图 5-25 中的踏步剖面图所示。此外，楼梯扶手的形式、大小和所用材料应满足一般弯曲情况，如图 5-25 中的扶手断面图所示。

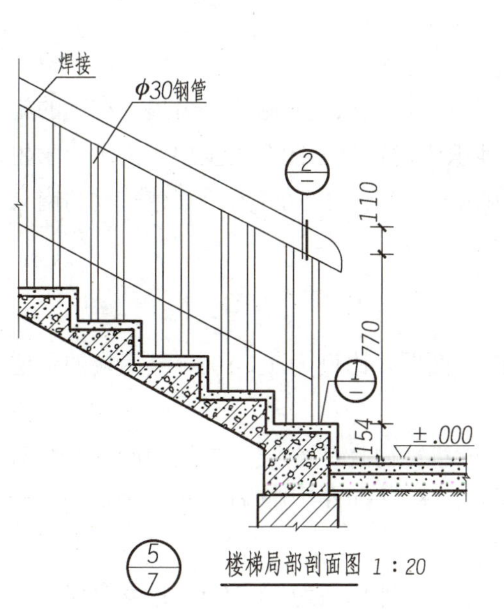

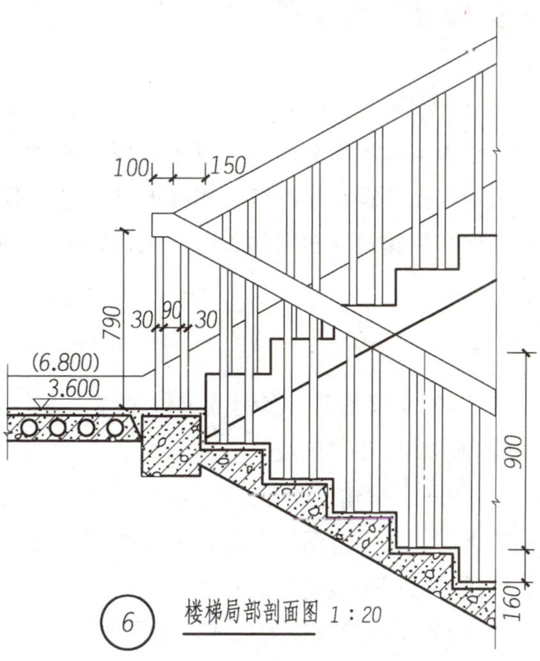

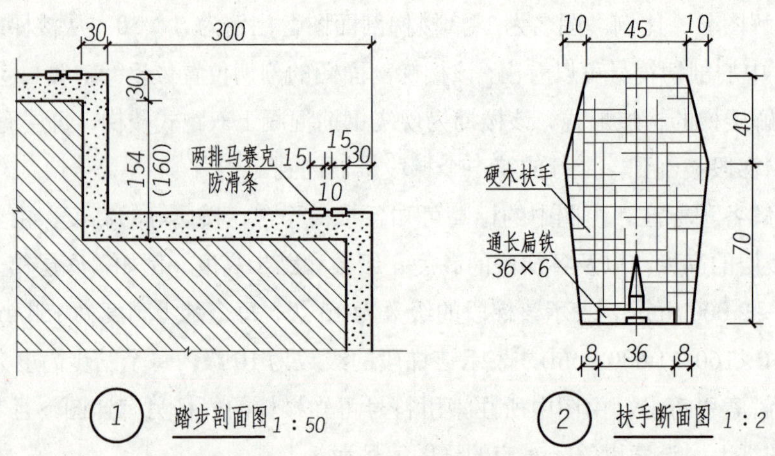

图 5-25　楼梯节点详图

拓展升华

建筑工程的质量和安全问题至关重要，它们直接关系到人民群众的生命财产安全。作为未来的建筑从业人员，具备建筑施工图的理解和应用能力显得尤为重要。我们需要深入理解建筑施工图，培养科学严谨的工作态度，关注最新的建筑技术和规范，并注重实践经验的积累。只有这样，我们才能建设出安全、可靠的工程，保障人民群众的生命财产安全。

实践操作——识读某建筑物的南立面图

1. 任务描述

建筑立面图能够清晰地展示外墙的构造、材料及装修做法，为施工人员提供准确的施工指导。在建筑设计、施工和维护过程中，准确地识读建筑立面图至关重要。为了让学生更好地掌握建筑立面图的识读方法，请指导教师组织学生识读图 5-26 所示某建筑物的南立面图。

2. 实施内容

（1）了解图名、比例及定位轴线。图名为南立面图，比例为 1∶100，其两端的定位轴线为①轴线和⑦轴线。

（2）了解建筑物在室外地坪线以上的全貌。该建筑物共有 6 层，首层中间有两个对称的大门，并设有两级台阶，每层中间有凸出的大阳台，屋顶正中间有一个尖顶造型，女儿墙压顶采用饰线造型。

（3）了解建筑物的标注。由图中标高可知，室外地坪标高为 – 0.300 m；女儿墙顶面

标高为 20.200 m。由图中文字标注可知，外墙面以灰白色方块仿石砖贴面为主，阳台和凸窗采用白色方块仿石砖贴面，女儿墙顶部装饰线采用白色真石漆喷涂。

南立面图 1：100

图 5-26 某建筑物的南立面图

项目考核

一、单选题

（1）下列不属于房屋组成部分的是（　　）。

A．基础　　B．地基　　C．屋顶　　D．门窗

（2）附加轴线中 2/4 的含义是（　　）。

A．4 号轴线后附加的第 2 根轴线　　B．4 号轴线前附加的第 2 根轴线

C．2 号轴线后附加的第 4 根轴线　　D．2 号轴线前附加的第 4 根轴线

（3）当索引出的详图与被索引的详图不在同一张图纸内时，应在索引符号的下半圆中用阿拉伯数字注明详图所在图纸的（　　）。

A. 位置　　B. 编号　　C. 符号　　D. 大小

（4）建筑平面图不包括（　　）。

A. 首层平面图　　B. 标准层平面图

C. 基础平面图　　D. 屋顶平面图

（5）建筑立面图通常不以（　　）命名。

A. 建筑物两端定位轴线的编号　　B. 建筑物的位置

C. 建筑物立面的主次　　D. 建筑物立面的朝向

（6）在建筑施工图的平面图中，M 一般代表的是（　　）。

A. 窗　　B. 柱　　C. 门　　D. 预埋件

（7）楼梯详图通常由（　　）构成。

A. 楼梯平面图、楼梯剖面图、楼梯节点详图

B. 楼梯平面图、楼梯剖面图

C. 楼梯平面图、楼梯立面图

D. 楼梯平面图、楼梯立面图、楼梯节点详图

二、填空题

（1）施工图按专业或工种的不同可分为____________、____________和____________。

（2）平面图上定位轴线的编号，宜标注在图样的__________和__________。

（3）绘制较大直径的指北针时，指针尾部宽度宜为直径的__________。

（4）为节省图幅，外墙身详图通常采用__________画法。

（5）顶层楼梯平面图的剖切平面位于____________之上，当从上往下看时，箭头表示__________方向。

三、简答题

（1）新建建筑物的定位有哪几种方式？

（2）简述建筑平面图的图示内容。

（3）简述外墙身详图的图示内容。

四、实操题

试识读图 5-27 所示某综合楼的底层平面图。

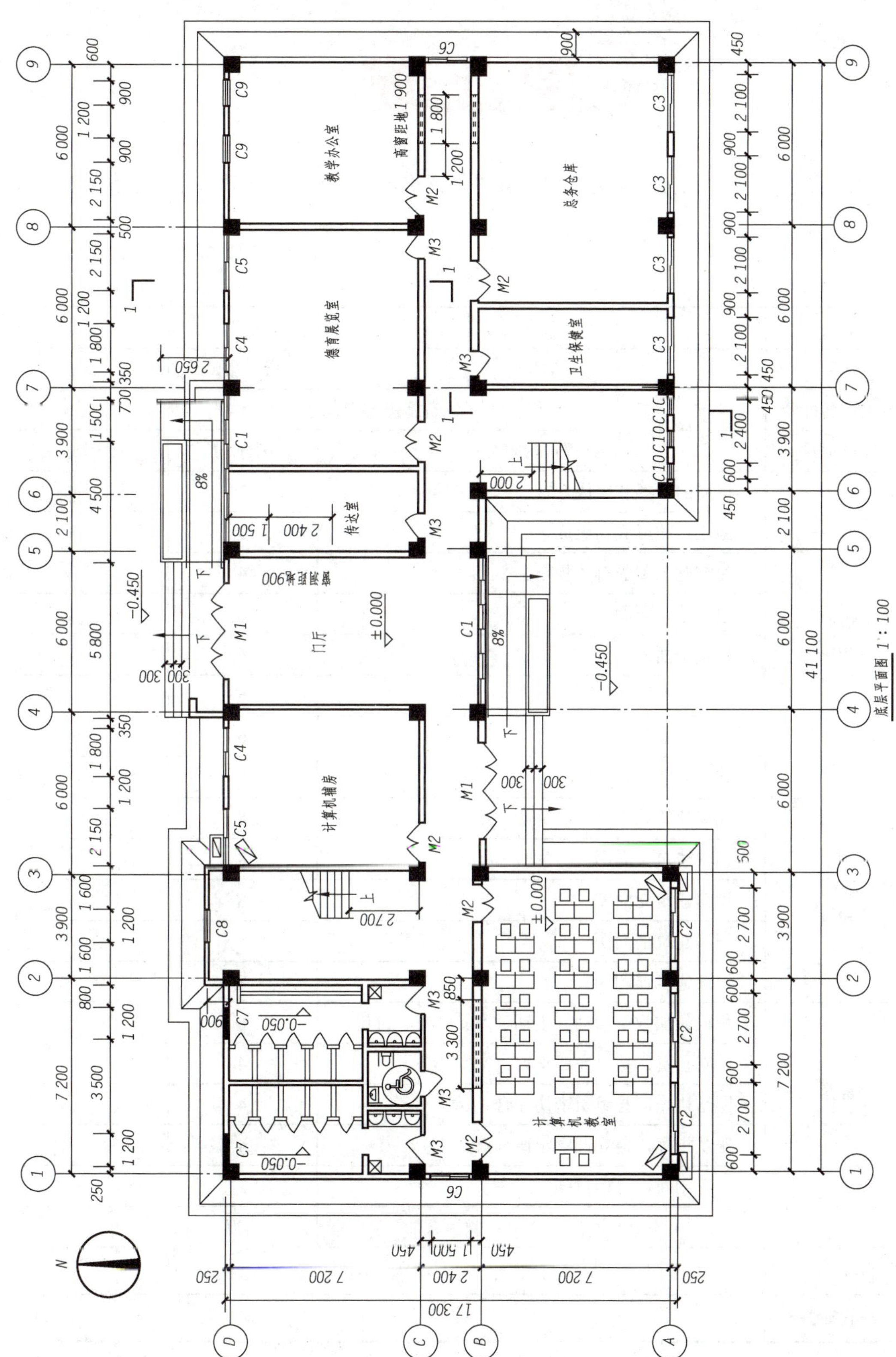

图 5-27 某综合楼的底层平面图

项目评价

指导教师根据学生实际学习成果对其进行评价，学生配合指导教师完成如表 5-5 所示的项目评价表。

表 5-5 项目评价表

班级		组号		日期	
姓名		学号		指导教师	
项目名称	建筑施工图识读				
评价项目	评价内容			满分/分	评分/分
知识（40%）	房屋的分类和组成			3	
	施工图的形成和组成			3	
	建筑施工图的有关规定			4	
	建筑总平面图			6	
	建筑平面图			6	
	建筑立面图			6	
	建筑剖面图			6	
	建筑详图			6	
技能（40%）	识读建筑总平面图			8	
	识读建筑平面图			8	
	识读建筑立面图			8	
	识读建筑剖面图			8	
	识读建筑详图			8	
素养（20%）	积极参加教学活动，主动学习、思考、讨论			6	
	认真负责，按时完成学习、实操任务			4	
	团结协作，与组员密切配合			4	
	服从指挥，遵守课堂纪律			4	
	守正创新，自信自强			2	
合计				100	
自我评价					
指导教师评价					

项目六

结构施工图识读

项目导读

建筑施工图主要表达建筑物的整体外观、平面布局和内部空间组织等内容，而结构施工图则主要表达建筑物的结构体系，以及承重构件的布置、大小和构造等内容。它详细描绘了建筑物的基础、梁、柱、板等承重构件的布置方式、尺寸大小及相互之间的连接关系等。这些信息对于施工过程中的结构安全、稳定性及施工质量的控制至关重要。

本项目将主要介绍结构施工图的内容、有关规定和平面整体表示方法，以及基础图、楼层结构平面图和钢筋混凝土构件详图等的识读方法。

项目目标

知识目标

（1）熟悉结构施工图的内容、有关规定和平面整体表示方法。

（2）掌握基础平面图和基础详图的图示内容。

（3）掌握楼层结构平面图的图示内容。

（4）掌握钢筋混凝土构件的概念和图示方法。

技能目标

（1）能够识读基础平面图和基础详图。

（2）能够识读楼层结构平面图。

（3）能够识读钢筋混凝土构件详图。

素质目标

（1）践行精益求精、追求卓越的工匠精神。

（2）培养爱岗敬业、崇尚技艺的职业品质。

任务一　认识结构施工图

任务引入

建筑物的结构体系就好比人的骨骼体系，它支撑起了整个建筑物。它不仅是设计和施工过程中的重要依据，更是保障建筑物结构安全的关键所在。人的骨骼体系出现问题，人就不能正常地生活和工作，同样，建筑物的结构体系出现问题，建筑物的安全性、稳定性和使用寿命都会受到威胁。为了确保建筑物的安全和稳定，我们必须深入理解和掌握结构施工图。

思考　结构施工图主要包括哪些内容？这些内容如何帮助施工人员确保施工符合结构设计要求？

任务工单

请扫描下方二维码，获取任务工单。根据任务工单，学生可以在课前预习相关知识，在课后进行实施。

建筑物的外部造型千姿百态，不论外部造型如何，建筑物都需要靠由承重构件组成的骨架支撑起来。这种骨架称为**建筑结构**，组成骨架的各构件称为**结构构件**，如基础、梁、柱、板等，如图 6-1 所示。在建筑设计的基础上，工程人员会对建筑物中各结构构件的形状、大小、材料、构造及位置关系等进行设计，最终以结构施工图的形式呈现出来。

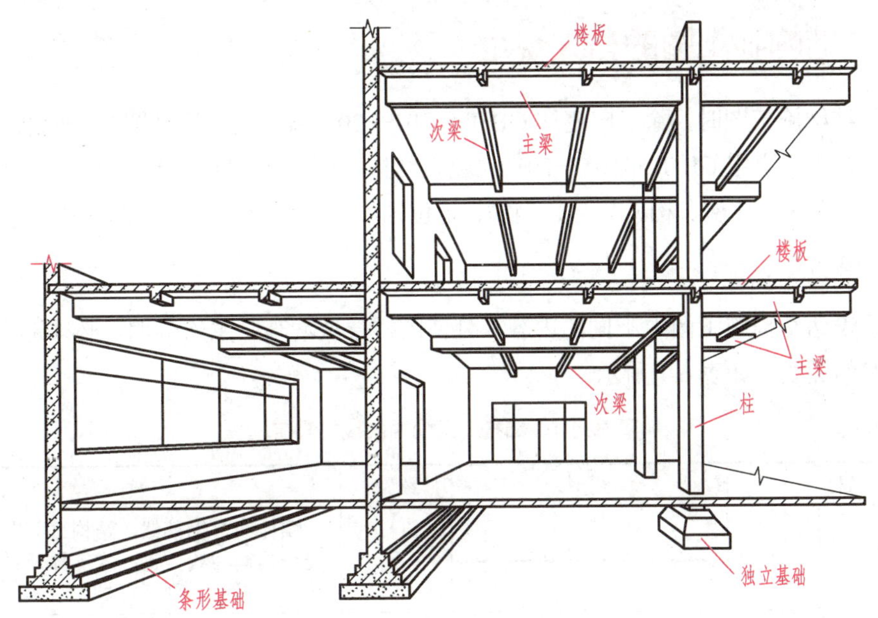

图 6-1 建筑结构示意图

一、结构施工图的内容

结构施工图的产生，一般要经过方案设计阶段和技术设计阶段。在方案设计阶段，结构设计人员应与建筑设计人员配合，合理地进行结构方案选择；在技术设计阶段，结构设计人员根据建筑设计中各方面要求、地质和地基资料，进一步进行结构设计，如结构布置和各结构构件的力学计算，并在力学计算的基础上决定结构构件的材料、形状、大小和内部构造，最后把设计结果绘制成图样（**结构施工图**，简称**结施**）以指导施工。

结构施工图是制作和安装结构构件、编制施工计划及其预算的重要依据，一般包括结构设计说明、结构平面图和构件详图。

（1）**结构设计说明**是用文字对图纸中未表达清楚的部分进行的补充说明，包括地基情况、风雪荷载、抗震情况，结构构件的类型、规格和强度等级，施工要求和注意事项，以及标准图集或通用图集的使用等内容。

（2）**结构平面图**（又称**结构平面布置图**）是表示建筑物中各结构构件总体布置的平面图，反映了结构构件的位置、数量、类型等。常用的结构平面图包括基础平面图、楼层结构平面图、屋顶结构平面图等。

（3）**构件详图**是表示单个结构构件的形状、尺寸、材料、构造及工艺的图样，如基础、梁、柱、板、楼梯等的结构详图。

按建筑物结构构件所使用材料的不同，结构施工图可分为钢筋混凝土结构图、钢结构图、木结构图和砌体结构图等。

二、结构施工图的有关规定

绘制结构施工图时，除了应遵守 GB/T 50001—2017《房屋建筑制图统一标准》中的相关规定外，还应遵守 GB/T 50105—2010《建筑结构制图标准》中的相关规定。下面介绍结构施工图中图线、比例、构件代号、钢筋、定位轴线、尺寸标注等的相关规定。

1. 图线

为了表达结构施工图中不同的内容，且使图样层次清晰、主次分明，必须选用不同线型和线宽的图线，如表 6-1 所示。

表 6-1 结构施工图中图线的规定

名称		线型	线宽	一般用途
实线	粗	————	b	螺栓线，钢筋线，结构平面图中的单线结构构件线，钢、木支撑及系杆线，图名下横线，剖切符号
	中粗	————	$0.7b$	结构平面图及构件详图中剖到或可见的墙身轮廓线，基础轮廓线，钢、木结构轮廓线，钢筋线
	中	————	$0.5b$	结构平面图及构件详图中剖到或可见的墙身轮廓线、基础轮廓线、可见的钢筋混凝土构件轮廓线、钢筋线
	细	————	$0.25b$	标注引出线、标高符号线、索引符号线、尺寸线
虚线	粗	- - - - - -	b	不可见的钢筋线、螺栓线、结构平面图中不可见的单线结构构件线及钢、木支撑线
	中粗	- - - - - -	$0.7b$	结构平面图中的不可见构件、墙身轮廓线，不可见钢、木结构构件线，不可见的钢筋线
	中	- - - - - -	$0.5b$	结构平面图中的不可见构件、墙身轮廓线，不可见钢、木结构构件线，不可见的钢筋线
	细	- - - - - -	$0.25b$	基础平面图中的管沟轮廓线、不可见的钢筋混凝土构件轮廓线
单点长画线	粗	—— - —— - ——	b	柱间支撑、垂直支撑、设备基础轴线图中的中心线
	细	—— - —— - ——	$0.25b$	定位轴线、对称线、中心线、重心线
双点长画线	粗	—— - - —— - - ——	b	预应力钢筋线
	细	—— - - —— - - ——	$0.25b$	原有结构轮廓线
折断线	粗	——\/\——	$0.25b$	断开界线
波浪线	细	∽∽∽	$0.25b$	断开界线

2. 比例

当绘制结构施工图时，针对图样的用途和复杂程度，应选用表 6-2 中的常用比例，特殊情况下也可选用可用比例。当构件的纵、横向断面尺寸相差悬殊时，也可在同一详图中选用不同的比例绘制。

表 6-2　结构施工图中的比例

图名	常用比例	可用比例
结构平面图、基础平面图	1∶50，1∶100，1∶150	1∶60，1∶200
圈梁平面图，总图中管沟、地下设施图等	1∶200，1∶500	1∶300
详图	1∶10，1∶20，1∶50	1∶5，1∶30，1∶25

3. 构件代号

构件种类较多，为了便于绘制和识读结构施工图，构件可以用代号来表示，在构件代号后应使用阿拉伯数字来表示构件型号或编号。常用构件代号如表 6-3 所示。

表 6-3　常用构件代号

名称	构件代号	名称	构件代号	名称	构件代号
板	B	圈梁	QL	框架柱	KZ
屋面板	WB	过梁	GL	构造柱	GZ
楼梯板	TB	连系梁	LL	基础	J
盖板或沟盖板	GB	基础梁	JL	桩	ZH
空心板	KB	楼梯梁	TL	梯	T
墙板	QB	屋架	WJ	雨篷	YP
梁	L	框架	KJ	阳台	YT
框架梁	KL	刚架	GJ	预埋件	M
屋面梁	WL	支架	ZJ	钢筋网	W
吊车梁	DL	柱	Z	钢筋骨架	G

注：① 预制混凝土构件、现浇混凝土构件、钢构件及木构件，一般可直接采用本表中的构件代号。绘图时，除混凝土构件可以不注明材料代号外，其他材料的构件可在构件代号前加注材料代号，并在图纸中加以说明。

② 对于预应力混凝土构件，应在构件代号前加注“Y”，如“Y－DL”表示预应力混凝土吊车梁。

4. 钢筋

1）钢筋的分类

根据外观的不同，钢筋可分为光圆钢筋和变形钢筋两种，其中变形钢筋的外表面有螺纹、人字形纹等。

根据生产加工方法的不同，钢筋可分为热轧钢筋、热处理钢筋和冷拉钢筋。其中，热轧钢筋又称普通钢筋，其牌号、符号、公称直径和类别如表 6-4 所示。

表 6-4　普通钢筋的牌号、符号、公称直径和类别

牌号	符号	公称直径 *d*/mm	类别
HPB300	Φ	6～22	热轧光圆钢筋
HRB335	Φ̲	6～50	热轧带肋钢筋
HRB400	Φ̲	6～50	热轧带肋钢筋

根据受力情况和作用的不同，钢筋可分为受力筋、箍筋、架立筋、分布筋、受扭筋、构造筋等。梁、板配筋示意图如图 6-2 所示。

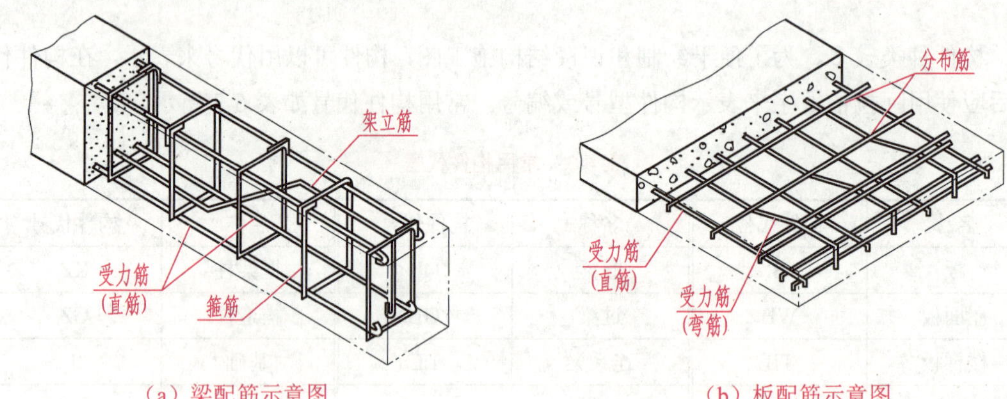

（a）梁配筋示意图　　（b）板配筋示意图

图 6-2　梁、板配筋示意图

（1）受力筋也称主筋，主要用于梁、板、柱等钢筋混凝土构件中，承受构件内产生的拉力或压力。梁、板的受力筋还可分为直筋和弯筋两种。

（2）箍筋也称钢箍，主要用于固定受力筋，承受构件内产生的部分剪力和扭矩，多用于梁、柱等钢筋混凝土构件内。

（3）架立筋用于固定梁内箍筋的位置，以构成梁内的钢筋骨架。

（4）分布筋用于楼板、屋面板等板内，与板的受力筋垂直，可将所承受的重量均匀地传给受力筋，并固定受力筋的位置，抵抗热胀冷缩引起的变形。

（5）受扭筋用于承受扭矩，可增强构件的抗扭能力，提高结构的整体稳定性。

（6）构造筋是因构造要求或施工安装需要而配置的钢筋，如腰筋、预埋锚固筋等。

2）钢筋的保护层与弯钩

为了防止钢筋受侵蚀、高温熔化，增强钢筋与混凝土的黏结力，钢筋混凝土构件都应具有足够厚度的混凝土保护层。**混凝土保护层**是指从钢筋外缘到构件表面用于保护钢筋的

混凝土。对于设计使用年限为 50 年的钢筋混凝土构件，其混凝土保护层的最小厚度应符合表 6-5 中的规定。

表 6-5 混凝土保护层的最小厚度

单位：mm

环境类别	板、墙、壳	梁、柱、杆
一	15	20
二 a	20	25
二 b	25	35
三 a	30	40
三 b	40	50

当钢筋为光圆钢筋时，为了增强钢筋与混凝土的黏结力，避免钢筋在受拉时滑动，需要将钢筋两端做成弯钩形式，常见的弯钩形式如图 6-3 所示。

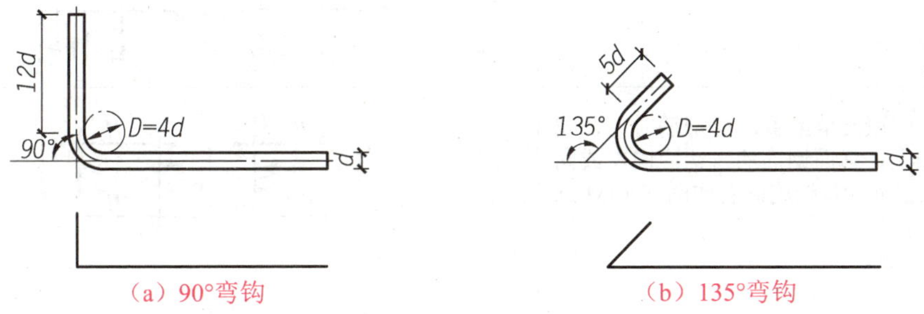

图 6-3 常见的弯钩形式

3）钢筋的常用图例及画法

为了突出钢筋，在钢筋混凝土构件详图中，钢筋用粗实线表示。钢筋常用的图例与画法分别如表 6-6 和表 6-7 所示。

表 6-6 钢筋常用的图例

名称	图例	说明
钢筋横断面	•	—
无弯钩的钢筋端部		下图表示当长、短钢筋投影重叠时，短钢筋的端部用 45°斜线表示
带半圆形弯钩的钢筋端部		—
带 90°弯钩的钢筋端部		—
带丝扣的钢筋端部		—
无弯钩的钢筋搭接		—

（续表）

名称	图例	说明
带半圆弯钩的钢筋搭接		—
带 90°弯钩的钢筋搭接		—
花篮螺丝钢筋接头	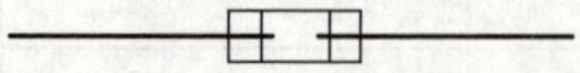	—

表 6-7　钢筋常用的画法

说明	图例
当楼层结构平面图中配置双层钢筋时，底层钢筋的弯钩应向左或向上，顶层钢筋的弯钩应向右或向下	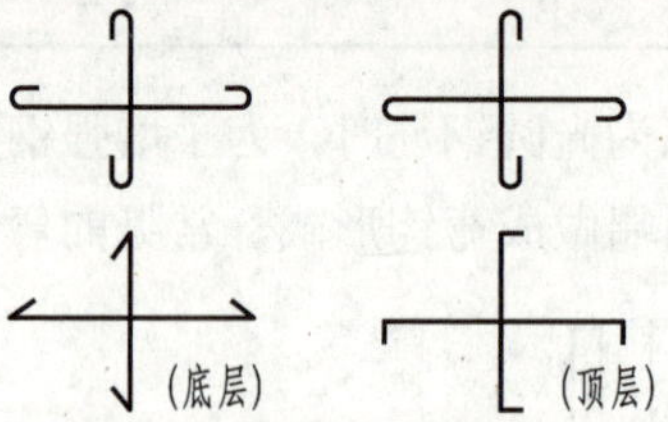 （底层） （顶层）
当钢筋混凝土墙配置双层钢筋时，在配筋立面图上，远面钢筋的弯钩应向左或向上，近面钢筋的弯钩应向右或向下（JM 近面，YM 远面）	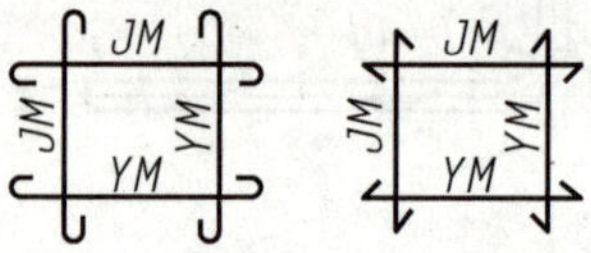 JM YM JM YM
当断面图不能表达清楚钢筋的布置时，应在断面图外增加钢筋大样图（如钢筋混凝土墙大样图、楼梯大样图等）	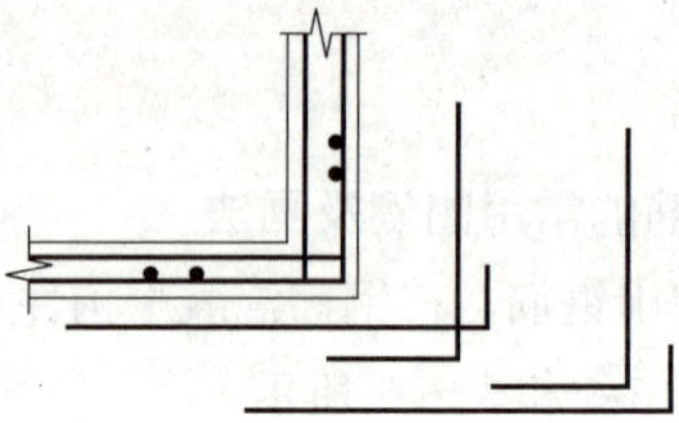
当图中的箍筋等布置复杂时，可加画钢筋大样图及说明	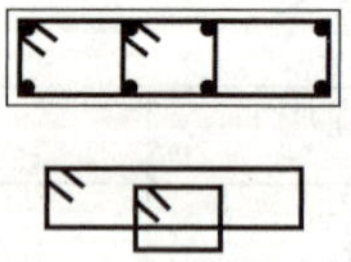

4）**钢筋的标注**

钢筋的标注有两种：一种是标注钢筋的根数、种类和直径等，如图 6-4（a）所示；另一种是标注钢筋的种类、直径和相邻钢筋的间距等，如图 6-4（b）所示。为了便于识别，应对构件内的钢筋进行编号并引出标注。编号采用阿拉伯数字，并注写在直径为 5～6 mm 的细实线圆中。

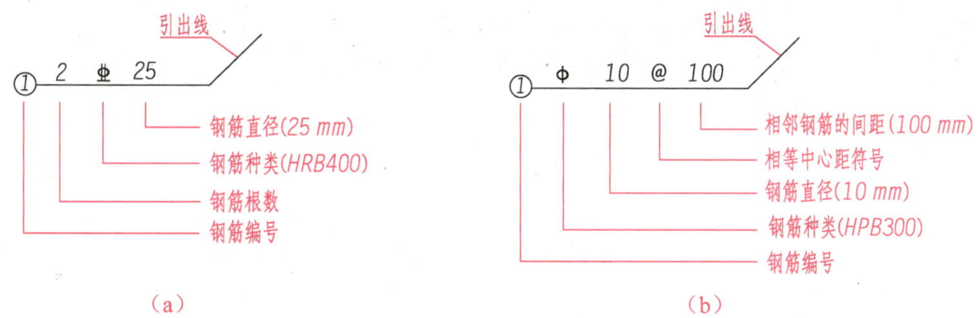

图 6-4 钢筋的标注

5. 定位轴线

结构施工图中的定位轴线及其编号、定位轴线间的尺寸，应与建筑施工图保持一致。

6. 尺寸标注

结构施工图中的尺寸标注应与建筑施工图相吻合，但结构施工图中所注尺寸是结构的实际尺寸，即不包括表面粉刷层或面层的厚度。

三、结构施工图的平面整体表示方法

平面整体表示方法（简称平法）是目前应用比较广泛的结构施工图表示方法。平法就是把结构构件的截面尺寸和配筋等信息，按照制图规则直接在各类结构构件的结构平面图上表达，再结合标准构造详图，形成一套完整的结构设计施工图纸。这种表示方法不同于传统的结构构件表示方法，具有制图简便准确、识读和查找方便的特点。

按平法绘制的施工图（即平法施工图）一般是由各类结构构件的平法施工图和标准构造详图组成的。这里分别介绍梁、柱、板平法施工图的制图规则。

1. 梁平法施工图的制图规则

梁平法施工图是在梁平面布置图上采用平面或截面注写方式，来表达梁的截面尺寸和配筋情况的梁构件施工图。在梁平法施工图中，应注明各结构层的顶层标高和相应的结构层号。

1）平面注写方式

平面注写方式是在梁平面布置图上，分别从不同编号的梁中选一根，并在其上注写截面尺寸和配筋具体数值等内容来表达梁平法施工图的方式。它包括集中标注和原位标注，前者表达梁的通用数值，后者表达梁的特殊数值，如图 6-5 所示。

梁平法施工图

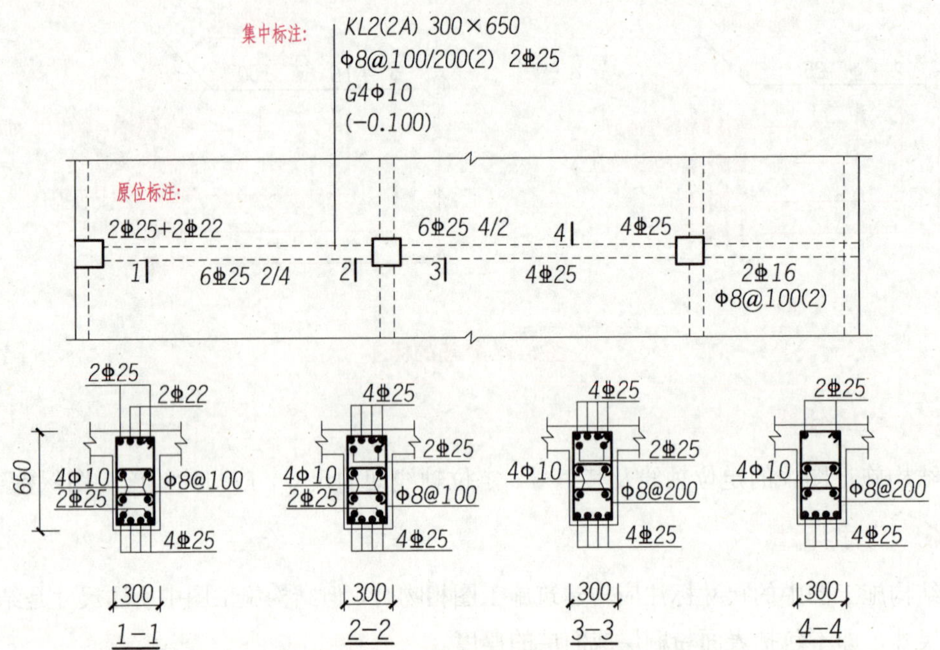

图 6-5 梁平法施工图示例（平面注写方式）

小贴士

图 6-5 下方的 4 个梁截面配筋图是采用传统表示方法绘制的，此处用于对比按平面注写方式来表达梁的配筋情况。实际工作中，当采用平面注写方式时，不需要绘制图中的梁截面配筋图及其相应的截面号。

（1）集中标注。

集中标注可以从梁的任意一跨引出，有 5 项必注值和 1 项选注值。梁编号、梁截面尺寸、梁箍筋、梁上部通长筋或架立筋、梁侧面纵向构造筋或受扭筋为必注值，梁顶面标高高差为选注值，具体规定如下。

知识加油站

通长筋是指直径不一定相同但必须采用搭接、焊接或机械连接接长，且两端一定在端支座锚固的钢筋。通长筋源于抗震构造要求，可分为受力筋和分布筋。

① 梁编号。梁编号由类型代号、序号、跨数（或含悬挑代号）组成，如表 6-8 所示。例如，KL1(3A)表示 1 号框架梁，3 跨，一端有悬挑；L9(7B)表示 9 号非框架梁，7 跨，两端有悬挑。

表 6-8 梁编号

梁类型	类型代号	序号	跨数及含悬挑代号
楼层框架梁	KL	××	(××)，(××A)或(××B)
楼层框架扁梁	KBL	××	(××)，(××A)或(××B)
屋面框架梁	WKL	××	(××)，(××A)或(××B)
框支梁	KZL	××	(××)，(××A)或(××B)
托柱转换梁	TZL	××	(××)，(××A)或(××B)
非框架梁	L	××	(××)，(××A)或(××B)
悬挑梁	XL	××	(××)，(××A)或(××B)
井字梁	JZL	××	(××)，(××A)或(××B)

注：(××A)为一端有悬挑，(××B)为两端有悬挑，悬挑不计入跨度。

② 梁截面尺寸。当梁为等截面梁时，梁的截面尺寸用$b \times h$表示。当梁为竖向加腋梁时，梁的截面尺寸用$b \times h$ Y$c_1 \times c_2$表示，其中c_1为腋长，c_2为腋高，如图 6-6 所示。当梁为水平加腋梁时，梁的截面尺寸用$b \times h$ PY$c_1 \times c_2$表示，其中c_1为腋长，c_2为腋宽，加腋部位应在平面图中绘制，如图 6-7 所示。

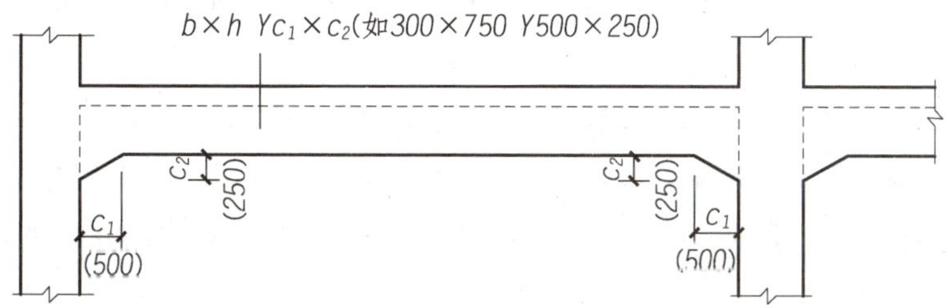

图 6-6 竖向加腋梁截面尺寸注写示意图

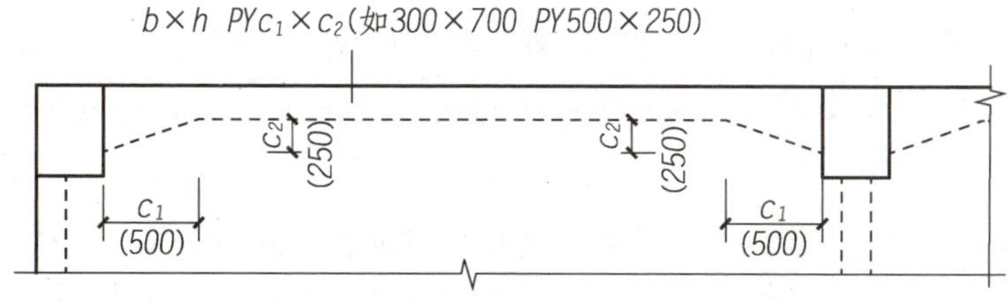

图 6-7 水平加腋梁截面尺寸注写示意图

当梁为悬挑梁，且其根部和端部的高度不相同时，需要用斜线分隔，即$b \times h_1/h_2$，如图 6-8 所示。

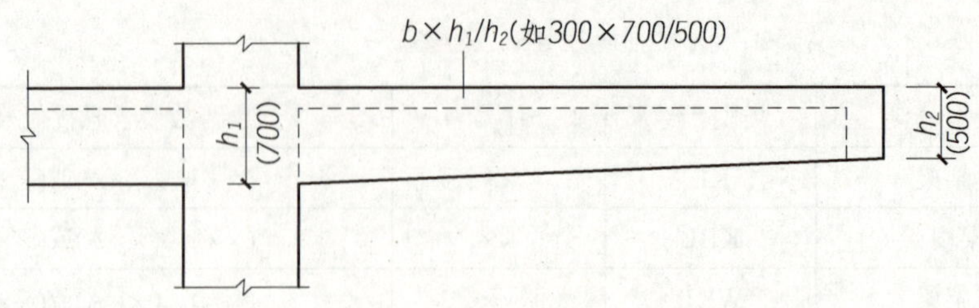

图 6-8　悬挑梁不等高截面尺寸注写示意图

③ 梁箍筋。梁箍筋包括梁箍筋种类、直径、加密区与非加密区的间距及肢数。梁箍筋加密区与非加密区的不同间距及肢数，需要用斜线“/”分隔。当梁箍筋为同一种间距及肢数时，不需要用斜线“/”分隔；当梁箍筋加密区与非加密区的肢数相同时，则将肢数注写一次；梁箍筋肢数应注写在括号内。

例如，Φ10@100/200(4)表示梁箍筋种类为 HPB300，直径为 10 mm，加密区间距为 100 mm，非加密区间距为 200 mm，均为四肢箍。又如，Φ8@100(4)/150(2)表示梁箍筋种类为 HPB300，直径为 8 mm；加密区间距为 100 mm，四肢箍；非加密区间距为 150 mm，两肢箍。

④ 梁上部通长筋或架立筋。当同排纵筋中既有通长筋又有架立筋时，需要用加号“+”将通长筋和架立筋相连。注写时需要将通长筋写在加号“+”前面，架立筋写在加号“+”后面的括号内，以表示不同直径及与通长筋的区别。若全部采用架立筋，则将其写入括号内。例如，2Φ22+(4Φ12)中，2Φ22 表示梁中的通长筋，4Φ12 表示梁中的架立筋。

当梁的上部和下部纵筋为全跨相同，且多数跨配筋相同时，需要用分号“;”将上部与下部纵筋的配筋值分隔开。例如，3Φ22；3Φ20，表示梁上部配置 3Φ22 的通长筋，下部配置 3Φ20 的通长筋。

⑤ 梁侧面纵向构造筋或受扭筋。当梁腹板高度 $h_w \geqslant 450$ mm 时，需要配置纵向构造筋，其以大写字母“G”打头。当梁侧面需要配置受扭筋时，此项注写值以大写字母“N”打头。例如，G6Φ10 表示梁的两个侧面共配置 6Φ10 的纵向构造筋，每侧各配置 3Φ10 的纵向构造筋；N6Φ22 表示梁的两个侧面共配置 6Φ22 的纵向受扭筋，每侧各配置 3Φ22 的纵向受扭筋。

⑥ 梁顶面标高高差。**梁顶面标高高差**是指梁顶面标高相对于结构层楼面标高的高差。对于位于结构夹层的梁，梁顶面标高高差是指梁顶面标高相对于结构夹层楼面标高的高差。当有高差时，需要将其注写在括号内；当无高差时，不需要注写。值得注意的是，当标注梁顶面标高高差，且某梁的顶面标高高于所在结构层的楼面标高时，其标高高差为正值；反之，为负值。

（2）原位标注。

原位标注的内容包括梁支座上部纵筋、梁支座下部纵筋、附加箍筋或吊筋等。当梁集中标注内容中的某一项或几项数值不适用于某跨或某悬挑部位时，需要将其中不同的数值原位标注在该跨或该悬挑部位，施工时应按原位标注数值取用。

① 梁支座上部纵筋（包含通长筋在内的所有纵筋）。

a．当上部纵筋多于一排时，需要用斜线“/”将各排纵筋自上而下分开。例如，梁支座上部纵筋注写为6Φ25 4/2，则表示上排纵筋为4Φ25，下排纵筋为2Φ25。

b．当同排纵筋有两种直径时，需要用加号“＋”将两种直径的纵筋相连，注写时将角部纵筋写在前面。例如，如果梁支座上部有4根纵筋，其中2Φ25的纵筋放在角部，2Φ22的纵筋放在中部，那么梁支座上部纵筋应注写为2Φ25＋2Φ22。

c．当梁中间支座两边的上部纵筋不同时，需要在支座两边分别标注；当梁中间支座两边的上部纵筋相同时，可仅在支座的一边标注配筋值，另一边省略不标注。

d．对于端部带悬挑的梁，其上部纵筋注写在悬挑梁根部支座部位。当支座两边的上部纵筋相同时，可仅在支座的一边标注配筋值，另一边省略不标注。

② 梁下部纵筋。

a．当下部纵筋多于一排时，需要用斜线“/”将各排纵筋自上而下分开。例如，梁下部纵筋注写的6Φ25 2/4，表示上排纵筋为2Φ25，下排纵筋为4Φ25，全部伸入梁支座。

b．当同排纵筋有两种直径时，需要用加号“＋”将两种直径的纵筋相连，注写时将角部纵筋写在前面。

c．当梁下部纵筋不全部伸入支座时，将不伸入梁支座的下部纵筋数量注写在括号内。例如，梁下部纵筋注写为6Φ25 2(−2)/4，表示上排纵筋为2Φ25且不伸入梁支座，下排纵筋为4Φ25且全部伸入梁支座。

③ 附加箍筋或吊筋。

可将附加箍筋或吊筋直接画在梁平面布置图中的主梁上，并用引出线引出标注其配筋情况，附加箍筋的肢数注写在括号内，如图6-9所示。

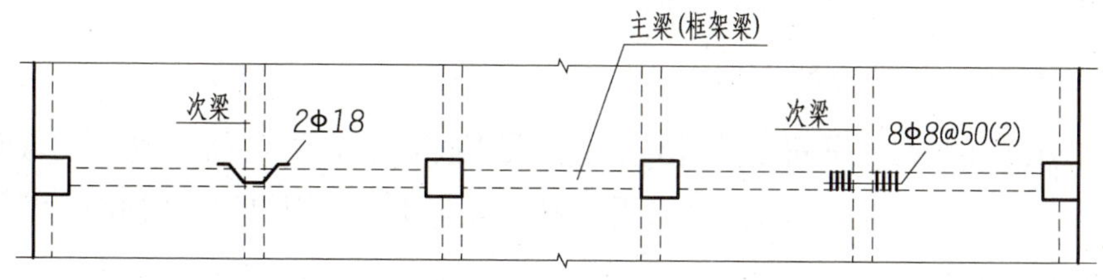

图6-9 附加箍筋和吊筋的画法示意图

 学以致用

【例 6-1】识读图 6-5 所示的梁平法施工图。

识读：

（1）识读集中标注。KL2(2A) 300×650 表示 2 号框架梁，2 跨，一端有悬挑，梁截面尺寸为 300 mm×650 mm；Φ8@100/200(2)表示箍筋为 Φ8@100/200，均为两肢箍；2Φ25 表示通长筋；G4Φ10 表示梁的两个侧面共配置 4Φ10 的纵向构造筋，每侧各配置 2Φ10 的纵向构造筋；(－0.100)表示梁顶面标高相对于结构层楼面标高的高差。

（2）识读原位标注。第 1 跨梁中，上部注写的2Φ25+2Φ22，表示该跨梁上部有 2Φ25 角部纵筋和 2Φ22 中部纵筋；下部注写的 6Φ25 2/4，表示该跨梁下部有两排纵筋，上排为 2Φ25，下排为 4Φ25。

第 2 跨梁中，两端支座上部的配筋不同。该跨梁左侧上部注写的 6Φ25 4/2，表示该跨梁上部有两排纵筋，上排为 4Φ25，下排为 2Φ25；该跨梁右侧上部注写的 4Φ25，表示该跨梁右侧上部纵筋为 4Φ25；该跨梁下部注写的 4Φ25，表示该跨梁下部纵筋为 4Φ25。

梁右侧为悬挑部分，梁右侧上部注写的 4Φ25，表示梁右侧上部配筋为 4Φ25；梁右侧下部注写的 2Φ16，Φ8@100(2)，表示梁右侧下部配筋为 2Φ16，梁右侧箍筋为 Φ8@100，两肢箍。

2）截面注写方式

截面注写方式是在分标准层绘制的梁平面布置图上，分别在不同编号的梁中各选择一根梁，用剖面符号引出截面图形，并在其上注写截面尺寸和配筋具体数值等来表达梁平法施工图的方式。截面配筋图上应注写截面尺寸 $b\times h$、上部筋、下部筋、侧面构造筋或受扭筋，以及箍筋的具体数值。

如图 6-10 所示，1－1 截面配筋图中，梁的上部纵筋为 4Φ16；梁的下部有两排纵筋，上排为 2Φ22，下排为 4Φ22。与1－1截面配筋图相比，2－2 截面配筋图中梁上部少了 2 根纵筋。3－3 截面配筋图中，梁的下部纵筋为 3Φ18，上部纵筋为 2Φ16。3 个截面配筋图中梁的箍筋配置情况相同，均为 Φ8@200。

2. 柱平法施工图的制图规则

柱平法施工图是在柱平面布置图上采用列表或截面注写方式，来表达柱的截面尺寸和配筋情况的柱构件施工图。在柱平法施工图中，应注明各结构层的楼面标高、结构层高和相应的结构层号。

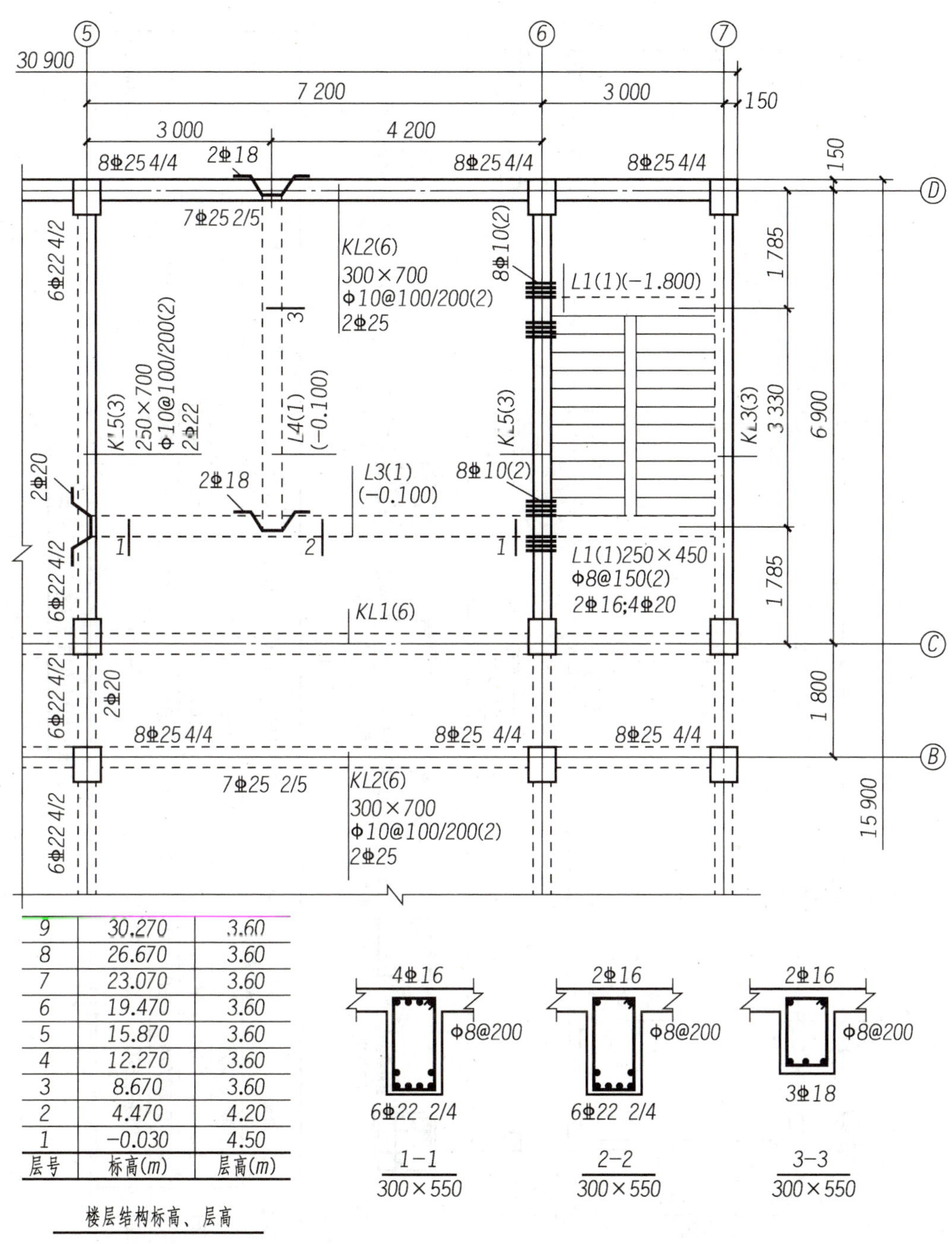

层号	标高(m)	层高(m)
9	30.270	3.60
8	26.670	3.60
7	23.070	3.60
6	19.470	3.60
5	15.870	3.60
4	12.270	3.60
3	8.670	3.60
2	4.470	4.20
1	−0.030	4.50

楼层结构标高、层高

图 6-10　梁平法施工图示例（截面注写方式）

1）**列表注写方式**

列表注写方式是在柱平面布置图上，分别在同一编号的柱中选择一个截面，并标注几何参数代号，然后在柱表中注写柱编号、柱段起止标高、几何尺寸与配筋的具体数值，并配以各种柱截面形状及其箍筋类型等内容来表达柱平面施工图的方式，如图 6-11 所示。

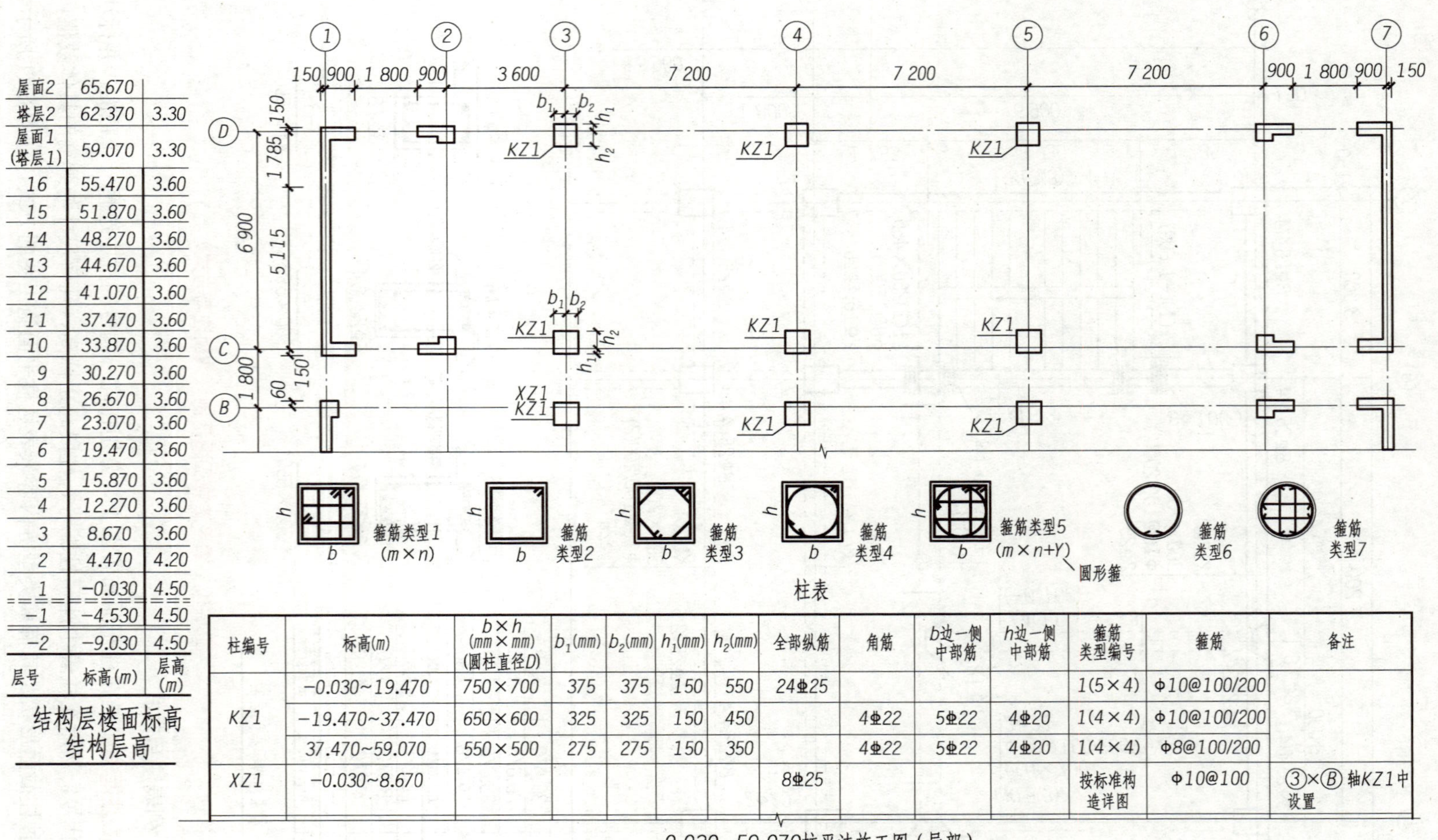

层号	标高(m)	层高(m)
屋面2	65.670	
塔层2	62.370	3.30
屋面1 (塔层1)	59.070	3.30
16	55.470	3.60
15	51.870	3.60
14	48.270	3.60
13	44.670	3.60
12	41.070	3.60
11	37.470	3.60
10	33.870	3.60
9	30.270	3.60
8	26.670	3.60
7	23.070	3.60
6	19.470	3.60
5	15.870	3.60
4	12.270	3.60
3	8.670	3.60
2	4.470	4.20
1	-0.030	4.50
-1	-4.530	4.50
-2	-9.030	4.50

结构层楼面标高
结构层高

柱表

柱编号	标高(m)	b×h (mm×mm) (圆柱直径D)	b_1(mm)	b_2(mm)	h_1(mm)	h_2(mm)	全部纵筋	角筋	b边一侧中部筋	h边一侧中部筋	箍筋类型编号	箍筋	备注
KZ1	-0.030~19.470	750×700	375	375	150	550	24⌀25				1(5×4)	Φ10@100/200	
	-19.470~37.470	650×600	325	325	150	450		4⌀22	5⌀22	4⌀20	1(4×4)	Φ10@100/200	
	37.470~59.070	550×500	275	275	150	350		4⌀22	5⌀22	4⌀20	1(4×4)	Φ8@100/200	
XZ1	-0.030~8.670						8⌀25				按标准构造详图	Φ10@100	③×Ⓑ轴KZ1中设置

-0.030~59.070柱平法施工图（局部）

图 6-11　柱平法施工图示例（列表注写方式）

柱表的注写内容包含柱编号、各段柱的起止标高、矩形柱和圆形柱的尺寸标注、柱纵筋、箍筋类型编号和箍筋肢数、柱箍筋等，具体规定如下。

（1）柱编号。

柱编号由类型代号和序号组成，如表 6-9 所示。

表 6-9　柱编号

柱类型	类型代号	序号
框架柱	KZ	××
芯柱	XZ	××
转换柱	ZHZ	××

（2）各段柱的起止标高。

自柱根部往上以变截面位置或截面未变但配筋改变处为界分段注写。梁上起框架柱的根部标高为梁顶面标高，剪力墙上起框架柱的根部标高为墙顶面标高；从基础起的柱，其根部标高为基础顶面标高；芯柱的根部标高是指根据结构实际需要而定的起始位置标高。

（3）矩形柱和圆形柱的尺寸标注。

对于矩形柱，应注写截面尺寸 $b \times h$ 及轴线关系的几何参数代号 b_1，b_2，h_1，h_2 的具体数值，需要对应各段柱分别注写。其中，$b = b_1 + b_2$，$h = h_1 + h_2$。当截面的某一边收缩变化至与轴线重合或偏到轴线的另一侧时，b_1，b_2，h_1，h_2 中的某项为零或为负值。

对于圆柱，柱表中“$b \times h$”一栏改用圆柱直径数字前加 d 表示。为了表达简单，圆柱截面与轴线的关系也应用 b_1，b_2，h_1，h_2 表示，并使 $d = b_1 + b_2 = h_1 + h_2$。

（4）柱纵筋。

当柱纵筋直径相同，各边根数也相同时，将纵筋注写在“全部纵筋”一栏中。除此之外，柱纵筋的角筋、b 边一侧中部筋和 h 边一侧中部筋这 3 项应分别注写。对于采用对称配筋的矩形截面柱，可仅注写一侧的中部筋，对称边可省略不再注写。

（5）箍筋类型编号和箍筋肢数。

将箍筋类型编号和箍筋肢数 $(m \times n)$ 注写在“箍筋类型号”一栏中。具体工程所设计的各种箍筋类型图，需要画在柱表的上部或图中的合适位置，并在其上标注与柱表中相对应的 b，h 和箍筋类型编号。

（6）柱箍筋。

柱箍筋包括柱箍筋种类、直径与间距。用斜线“/”区分柱端箍筋加密区与柱身非加密区长度范围内箍筋的不同间距。例如，ϕ10@100/200 表示箍筋种类为 HPB300，直径为 10 mm，加密区间距为 100 mm，非加密区间距为 200 mm。

当框架节点核心区内箍筋与柱端箍筋设置不同时，应在括号中注明核心区箍筋的直径及间距。例如，ϕ10@100/200(ϕ12@100)表示柱中箍筋种类为 HPB300，直径为 10 mm，加密区间距为 100 mm，非加密区间距为 200 mm，框架节点核心区箍筋种类为 HPB300，直径为 12 mm，间距为 100 mm。

当箍筋沿柱全高为一种间距时，则不使用斜线“/”。例如，ϕ10@100 表示沿柱全高范围内箍筋种类为 HPB300，直径为 10 mm，间距为 100 mm。当圆柱采用螺旋箍筋时，需要在箍筋前加注“L”，例如，Lϕ10@100/200 表示采用螺旋箍筋，HPB300，直径为 10 mm，加密区间距为 100 mm，非加密区间距为 200 mm。

 学以致用

【例 6-2】识读图 6-11 所示的柱平法施工图。

分析：图 6-11 所示的柱平法施工图由 3 部分组成，即图形、柱表和“结构层楼面标高结构层高”表。识读时，应将图表结合起来看。

识读柱平法施工图

识读：

（1）由图可知，共有两类柱：框架柱（KZ）、芯柱（XZ）。

（2）由柱表可知，KZ1 的标高分为 3 段：–0.030～19.470 m，19.470～37.470 m，37.470～59.070 m。在标高 – 0.030～19.470 m 处，KZ1 的截面尺寸为 750 mm × 700 mm，b_1 和 b_2 均为 375 mm，h_1 为 150 mm，h_2 为 550 mm；全部纵筋有 24 根，种类为 HRB400，直径为 25 mm；箍筋类型编号为 1，箍筋肢数为 5 × 4，箍筋种类为 HPB300，直径为 10 mm，加密区间距为 100 mm，非加密区间距为 200 mm。同理，由柱表可以看出另外两段标高处 KZ1 柱的配筋情况。

（3）在③×Ⓑ轴 KZ1 中设置 XZ1，在标高 – 0.030～8.670 m 处，全部纵筋有 8 根，纵筋种类为 HRB400，直径为 25 mm。箍筋类型号按标准构造详图设置，箍筋种类为 HPB300，直径为 10 mm，间距为 100 mm。

2）截面注写方式

截面注写方式是在柱平面布置图上，分别在同一编号的柱中选择一个截面，以直接注写截面尺寸和配筋具体数值等内容来表达柱平法施工图的方式。具体表达方法：除芯柱外，从相同编号的柱中选择一个截面，按另一种比例原位放大绘制柱截面配筋图，并在各配筋图上继其编号后再注写该柱的截面尺寸 $b \times h$，角筋或全部纵筋、箍筋的具体数值，以及在柱截面配筋图上标注柱截面与轴线关系 b_1，b_2，h_1，h_2 的具体数值，如图 6-12 所示。

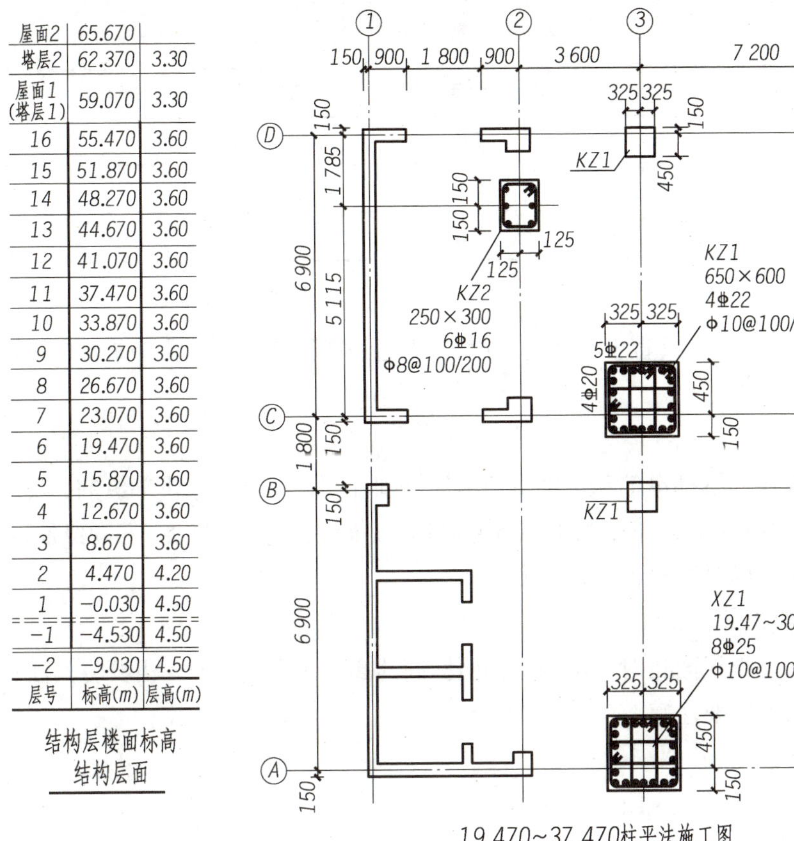

层号	标高(m)	层高(m)
屋面2	65.670	
塔层2	62.370	3.30
屋面1 (塔层1)	59.070	3.30
16	55.470	3.60
15	51.870	3.60
14	48.270	3.60
13	44.670	3.60
12	41.070	3.60
11	37.470	3.60
10	33.870	3.60
9	30.270	3.60
8	26.670	3.60
7	23.070	3.60
6	19.470	3.60
5	15.870	3.60
4	12.670	3.60
3	8.670	3.60
2	4.470	4.20
1	−0.030	4.50
−1	−4.530	4.50
−2	−9.030	4.50

图 6-12 柱平法施工图示例（截面注写方式）

课堂互动

试识读图 6-12 所示的柱平法施工图。

3. 板平法施工图的制图规则

这里的板指的是以梁（墙）为支座的楼板和屋面板。**板平法施工图**是在楼板和屋面板平面布置图上采用平面注写方式，来表达楼板和屋面板的截面尺寸和配筋情况的板构件施工图。板平面注写主要包括板块集中标注和板支座原位标注。

1）板块集中标注

板块集中标注的内容有板块编号、板厚、纵筋、板面标高高差。

（1）板块编号。

板块编号由类型代号和序号组成，如表 6-10 所示。所有板块应逐一编号，相同编号的板块可择其一做集中标注，其他仅注写板块编号和当板面标高不同时的板面标高高差。

表 6-10　板块编号

板块类型	类型代号	序号
楼板	LB	××
屋面板	WB	××
悬挑板	XB	××

（2）板厚。

板厚注写为 $h=\times\times\times$（垂直于板面的厚度），当已经在图样中统一注明板厚时，该项可不再注写。

（3）纵筋。

贯通纵筋按板块的下部纵筋和上部贯通纵筋分别注写，以 B 表示下部纵筋，以 T 表示上部贯通纵筋，以 B&T 表示下部与上部贯通纵筋。x 向纵筋以 X 打头，y 向纵筋以 Y 打头，两向纵筋配置相同时则以 X&Y 打头。

（4）板面标高高差。

板面标高高差是指板面相对于结构层楼面标高的高差。有高差时，需要将其注写在括号内；无高差时，不需要注写。

例如，一楼板注写为

LB5　$h=110$

B:XΦ12@125；YΦ10@110

它表示该楼板为 5 号楼板，板厚为 110 mm，板下部配置的纵筋 x 向为 Φ12@125，y 向为 Φ10@110，板上部未配置贯通纵筋。

2）板支座原位标注

板支座原位标注的内容有板支座上部非贯通纵筋、悬挑板上部受力筋。板支座原位标注的钢筋，应在配置相同跨的第 1 跨表示。在配置相同跨的第 1 跨（或梁悬挑部位），绘制一段垂直于板支座（梁或墙）、适宜长度的中粗实线段，以该线段代表板支座上部非贯通纵筋，并在线段上方注写钢筋编号（如①，②等）、配筋值、横向连续布置的跨数（注写在括号内，当为 1 跨时可不注写），以及是否横向布置到梁的悬挑端。(××)表示连续布置的跨数，(××A)表示连续布置的跨数及一端的悬挑梁部位，(××B)表示连续布置的跨数及两端的悬挑梁部位。

例如，在板平面布置图中的某部位，横跨支撑梁绘制的中粗实线段上方注写有⑦Φ12@100(5A)，下方注写有 1 500，表示支座上部⑦号非贯通纵筋为 Φ12@100，从该跨起沿支撑梁连续布置 5 跨加梁一端的悬挑端，该钢筋自支座边线向两侧跨内的伸出长度均为 1 500 mm。

板支座上部非贯通纵筋自支座边线向跨内的伸出长度，注写在线段的下方。当板支座

上部非贯通纵筋向支座两侧对称伸出时，可仅在支座一侧线段下方标注伸出长度，另一侧不注，如图 6-13 所示；当向支座两侧非对称伸出时，应分别在支座两侧线段下方注写伸出长度，如图 6-14 所示。

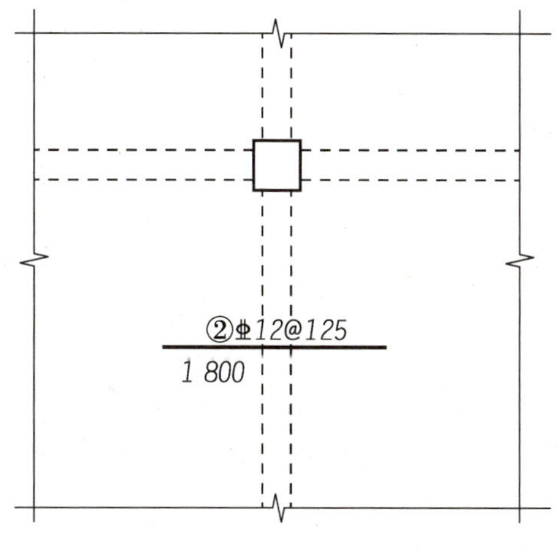

图 6-13　板支座上部非贯通纵筋对称伸出注写示例图

③⏀12@125
1 800　1 400

图 6-14　板支座上部非贯通纵筋非对称伸出注写示例

在板平面布置图中，不同部位的板支座上部非贯通纵筋及悬挑板上部受力筋，可仅在一个部位注写，对其他相同者则仅需要在代表钢筋的线段上注写编号即可。

笔记

实践操作——识读梁平法施工图

1. 任务描述

平法施工图可提高施工效率、保证施工质量、降低施工成本、促进技术交流，在建筑行业中具有重要意义。为了让学生更好地掌握梁平法施工图的制图规则，请指导教师组织学生识读图 6-15 中的梁平法施工图。

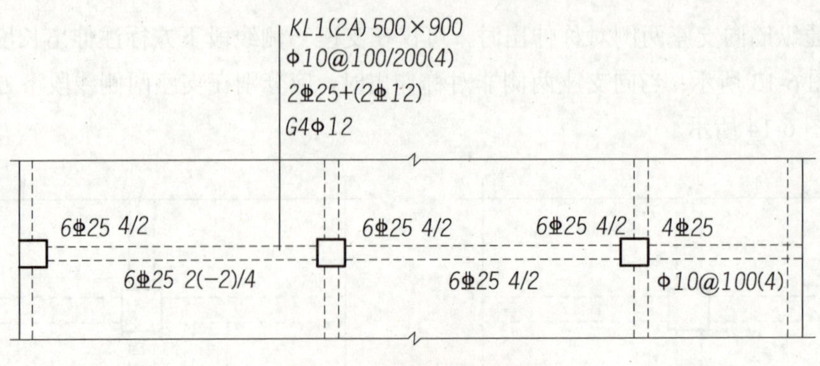

图 6-15 梁平法施工图

2. 实施内容

（1）分析集中标注。KL1(2A) 500×900 表示 1 号框架梁，2 跨，一端有悬挑，梁截面尺寸为 500 mm×900 mm；ϕ10@100/200(4)表示箍筋为 ϕ10@100/200，均为四肢箍；2⌀25＋(2⌀12)表示同排纵筋中有通长筋和架立筋，其中 2⌀25 表示通长筋，2⌀12 表示架立筋；G4ϕ12 表示梁的两个侧面共配置 4ϕ12 的纵向构造筋，每侧各配置 2ϕ12 的纵向构造筋。

（2）分析原位标注。第 1 跨梁中，上部注写的 6⌀25 4/2 表示该跨梁上部有两排纵筋，上排纵筋为 4⌀25、下排纵筋为 2⌀25；下部注写的 6⌀25 2(－2)/4 表示该跨梁下部有两排纵筋，上排纵筋为 2⌀25 且不伸入梁支座，下排纵筋为 4⌀25 且全部伸入梁支座。

第 2 跨梁中，两端支座的上部配筋相同，均为 6⌀25 4/2，表示该跨梁上部有两排纵筋，上排纵筋为 4⌀25，下排纵筋为 2⌀25，下部注写的 6⌀25 4/2 表示该跨梁下部有两排纵筋，上排纵筋为 4⌀25，下排纵筋为 2⌀25。

梁右侧为悬挑部分，上部注写的 4⌀25 表示梁右侧配筋为 4⌀25，下部注写的 ϕ10@100(4)表示梁箍筋为 ϕ100@100，四肢箍。

任务二 识读结构施工图

任务引入

小明是一名新晋的建筑工程师，加入了一家知名的建筑设计公司。他被分配到了一个重要的住宅项目团队，负责协助资深工程师进行结构施工图的识读和分析。作为新人，他需要尽快掌握识读结构施工图的基本技能，以便能够准确理解设计意图，为后续的施工工作提供有力支持。

思考 作为一名新晋的建筑工程师，小明需要具备哪些知识和技能来更好地识读结构施工图？

任务工单

请扫描下方二维码，获取任务工单。根据任务工单，学生可以在课前预习相关知识，在课后进行实施。

在建筑工程领域，结构施工图是不可或缺的重要文件，它承载着建筑物从基础到各楼层结构的详细信息和设计要求。通过识读结构施工图，我们能够深入理解建筑物的结构体系，以便为后续的施工工作提供准确的指导。本任务主要介绍基础图（基础平面图、基础详图）、楼层结构平面图和钢筋混凝土构件详图（钢筋混凝土梁、柱、板的结构详图）的识读。

一、基础图

用来表示建筑物室内地面以下基础部分的平面布置及详细构造的图样称为**基础图**。它通常包括基础平面图和基础详图，为了识读和查找方便，一般将二者绘制在同一张图纸上。

知识加油站

基础是建筑物的一个重要组成部分，其形式和大小与上部结构系统、荷载大小及地基的承载力有关。基础一般有条形基础、独立基础、桩基础、筏形基础、箱形基础等形式，如图 6-16 所示。

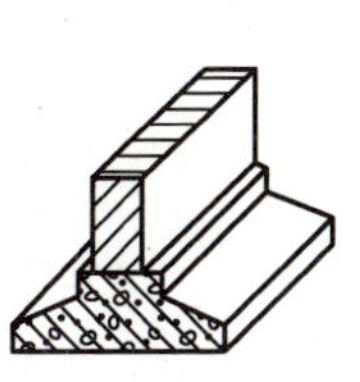

（a）条形基础

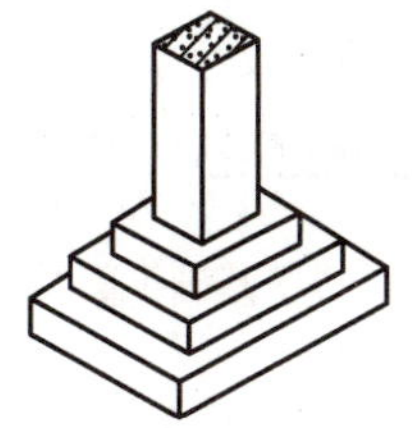

（b）独立基础

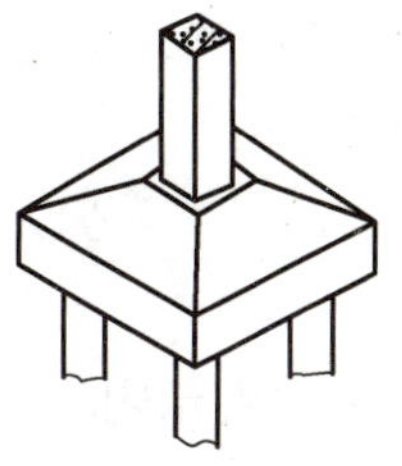

（c）桩基础

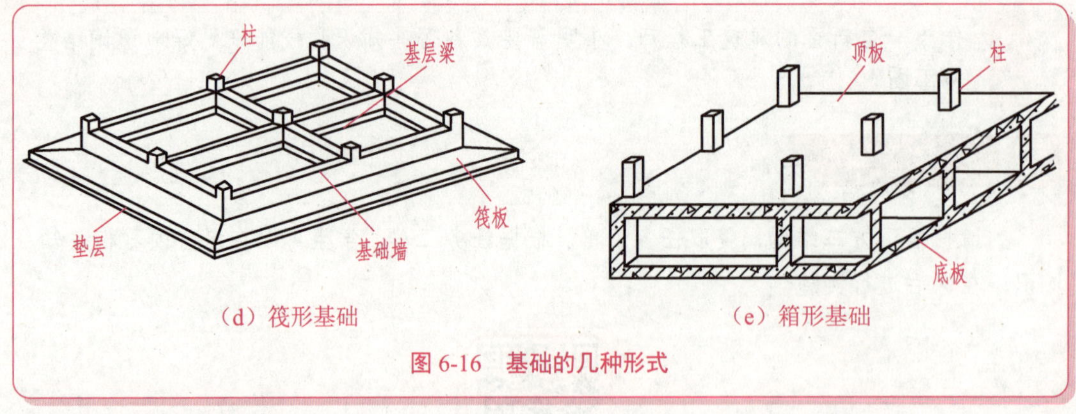

（d）筏形基础　　（e）箱形基础

图 6-16　基础的几种形式

1. 基础平面图

基础平面图是指假设用一水平剖切平面，在建筑物底层地面下方进行剖切，将剖切平面下方的构件向下作正投影所得到的水平投影图，如图 6-17 所示。它主要反映了垫层、墙、柱、梁等结构构件的布置情况。在基础平面图中，一般只需要绘制出墙和基础底面轮廓线，用粗实线表示被剖切到的墙的轮廓线，用中实线表示可见的基础底面轮廓线。

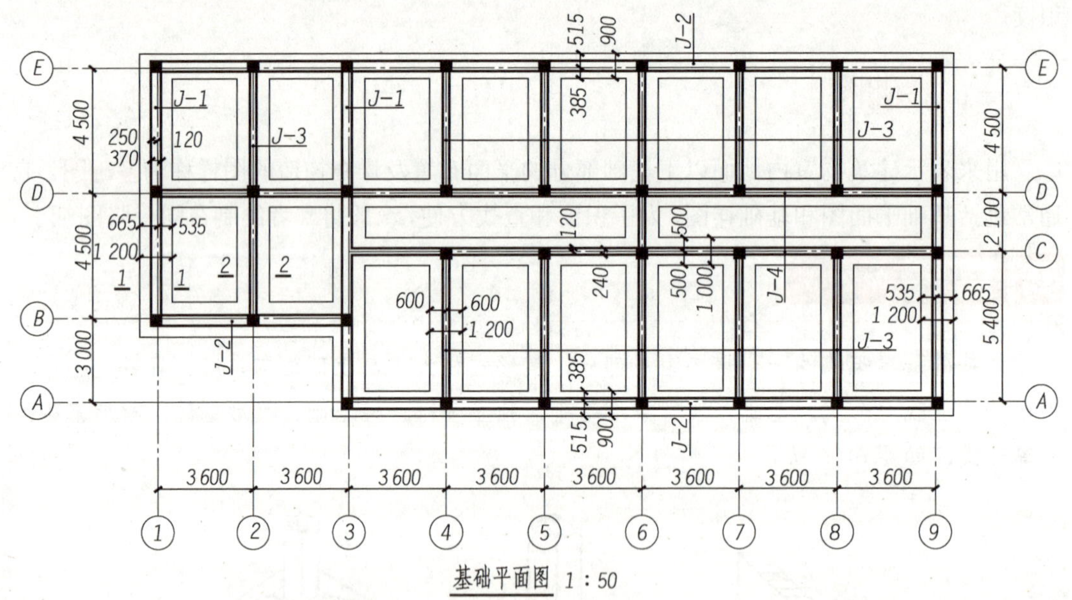

图 6-17　基础平面图

1）基础平面图的图示内容

（1）图名、比例、定位轴线及其编号。基础平面图采用的比例、定位轴线及其编号一般与建筑平面图相同，以便与建筑平面图对照识读。

（2）基础的平面布置情况。基础的平面布置应包括基础墙、柱的平面布置，基础底面的形状和大小，以及基础与定位轴线的关系。

（3）基础构件的布置和编号。

（4）基础断面图的剖切位置。

（5）定位轴线之间的尺寸、基础尺寸和定位尺寸。

（6）施工说明，即所用材料的强度等级、防潮层做法、设计依据及施工注意事项等。

2）基础平面图的识读

识读基础平面图时，需要弄清楚基础类型、基础墙厚、基础尺寸、定位轴线的位置、剖切符号的位置等几个方面的问题。

 学以致用

【例 6-3】试识读图 6-17 所示的基础平面图。

（1）了解图名、比例。图名为基础平面图，比例为 1：50。

（2）了解基础类型。由图可知基础为条形基础，且有J－1，J－2，J－3和J－4这4种类型。

（3）了解基础墙厚。由图可知基础墙厚有两种：370 mm 和 240 mm。

（4）了解基础尺寸。由于基础底面轮廓线（未剖切到，但沿投影方向能看得到）用中实线表示，因此竖向基础的底面宽度均为 1 200 mm，横向基础的底面宽度为 900 mm 和 1 000 mm。

（5）了解定位轴线的位置。②轴线、④～⑧轴线、Ⓒ轴线和Ⓓ轴线位于墙的中心线上，其余定位轴线均不在墙的中心线上。

（6）了解剖切符号。当基础的形状、尺寸、埋置深度与定位轴线的相对位置不同时，需要分别绘制出它们的断面图。同时，必须在基础平面图中的相应位置绘制出剖切符号，并注写断面编号。图中有两处标注了剖切符号，它们分别为1－1和2－2。

2. 基础详图

基础平面图一般只反映基础的平面位置，而基础的断面形状、大小、构造、材料和埋置深度等需要基础详图来体现。基础详图通常用基础的断面图表示。一栋建筑物中，由于不同位置具有不同的荷载和地基承载力，因此其下方应具有不同的基础。对于每种不同的基础，都要绘制出它的基础详图，并在基础平面图上用剖切符号及其编号来表明剖切位置。

基础详图一般包括基础的垫层、大放脚、基础墙、防潮层及钢筋配置情况等。如图 6-18 所示为钢筋混凝土条形基础的基础详图。其中，垫层是指在基坑和条形基础底面之间设置的混凝土层；大放脚是指基础墙下阶梯状的砌体；基础墙是指埋入地下的墙体；防潮层是指为了防止地面 (± 0.000) 以下土壤中水分沿着基础上升而影响墙身所设置的材料层。

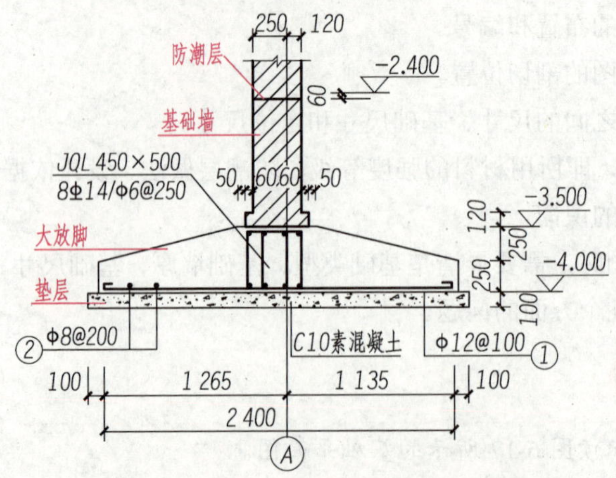

图 6-18 钢筋混凝土条形基础的基础详图

1）基础详图的图示内容

基础详图一般采用较大的比例绘制，如 1∶10，1∶20 和 1∶50。基础详图能详细表示出基础的断面形状、大小、材料、构造、埋深和标高等。

2）基础详图的识读

识读基础详图时，需要了解基础类型、各处标高、墙体厚度、钢筋尺寸及配置等内容。

 学以致用

【例 6-4】试识读图 6-18 所示钢筋混凝土条形基础的基础详图。

（1）由图中轮廓线可知，该条形基础包括防潮层、基础墙、大放脚、垫层等。

（2）由图中的尺寸标注和标高可知，该基础从地下室室内地坪标高 – 2.400 m 到 – 3.500 m 处为基础墙。除 – 3.500 m 处基础墙的厚度为 490 mm 外，其余位置基础墙的厚度均为 370 mm。在室内地坪标高 – 2.400 m 下方 60 mm 处，有一道防潮层。从室外地坪标高 – 3.500 m 到 – 4.000 m 处为大放脚，其高度为 500 mm，宽度为 2 400 mm。

（3）基础底板配有一层 Φ12@100 的受力筋和一层 Φ8@200 的分布筋。基础圈梁 JQL 与大放脚浇筑在一起，顶面标高为 –3.500，其宽为 450 mm、高为 500 mm；钢筋为 8Φ14，箍筋为 Φ6@250。基础下有 100 mm 厚的 C10 素混凝土垫层。

二、楼层结构平面图

楼层结构平面图是指假想用一个水平剖切平面（紧贴楼板上表面）将建筑物切开，然后移去上部建筑物，并由上向下作正投影所得到的水平投影图。它实质上是一个剖面图，主要反映了建筑物楼层结构的梁、板、墙等结构构件的布置情况，如图 6-19 所示。

在多层建筑中，建筑物有几层就应绘制几个楼层结构平面图，并在图样的正下方注写相应的图名，如二层结构平面图、三层结构平面图等。但若中间各楼层构件的类型、大小、

数量和布置均相同，则可用一张结构平面图表示，这张结构平面图就是标准层结构平面图。屋面结构平面图的图示内容与楼层结构平面图相同，只是实际结构构件的形式、布置、配件不同，若屋面结构与楼层完全相同且平面对称，则可一半绘制楼层结构平面图，另一半绘制屋面结构平面图。

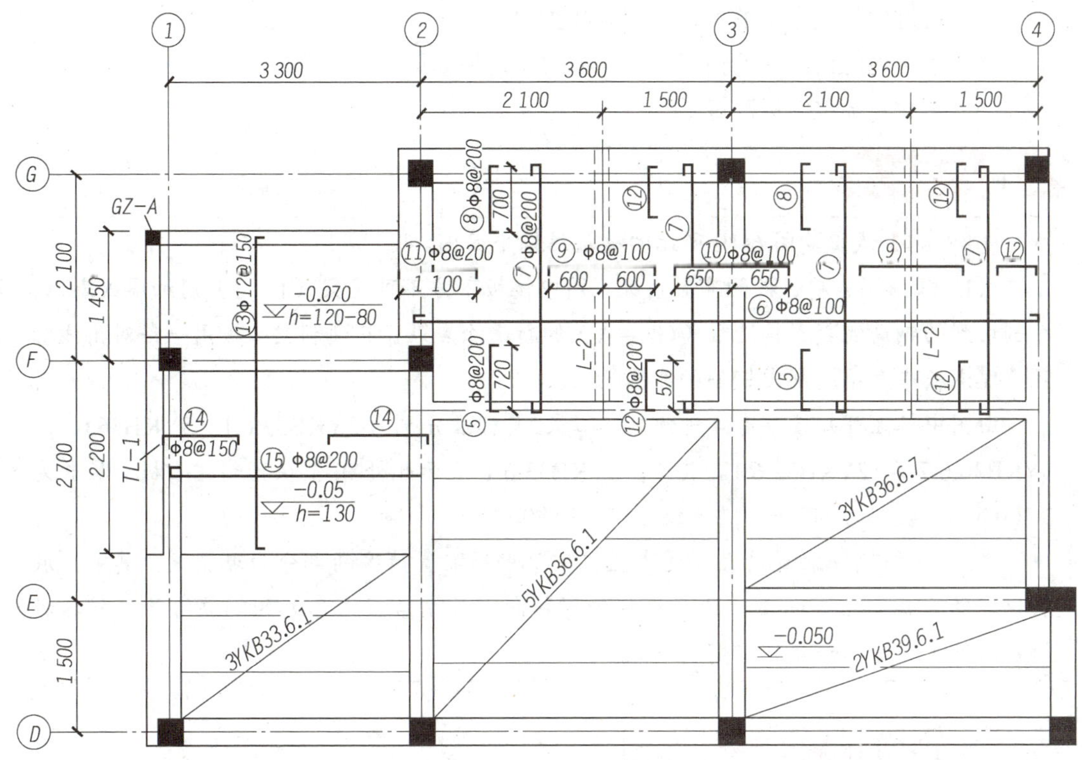

图 6-19 楼层结构平面图（局部）

1. 楼层结构平面图的图示内容

（1）图名、比例。楼层结构平面图的图名可按楼层或楼层板的标高位置来命名，比例常采用 1∶50，1∶100 等。

（2）定位轴线及其编号。定位轴线及其编号应与建筑平面图保持一致。

（3）结构构件的情况。需要标注墙、柱、梁和板等结构构件的代号、位置和类型等。当楼板另有详图表示时，楼板的布置通常用由细实线绘制的对角线来表示，并注写代号和编号。楼板有现浇板和预制板两种：对于现浇板，一般在图中反映其配筋情况；对于预制板，一般在图中反映其造型、排列和数量等。

（4）尺寸。楼层结构平面图中应标注两道尺寸，外部一道尺寸标注楼板结构的总长，内部一道尺寸标注轴线间的尺寸。

2. 楼层结构平面图的识读

对于不同楼层的楼层结构平面图，其识读方法基本相同。值得注意的是，要根据楼层结构平面图找到与其对应的建筑平面图，了解各房间下方的基础墙、柱、板等的位置。

楼层结构平面图的识读要点如下。

（1）了解图名和比例。

（2）与建筑平面图对照，了解楼层结构平面图的定位轴线。

（3）通过构件代号了解构件的位置和类型。

（4）了解现浇板的配筋情况、预制板的排列和数量等。

（5）了解各部位的标高等。

 学以致用

【例 6-5】试识读图 6-19 所示的楼层结构平面图。

（1）了解梁、柱、板的布置情况。图中楼板下方不可见梁（L－2）用细虚线表示；被剖切到的钢筋混凝土构造柱（GZ－A）的断面涂黑表示；预制空心板用一条对角线标注；现浇板中直接绘制出钢筋的布置情况。

由图中标注可知楼层有 4 种预制空心板，其标注分别为 3YKB33.6.1，5YKB36.6.1，3YKB36.6.7 和 2YKB39.6.1。其中，3YKB33.6.1 表示此处有 3 块预制空心板，板长为 3 300 mm，板宽为 600 mm，荷载等级为一级。

（2）了解钢筋配置情况。图中直接表示钢筋配置情况的部分为现浇板。其中，底层钢筋的弯钩向上或向左，顶层钢筋的弯钩向下或向右。由各处的钢筋编号可知各种钢筋的种类、直径和相邻钢筋的间距。

三、钢筋混凝土构件详图

1. 钢筋混凝土构件的基本知识

1）钢筋混凝土构件的概念

钢筋混凝土构件由钢筋和混凝土两种材料组成。混凝土是由水泥、砂子、石子和水按一定比例拌和而成的人工复合材料。它在凝固后具有很好的抗压能力。混凝土的抗压强度等级分为 C15，C20，C25，C30，C35，C40，C45，C50 等，“C”后面的数值越大，混凝土的抗压能力越好。但是，混凝土的抗拉能力很差，为了解决混凝土这一弱点，常在构件的受拉区配置一定数量的钢筋，其与混凝土有良好的黏结力，二者黏结后共同受力。

钢筋混凝土构件有现浇和预制两种制作方式。**现浇**是指在建筑工地现场浇注；**预制**是指在工厂先预制好，再运到工地现场进行安装。此外，还有预应力混凝土构件，即在构件制作过程中，通过张拉钢筋对混凝土预加一定的压力，以提高构件的抗拉和抗裂能力。

2）钢筋混凝土构件的图示方法

对于钢筋混凝土构件，不仅需要用投影图反映其形状和尺寸，还需要反映钢筋的配置情况，如钢筋的种类、数量、直径、形状、位置、长度和相邻钢筋的间距等。

假想混凝土是透明的，这样就可以透过混凝土看到钢筋混凝土构件内部钢筋的配置情况。这种能反映内部钢筋配置情况的图样称为**配筋图**。配筋图是钢筋混凝土结构图中最主要的图样。它可以是平面图、立面图或断面图。必要时，还可以把构件中各编号的钢筋抽出来绘制成钢筋详图，并列出钢筋表，如图 6-20 所示。

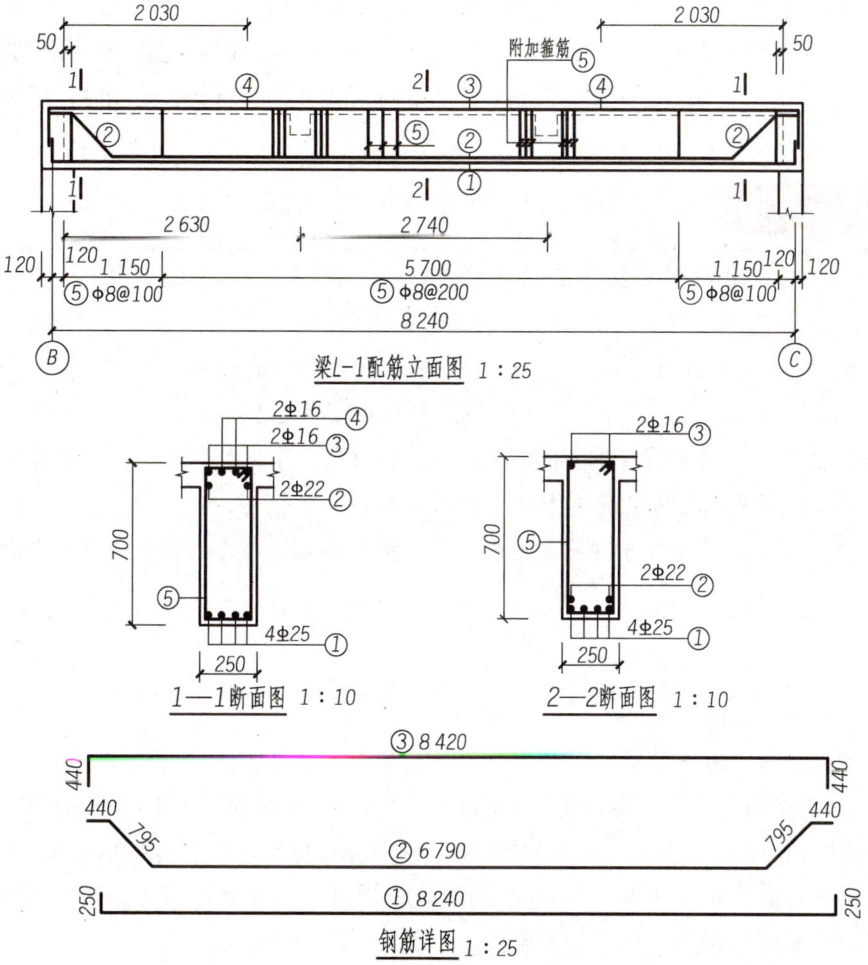

梁L-1配筋立面图 1 : 25

1—1断面图 1 : 10　　2—2断面图 1 : 10

钢筋详图 1 : 25

梁L-1钢筋表

编号	钢筋简图	规格	长度(mm)	根数
①	250 8 240 250	Φ25	8 740	4
②	440 795 795 440 6 790	Φ22	9 260	2
③	440 8 420 440	Φ16	9 300	2
④	440 2 240	Φ16	2 680	4
⑤	200 625	Φ8	1 710	59

图 6-20　钢筋混凝土单跨主梁配筋图

2. 钢筋混凝土构件详图的识读

1）钢筋混凝土梁的结构详图

钢筋混凝土梁的结构详图主要包括立面图和断面图。立面图主要表达梁的轮廓尺寸、钢筋位置、编号及配筋情况；断面图则主要表达梁的截面形状、尺寸、箍筋形式、钢筋的位置和数量。断面图的剖切位置应选择在梁截面尺寸及配筋有变化的部位。

此外，为了便于下料，还可以把各号钢筋抽出来绘制成钢筋详图，并列出钢筋表。钢筋表中应包括钢筋的编号、简图、规格、根数、每根钢筋的长度等。读图时，应先看图名，再看立面图和断面图。

 学以致用

【例 6-6】试识读图 6-20 所示的某现浇钢筋混凝土单跨主梁配筋图。

（1）从立面图上可以看出，该梁位于Ⓑ轴线和Ⓒ轴线之间，梁长为 8 480 mm。中间虚线部分表示板和两个次梁的外轮廓，两个次梁距Ⓑ轴线处柱边的距离分别为 2 630 mm 和 5 370 mm。②号为弯起钢筋，弯起点距柱边 50 mm。

（2）由钢筋表可知④号钢筋的形状、根数和长度，再由立面图、1－1 断面图和 2－2 断面图可知，④号钢筋为梁两端上部附加的钢筋。

（3）由钢筋表可知⑤号钢筋为箍筋，其数量有 59 根。再由立面图中可以看出，59 根箍筋并未全部画出，从尺寸 $\frac{5\ 700}{⑤\phi 8@200}$ 可知，中间部位两相邻箍筋的中心距为 200 mm。由两端尺寸 $\frac{1150}{⑤\phi 8@100}$ 可知，两端靠近Ⓑ，Ⓒ轴线处两相邻箍筋的中心距为 100 mm。由立面图中的标注“附加箍筋”可知，次梁两端加密箍筋各 3 道。

（4）由断面图可知，梁的高为 700 mm，宽度为 250 mm。由 2－2 断面图可知，梁的上部有 2 根直径为 16 mm 的 HRB335 钢筋；下部第 1 排配 4 根直径为 25 mm 的 HRB335 钢筋；第 2 排配 2 根直径为 22 mm 的 HRB335 钢筋；1－1 断面图还表示了梁端部②号钢筋弯起后的位置和④号钢筋的放置位置。

（5）由钢筋表中可以看出各种钢筋的形状、规格、长度、根数。

2）钢筋混凝土柱的结构详图

钢筋混凝土柱是房屋建筑结构中主要的承重构件，其结构详图一般包括立面图和断面图。立面图主要表达柱的高度、柱内钢筋配置及搭接情况；断面图则主要表达柱的截面尺寸、箍筋形式、受力筋的摆放位置及数量。断面图的剖切位置应选择在柱截面尺寸、受力筋数量和位置有变化的部位。

柱的立面图一般采用 1∶50，1∶30 和 1∶20 的比例绘制，断面图一般用 1∶10 和 1∶20 的比例绘制。钢筋混凝土柱配筋图的线型与钢筋混凝土梁配筋图的线型相同。

学以致用

【例 6-7】试识读图 6-21 所示钢筋混凝土柱的结构详图。

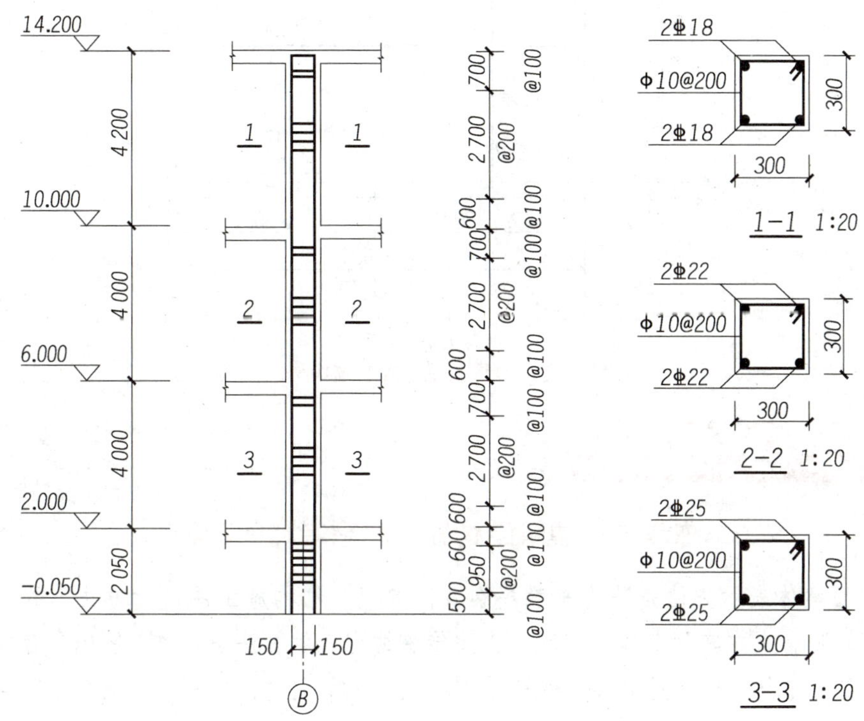

图 6-21 钢筋混凝土柱的结构详图

（1）由右侧的断面图可知，该柱为正方形断面，边长为 300 mm。受力筋有 3 种布置：在 1−1 断面处，受力筋为 4 根直径为 18 mm 的 HRB400 钢筋；在 2−2 断面处，受力筋为 4 根直径为 22 mm 的 HRB400 钢筋；在 3−3 断面处，受力筋为 4 根直径为 25 mm 的 HRB400 钢筋。由图中钢筋的直径可知，越向下部，柱子受力越大，所需钢筋的受力面积也就越大。

（2）3 个断面图中，箍筋均是直径为 10 mm 的 HPB300 钢筋。由立面图中的尺寸可知，柱的端部箍筋需要加密，其间距为 100 mm，中部不需要加密的部分，箍筋的间距为 200 mm。

3）钢筋混凝土板的结构详图

钢筋混凝土板的结构详图包括配筋平面图和断面图。配筋平面图主要表达钢筋的直径、间距、规格和摆放位置，必要时也可加画断面图。钢筋混凝土板的结构详图中，每种钢筋只需要具体标注其中一根，其余部分的同种钢筋可只画出该钢筋并注写钢筋编号即可，如图 6-22 所示。

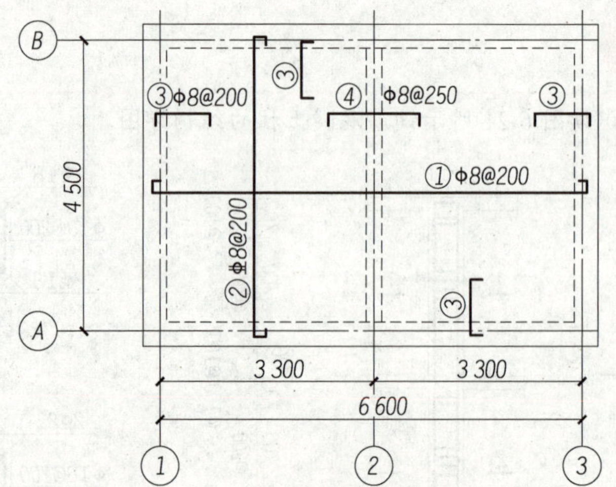

图 6-22　钢筋混凝土板的结构详图

陈青来：建筑结构界的思想者和创新者

平面整体表示方法是陈青来教授在我国混凝土结构施工图设计方法上的一次重大改革。陈青来在实际工作中发现，当按传统结构表示方法设计施工图时，存在大量的“同值性重复”和“同比值性重复”，使得传统的设计方法效率低，质量难以控制。

1989—1991 年，陈青来先后在日本和挪威进行研修和考察，期间他发现发达国家设计事务所完成的结构图纸通常没有节点构造和杆件构造，这些通常由建筑公司（施工单位）进行二次设计，使得设计事务所的设计效率和质量都能得以保证。有些设计事务所的结构图纸甚至只给出配筋面积，具体配筋方式交由建筑公司负责，使得设计事务所的出图速度很快。

陈青来认为我国传统的结构设计方法必须改革才能与发达国家接轨，在不断地实践与普及中，平面整体表示方法在我国全面普及，并得到业界的普遍认同。

实践操作——识读楼层结构平面图

1．任务描述

识读楼层结构平面图

建筑物的结构会受到多种因素的影响，如自然环境中的风、雨、雪、地震等，使用环境中的荷载变化、设备振动等。这些因素都可能导致建筑物出现裂缝、变形、腐蚀等不同程度的受损现象。这不仅影响建筑物的外观，还会危及建筑物的结构安全，缩短其使用寿命，甚至导致严重的安全事故。

针对上述问题，常对建筑物进行结构加固。在结构加固的过程中，结构施工图是重要的参考工具，通过结构施工图，能够快速锁定墙、梁和柱等结构构件的位置，确定各结构构件的构造情况，确保结构加固顺利进行。为了让学生更好地掌握结构施工图的相关知识，请指导教师组织学生识读如图 6-23 所示的某住宅楼的二层结构平面图。

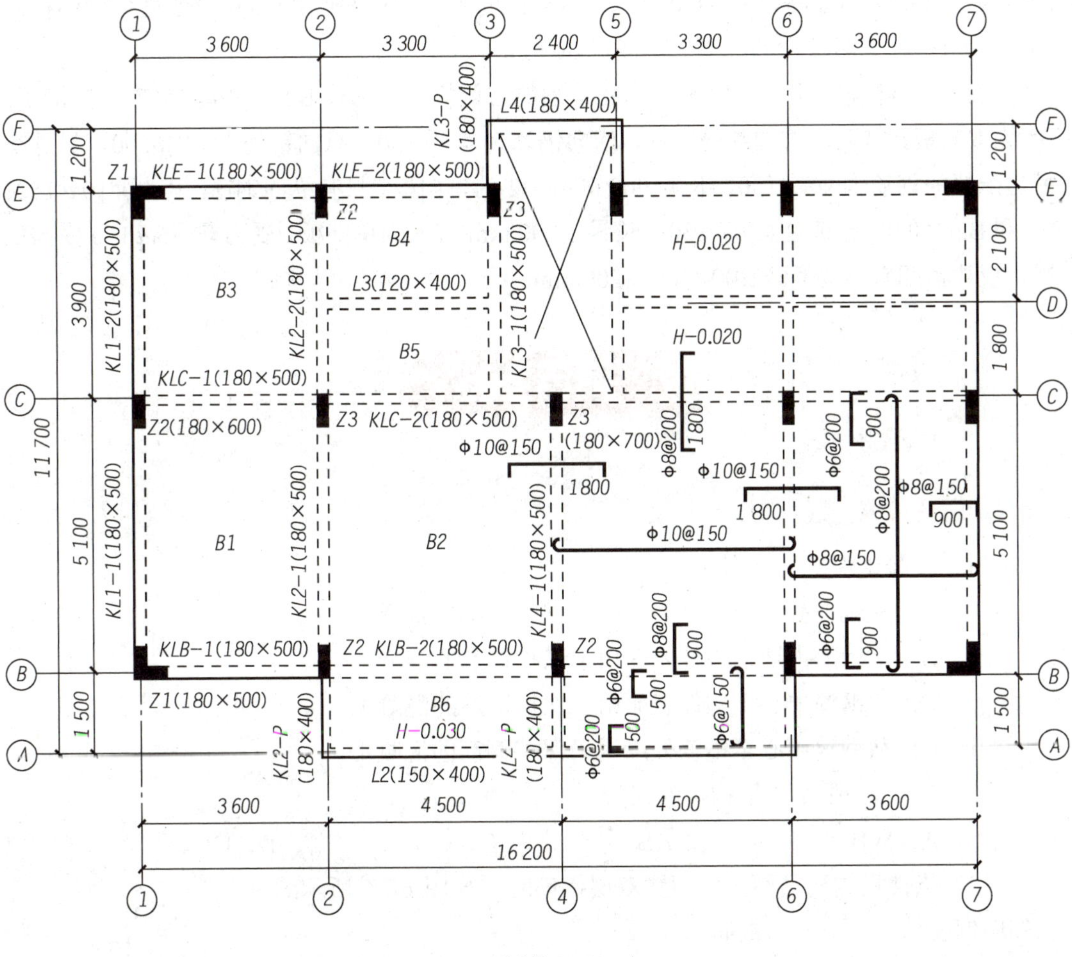

二层结构平面图 1:100

图 6-23 某住宅楼的二层结构平面图

2. 实施内容

（1）了解图名、比例。图名为二层结构平面图，比例为 1∶100。

（2）了解梁、柱、板的布置情况。该图以④轴线为对称线，梁、柱、板均标注在左侧。图中涂黑的部分是钢筋混凝土柱，有 Z1(180×500)、Z2(180×600)、Z3(180×700)，其中 Z1 为异形柱。

图中在柱与柱之间的是框架梁（KL），如②轴线上的框架梁共有 3 跨，KL2－1 支撑在Ⓑ轴线上的 Z2 和Ⓒ轴线上的 Z3 上，断面尺寸为 180 mm×500 mm；KL2－2 支撑在Ⓒ轴线上的 Z3 和Ⓔ轴线上的 Z2 上，断面尺寸为 180 mm×500 mm；KL2－P 是悬挑梁，在Ⓐ轴线和Ⓑ轴线之间，断面尺寸为 180 mm×400 mm。

左侧的板被梁隔为 6 块，其为 B1～B6，一般楼面的标高为 H（即该楼层的结构标高）；B4 和 B5 处楼面的标高为 $H-0.020$，表示楼面的标高比房间低 20 mm；B6 处楼面的标高为 $H-0.030$，表示楼面的标高比房间低 30 mm。

（3）了解楼板的钢筋配置情况。在该图的右侧标注了 B1，B2 和 B6 的钢筋配置情况：B1 为双向板，有两个方向的受力筋，横向钢筋为 Φ8@150，纵向钢筋为 Φ8@200，另外在板边配置的钢筋为 Φ8@150，长为 900 mm；B2 为单向板，只有纵向钢筋，其为 Φ10@150。B1 和 B2 之间的配筋为 Φ10@150，长为 1 800 mm；B6 为单向板，受力筋 Φ6@150 横向配置，板边也配有钢筋 Φ6@200，长为 500 mm。

  项目考核 

一、单选题

（1）混凝土保护层是指（　　）。

A．从钢筋外缘至构件表面用于保护钢筋的混凝土

B．从钢筋内缘至构件表面用于保护钢筋的混凝土

C．从钢筋中心至构件表面用于保护钢筋的混凝土

D．从钢筋中心至钢筋外缘用于保护钢筋的混凝土

（2）（　　）是空心板构件的代号。

A．WB　　B．KB　　C．GB　　D．QL

（3）当楼板结构平面图中配置双层钢筋时，如图 6-24 所示的钢筋图例表示（　　）的钢筋。

A．底层　　B．顶层

C．底层和顶层　　D．以上都不对

图 6-24　钢筋图例

（4）“Φ8@200”未能表达出（　　）。

A．钢筋种类　　B．钢筋直径

C．相邻钢筋的间距　　D．弯钩形状

（5）某梁的编号 KL4(2A)表示（　　）。

A．4 号框架梁，2 跨，一端有悬挑　　B．2 号框架梁，4 跨，一端有悬挑

C．5 号框支梁，2 跨，两端有悬挑　　D．4 号框架梁，2 跨，两端有悬挑

（6）某框架柱的配筋 Φ8@100/200 表示（　　）。

A．箍筋种类为 HRB300，直径为 8 mm，钢筋间距为 200 mm

B．箍筋种类为 HRB400，直径为 8 mm，钢筋间距为 100 mm

C．箍筋种类为 HRB400，直径为 8 mm，加密区间距为 100 mm，非加密区间距为 200 mm

D．箍筋种类为 HRB400，直径为 8 mm，加密区间距为 200 mm，非加密区间距为 100 mm

（7）某梁的配筋 φ8@100(4)/150(2)表示（　　）。

A．箍筋种类为 HPB300，直径为 8 mm，加密区间距为 100 mm，四肢箍；非加密区间距为 150 mm，两肢箍

B．箍筋种类为 HRB300，直径为 8 mm，加密区间距为 100 mm，四肢箍；非加密区间距为 150 mm，两肢箍

C．箍筋种类为 HPB300，直径为 8 mm，加密区间距为 150 mm，四肢箍；非加密区间距为 100 mm，两肢箍

D．箍筋种类为 HRB300，直径为 8 mm，加密区间距为 150 mm，四肢箍；非加密区间距为 100 mm，两肢箍

二、填空题

（1）结构施工图一般包括__________、__________和__________。

（2）根据受力情况和作用的不同，钢筋可分为受力筋、箍筋、架立筋、__________、__________和__________。

（3）在梁平法施工图中，__________表达梁的通用数值，__________表达梁的特殊数值。

（4）基础详图通常用__________表示。

（5）配筋图可以是__________、__________或__________。

三、简答题

（1）在结构施工图中，钢筋的标注有哪几种？

（2）简述基础平面图的图示内容。

四、实操题

识读图 6-25 所示的柱平法施工图。

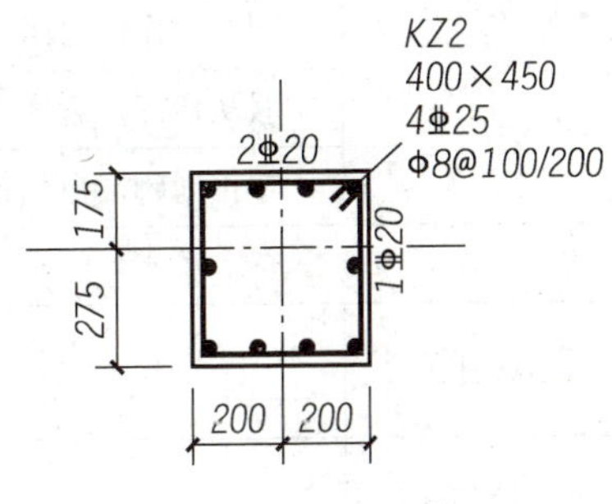

图 6-25　柱平法施工图

项目评价

指导教师根据学生实际学习成果对其进行评价，学生配合指导教师完成如表 6-11 所示的项目评价表。

表 6-11　项目评价表

班级		组号		日期	
姓名		学号		指导教师	
项目名称	结构施工图识读				
评价项目	评价内容			满分/分	评分/分
知识（40%）	结构施工图的内容			6	
	结构施工图的有关规定			6	
	结构施工图的平面整体表示方法			10	
	基础图			6	
	楼层结构平面图			6	
	钢筋混凝土构件详图			6	
技能（40%）	识读梁平法施工图			6	
	识读柱平法施工图			6	
	识读板平法施工图			6	
	识读基础图			10	
	识读楼层结构平面图			6	
	识读钢筋混凝土构件详图			6	
素养（20%）	积极参加教学活动，主动学习、思考、讨论			6	
	认真负责，按时完成学习、实操任务			4	
	团结协作，与组员密切配合			4	
	服从指挥，遵守课堂纪律			4	
	守正创新，自信自强			2	
合计				100	
自我评价					
指导教师评价					

项目七

AutoCAD 绘图基本知识和操作

项目导读

随着信息技术的飞速发展和计算机技术在各行业的深入渗透，计算机辅助绘图软件在绘制建筑图样方面的应用已变得相当普遍。在众多绘图软件中，Autodesk 公司推出的 AutoCAD 无疑是非常知名的，其在建筑领域的应用尤为广泛。随着 AutoCAD 版本的持续迭代与升级，其功能也在日益强大，使得用户能够更加精确、高效地完成建筑图样的绘制工作，从而极大地推动了建筑行业的数字化进程。

本项目主要介绍 AutoCAD 的工作界面及基本操作，常见的绘图命令和编辑命令，以及文字注释、尺寸标注的基本方法等。

项目目标

知识目标

（1）熟悉 AutoCAD 的工作界面。

（2）掌握 AutoCAD 的基本操作方法。

（3）掌握 AutoCAD 的常见绘图命令和编辑命令。

（4）掌握辅助绘图工具的设置方法。

（5）掌握文字注释和尺寸标注的基本方法。

技能目标

（1）能够使用绘图命令绘制平面图形，使用编辑命令编辑平面图形。

（2）能够对平面图形进行文字注释和尺寸标注。

素质目标

（1）养成善于思考、勇于实践的学习习惯，不断探索绘图的新方法和新思路。

（2）培养脚踏实地、久久为功的职业品格，保持对绘图工作的认真态度和敬业精神。

任务一 使用 AutoCAD 绘制平面图形

任务引入

随着计算机的快速发展，手工绘图已经不能适应现代化生产的需要。相较于传统的手工绘图，计算机辅助绘图软件绘图展现出了显著的优势。它不但可以节省工作时间、提升工作效率，而且使所绘制的建筑图样更为清晰、准确，便于保存和修改。

思考 在使用计算机辅助绘图软件时，有哪些操作技巧或注意事项？

任务工单

请扫描下方二维码，获取任务工单。根据任务工单，学生可以在课前预习相关知识，在课后进行实施。

AutoCAD 是 AutoDesk 公司推出的集二维绘图、三维设计、参数化设计、协调设计和数据库管理等功能于一体的计算机辅助绘图软件，用户可以通过使用它来创建、浏览、管理、输出、共享工程图样。本任务主要介绍 AutoCAD 的工作界面及基本操作、平面图形的绘制、辅助绘图工具的设置等。

一、AutoCAD 的工作界面及基本操作

1. 工作界面

安装 AutoCAD 后，双击图标，进入初始界面，此时通过单击左侧的“打开...”或“新建”按钮，来打开或新建图形文件，即可进入工作界面。工作界面是显示和编辑图形的区域，主要包括标题栏、“应用程序”按钮、快速访问工具栏、功能区、绘图区、命令窗口、状态栏等，如图 7-1 所示。

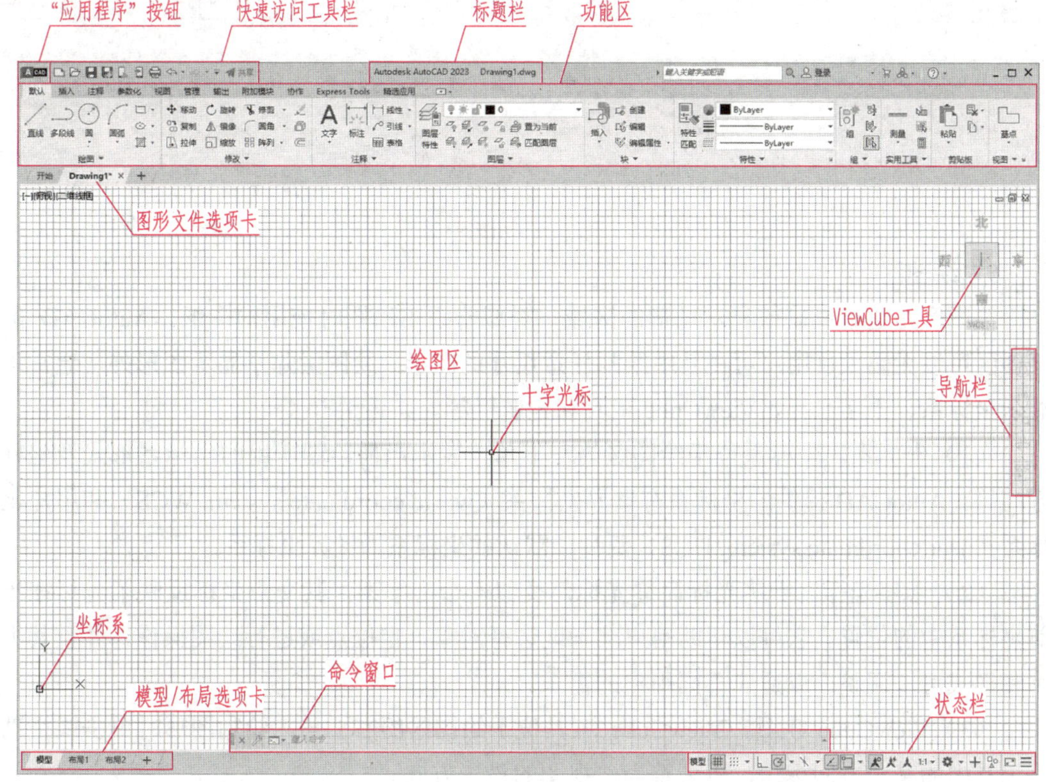

图 7-1 AutoCAD 的工作界面

1）标题栏

标题栏位于工作界面的最上方，用来显示当前正在运行的应用程序和用户正在使用的图形文件的名称。若图形文件创建后未命名，则文件名默认设置为 Drawing1。

2）“应用程序”按钮

“应用程序”按钮 位于工作界面的左上角。单击此按钮，在下拉菜单中选择相应选项，不仅可以进行新建、打开、保存、另存为、输入、输出、发布、打印等操作，还可以打开“选项”对话框或退出 AutoCAD。

3）快速访问工具栏

快速访问工具栏包括“新建”“打开”“保存”“另存为...”“从 Web 和 Mobile 中打开”“保存到 Web 和 Mobile”“打印”“放弃”“重做”等常用工具，可使用这些工具进行相应的操作。若需要其他工具（如图层、特性匹配等），可单击该工具栏右侧的按钮进行选择。

4）功能区

功能区由“默认”“插入”“注释”“参数化”“视图”等选项卡及其面板组成，AutoCAD 中大部分命令以按钮形式显示在这些选项卡的面板中。如图 7-2 所示，单击“默认”选项卡后，其下方将显示“绘图”“修改”“注释”“图层”等面板，命令按钮则按类别显示在各面板中。

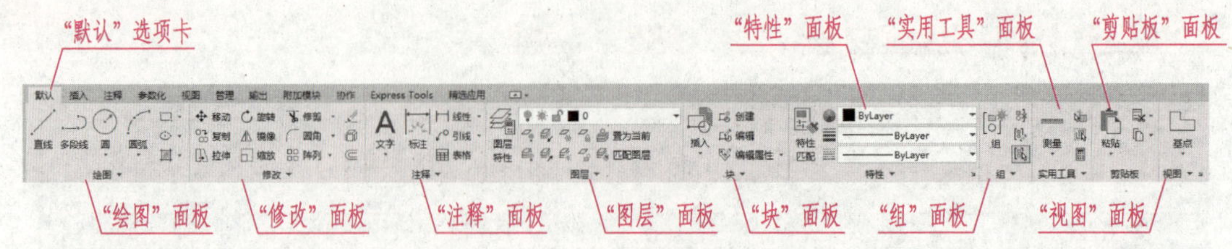

图 7-2　功能区

5）绘图区

绘图区是进行绘制或显示图形的区域，类似于手工绘图时使用的图纸。AutoCAD 的绘图区可以无限大，用户可在其中绘制任意尺寸的图形。绘图区除了显示图形外，通常还显示坐标系、十字光标、ViewCube 工具和导航栏等。

（1）坐标系。坐标系位于绘图区的左下角，表示当前绘图所用的坐标系形式及坐标方向等。AutoCAD 提供的坐标系有世界坐标系（world coordinate system, WCS）和用户坐标系（user coordinate system, UCS）两种，默认的坐标系为世界坐标系。

（2）十字光标。十字光标简称光标，类似一个十字架，其交点坐标反映了光标在当前坐标系中的位置。它可以帮助用户准确地选择对象、定位点或进行绘图操作，并且其大小和样式可以调整，以适应不同用户的需求。

（3）ViewCube 工具。ViewCube 工具位于绘图区的右上角，绘制图形时单击或拖动该工具中的某一方向标识，可调整当前视图的投影方向。

（4）导航栏。导航栏位于绘图区的右侧，包括"全导航控制盘""平移""范围缩放""动态观察""ShowMotion"等工具。通过导航栏，用户可以快捷地启动这些工具，提高绘图效率。

6）命令窗口

命令窗口位于绘图区的底部，用于输入命令的名称和参数，显示当前正在执行命令的提示信息等。例如，在命令窗口输入"L"并按 Enter 键，命令窗口中将显示"LINE 指定第一个点："的提示信息，如图 7-3 所示。

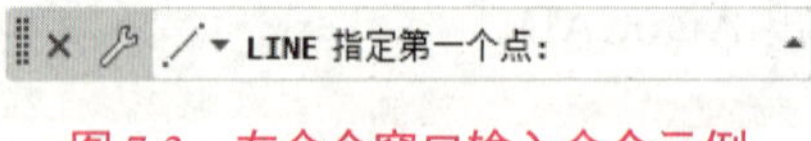

图 7-3　在命令窗口输入命令示例

7）状态栏

状态栏位于工作界面的右下方，主要用于显示辅助绘图工具和改变绘图环境的工具，如图 7-4 所示。

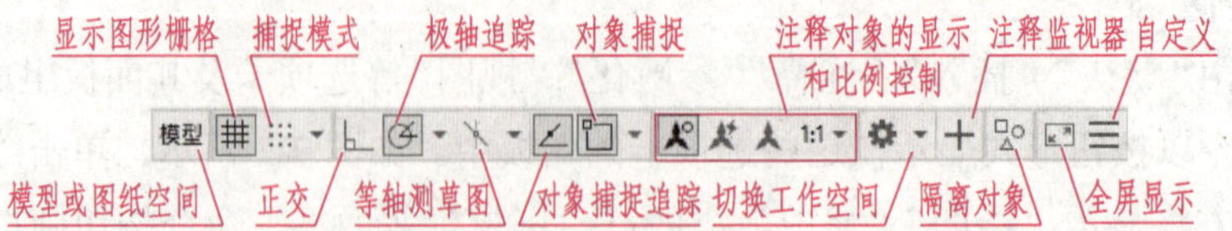

图 7-4　状态栏

2. 图形文件管理

图形文件管理包括新建、打开、保存和关闭图形文件等。

1）新建图形文件

除前述新建图形文件的方式外，还可通过以下几种方式新建图形文件。

（1）按快捷键“Ctrl+N”。

（2）单击快速访问工具栏中的“新建”按钮。

（3）单击“应用程序”按钮，在下拉菜单中选择“新建”选项。

（4）在命令窗口输入“NEW”或“QNEW”并按 Enter 键。

按照上述 4 种方法中的任意一种操作后，都会打开“选择样板”对话框，如图 7-5 所示。在该对话框中选择所需图形样板并单击“打开”按钮，即可以该图形样板为模板新建一个图形文件。

知识加油站

> 图形样板主要设置了图纸的输出布局、边框、标题栏，以及图形单位、图层、文字样式、标注样式等，用户可根据需要选择合适的样板文件。在绘制平面图形时，若事先没有指定其他样板文件，一般可将 acadiso.dwt 文件作为样板文件。

2）打开图形文件

进入 AutoCAD 的工作界面后，可通过以下几种方式打开图形文件。

（1）按快捷键“Ctrl+O”。

（2）单击快速访问工具栏中的“打开”按钮。

（3）单击“应用程序”按钮，在下拉菜单中选择“打开”→“图形”选项。

（4）在命令窗口输入“OPEN”并按 Enter 键。

按照上述 4 种方式中的任意一种操作后，都会打开“选择文件”对话框，如图 7-6 所示。在该对话框中选择要打开的图形文件并单击“打开”按钮，即可打开所选图形文件。

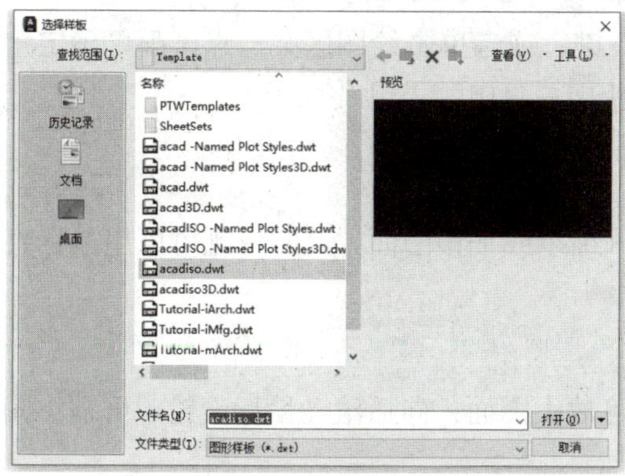

图 7-5 “选择样板”对话框

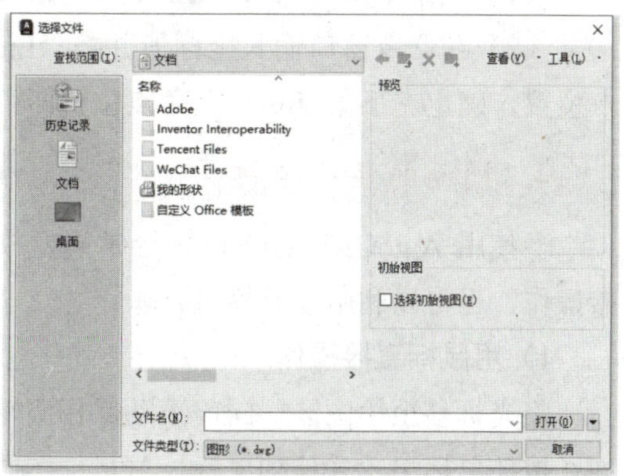

图 7-6 “选择文件”对话框

3）保存图形文件

为了避免因停电、死机等意外情况而造成数据丢失，用户应养成及时保存图形文件的习惯，可通过以下几种方式保存图形文件。

（1）按快捷键“Ctrl+S”。

（2）单击快速访问工具栏中的“保存”按钮。

（3）单击“应用程序”按钮，在下拉菜单中选择“保存”选项。

（4）在命令窗口输入“SAVE”或“QSAVE”并按Enter键。

4）关闭图形文件

绘制完图形后，如果不继续绘制，则可通过以下几种方式关闭图形文件。

（1）单击工作界面右上角的“关闭”按钮。

（2）单击“应用程序”按钮，在下拉菜单中选择“关闭”选项。

（3）在命令窗口输入“QUIT”或“EXIT”并按Enter键。

3. 设置绘图环境

绘图环境的设置包括设置图形单位、设置图形界限等。

1）设置图形单位

图形单位是AutoCAD中绘制和测量图形的虚拟度量单位。设置图形单位的具体方法如下。

（1）单击“应用程序”按钮，选择“图形实用工具”→“单位”选项，或在命令窗口输入“DDUNITS”或“UNITS”后按“Enter”键，弹出“图形单位”对话框。

（2）在弹出的“图形单位”对话框中，可进行长度、角度、插入时的缩放单位、光源、方向等的设置，并可显示输出样例。设置完毕后，单击“确定”按钮。

2）设置图形界限

图形界限就是实际绘图区域（即图纸）的大小，用户可以通过定义图形界限的左下角和右上角的坐标来确定一个矩形区域。设置图形界限的具体方法如下。

（1）在命令窗口输入“LIMITS”并按“Enter”键，显示提示信息。

（2）在命令窗口输入坐标值并按“Enter”键，或者单击绘图区某一点，都可确定角点位置。确定左下角点和右上角点位置即可确定图形界限。

4. 图面的显示控制

当使用AutoCAD绘图时，经常需要放大、缩小或平移图面。此时，既可以用鼠标直接操作，也可以利用导航栏进行操作。

1）用鼠标直接操作

将光标移至绘图区，向前滚动鼠标滚轮，可放大图面；向后滚动鼠标滚轮，可缩小图面；按住鼠标滚轮并移动鼠标，可平移图面。

2）利用导航栏进行操作

在绘图区右侧的导航栏中单击“范围缩放”按钮下方的按钮，然后在下拉菜单中选择相应的选项，可对图形进行不同程度的放大或缩小。在导航栏中单击“平移”按钮，光标将变为，此时按住鼠标左键并移动鼠标，可平移图面；按 Esc 键或 Enter 键，可结束图面的平移状态。

5. 图层的设置

图层是用于控制图形元素的颜色、线型等属性及显示状态的重要工具。图层就像堆叠在一起的透明纸张，每张纸上都绘制了图形的一部分。用户可以通过选择特定的图层来仅编辑某一部分图形，而不影响其他图层上的内容。这种分层管理的方式极大地提高了图形处理的灵活性和效率。下面来介绍如何创建与删除图层，如何设置图层的颜色、线型和线宽，以及如何管理图层等。

1）创建与删除图层

（1）创建图层。在“默认”选项卡的“图层”面板中，单击“图层特性”按钮，即可打开“图层特性管理器”对话框。在此对话框中单击“新建图层”按钮，可创建一个名称为“图层 1”的新图层，如图 7-7 所示。

（2）删除图层。当某一图层不再需要时，可在“图层特性管理器”对话框中选择要删除的图层，然后单击“删除图层”按钮或按 Delete 键，即可删除该图层。需要注意的是，“0”图层是不能被重命名和删除的。

小贴士

若要重命名图层，则只需要单击该图层名称，输入新名称并按 Enter 键，或者右击该图层名称，从弹出的快捷菜单中选择“重命名图层”选项，然后输入新名称即可。

2）设置图层的颜色

单击图层所在行的“■白”按钮，即可打开“选择颜色”对话框；然后在“索引颜色”选项卡中选择相应的颜色（如红色）；最后单击“确定”按钮，即可设置图层的颜色，如图 7-8 所示。

3）设置图层的线型

单击图层所在行的“Continuous”选项，打开“选择线型”对话框。默认情况下，此对话框的线型列表中只有连续线型“Continuous”。此时，单击此对话框中的“加载(L)...”按钮，在弹出的“加载或重载线型”对话框中选择相应线型（如 CENTER）并单击“确定”按钮，即可将该线型加载至“选择线型”对话框中，如图 7-9（a）所示；然后在“选择线型”对话框中选择相应线型并单击“确定”按钮，即可完成图层线型的设置，如图 7-9（b）所示。

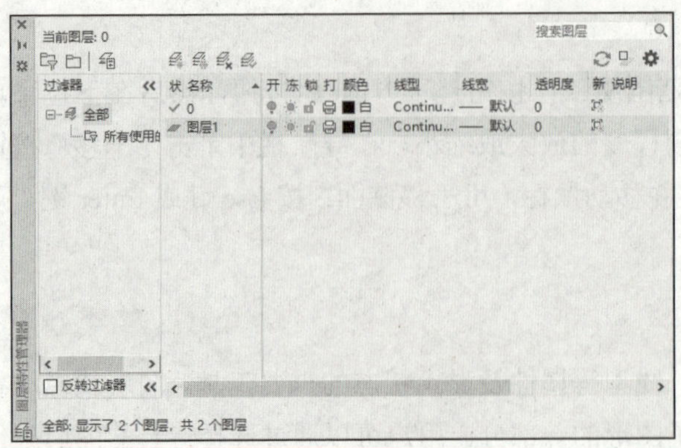

图 7-7　创建图层

图 7-8　设置图层的颜色

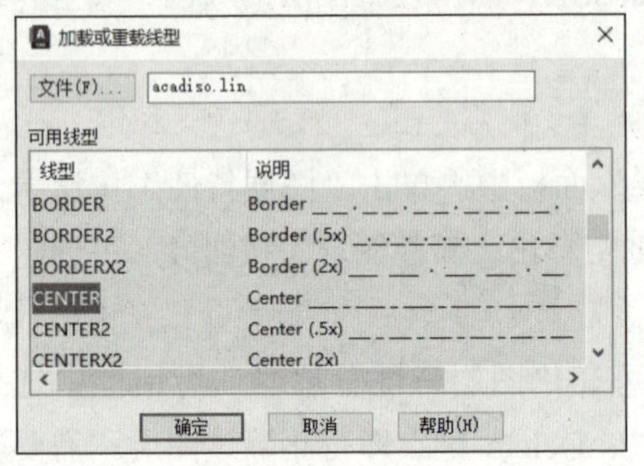

（a）“加载或重载线型”对话框

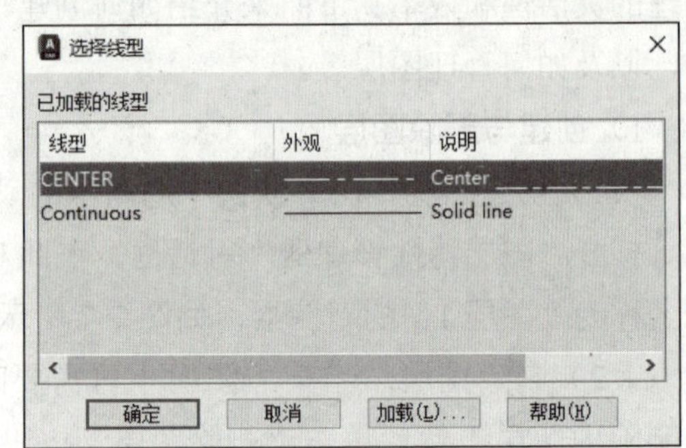

（b）“选择线型”对话框

图 7-9　设置图层的线型

4）设置图层的线宽

在 AutoCAD 中，新建图层和“0”图层默认的线宽均为 0.25 mm，它适用于细实线、细虚线和细点画线等。若需要绘制粗实线、粗虚线和粗点画线等，则可单击图层所在行的“———— 默认”选项，打开“线宽”对话框，然后从中选择相应线宽并单击“确定”按钮即可。

5）管理图层

管理图层主要包括置为当前图层、打开/关闭图层、冻结与解冻图层、锁定与解锁图层等。我们既可以通过“图层特性管理器”对话框来管理图层，也可以通过单击“默认”选项卡的“图层”面板中的相关按钮来管理图层。

小贴士

当前图层就是当前绘图的图层，所绘制的图层都在当前图层上，因此若想在某个图层上绘制具有该图层特性的图形对象，就要先将该图层设置为当前图层。例如，绘制细实线时，应先将细实线图层置为当前图层。

二、平面图形的绘制

在 AutoCAD 中，通常使用绘图命令来绘制平面图形，如绘制直线、矩形、正多边形、圆、圆弧、椭圆、椭圆弧、样条曲线等。

1. 绘制直线

在命令窗口输入“L”并按 Enter 键，或在“默认”选项卡的“绘图”面板中单击“直线”按钮，均可执行“直线”命令。执行“直线”命令后，依次指定直线的起点和终点，即可完成直线的绘制。指定直线的起点和终点有以下两种方法。

（1）输入坐标并按 Enter 键。例如，输入坐标“200,300”并按 Enter 键，即可在绘图区指定 X 坐标为 200、Y 坐标为 300 的点为直线的起点或终点。

（2）直接在绘图区内单击来指定。

2. 绘制矩形

在命令窗口输入“REC”并按 Enter 键，或在“默认”选项卡的“绘图”面板中单击“矩形”按钮，均可执行“矩形”命令。执行“矩形”命令后，先指定矩形的一个角点，命令窗口中将会出现提示信息，如图 7-10 所示。此时，可指定矩形的另一个角点，或在命令窗口提示信息中选择其他选项来绘制矩形。

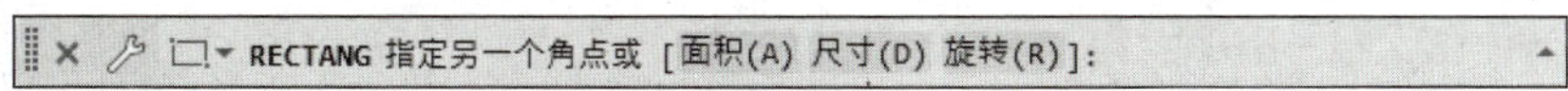

图 7-10　先指定矩形的一个角点后的命令窗口提示信息

例如，指定矩形的一个角点并在命令窗口提示信息中选择“尺寸(D)”选项后，依次输入矩形的长度和宽度，可绘制出指定尺寸的矩形，如图 7-11 所示。

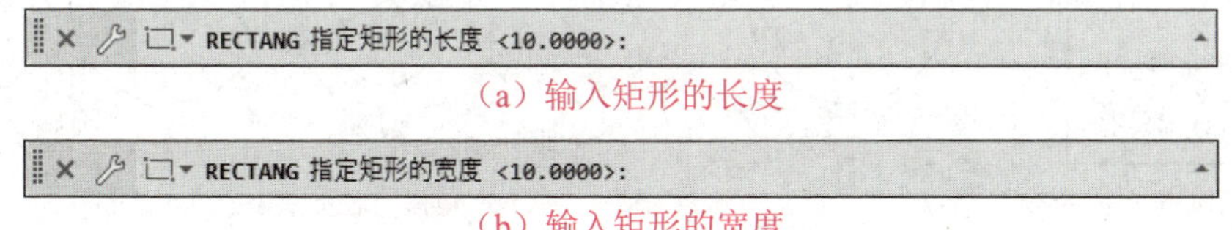

（a）输入矩形的长度

（b）输入矩形的宽度

图 7-11　选择“尺寸(D)”选项后绘制矩形的方法

3. 绘制正多边形

在命令窗口输入“POL”并按 Enter 键，或者在“默认”选项卡的“绘图”面板中单击“矩形”按钮右侧的按钮，在弹出的快捷菜单中单击“多边形”按钮，均可执行“多边形”命令。

执行“多边形”命令后，先输入正多边形的边数并按 Enter 键，命令窗口中将会出现提示信息，如图 7-12 所示。此时，可指定正多边形的中心，然后在提示信息中选择“内接于圆(I)”或“外切于圆(C)”选项并输入外接圆或内切圆的半径来绘制正多边形；也可在提示信息中选择“边(E)”选项，然后依次指定正多边形一条边的两个端点来绘制正多边形。

POLYGON 指定正多边形的中心点或 [边(E)]:

图 7-12 输入正多边形边数后的提示信息

 小贴士

在弹出的快捷菜单中选择某项命令后，命令按钮将会随之变化，以便重复执行该命令时单击使用。

4. 绘制圆

绘制圆时，可在“默认”选项卡的“绘图”面板中单击“圆”按钮下方，在弹出的快捷菜单中选择所需命令，如图 7-13（a）所示。AutoCAD 提供了 6 个绘制圆的命令，其操作方法如图 7-13（b）所示。

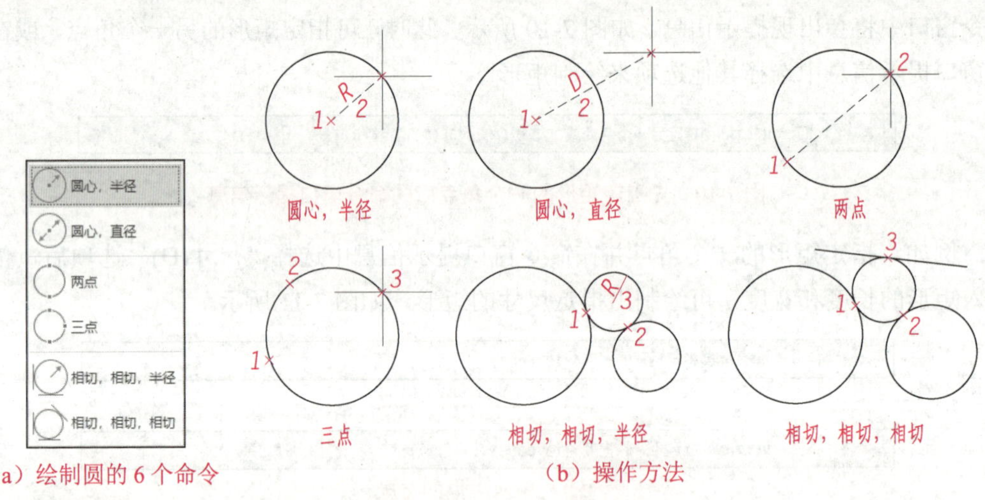

（a）绘制圆的 6 个命令　　（b）操作方法

图 7-13 绘制圆的 6 个命令及操作方法

5. 绘制圆弧

绘制圆弧时，可在“默认”选项卡的“绘图”面板中单击“圆弧”按钮下方，在弹出的快捷菜单中选择所需命令，如图 7-14（a）所示。AutoCAD 提供了 11 个绘制圆弧的命令，其操作方法如图 7-14（b）所示。

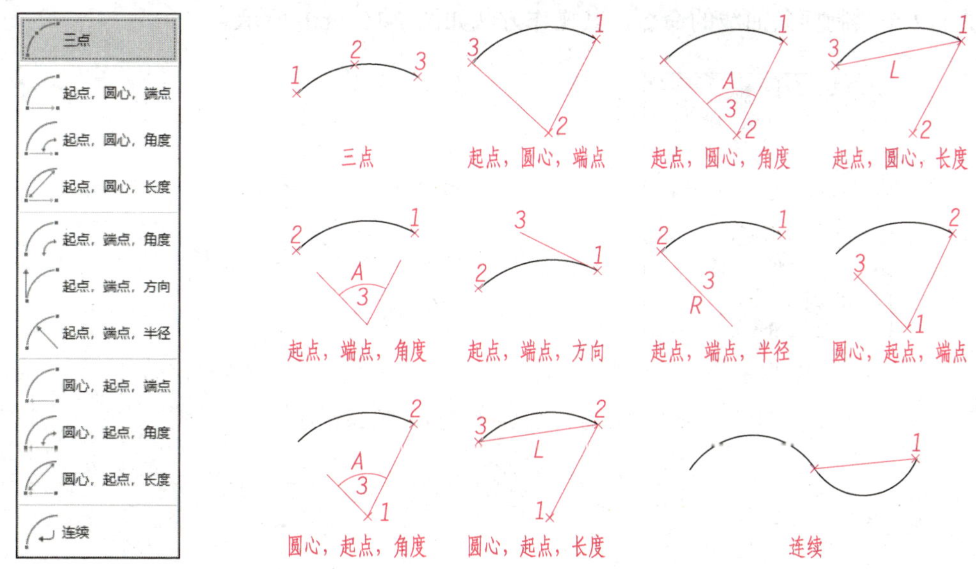

（a）绘制圆弧的 11 个命令　　（b）操作方法

图 7-14　绘制圆弧的 11 个命令及操作方法

小贴士

绘制圆弧时，圆弧是按逆时针方向生成的，该生成方向可通过按住 Ctrl 键进行切换。

6. 绘制椭圆和椭圆弧

绘制椭圆和椭圆弧时，可在“默认”选项卡的“绘图”面板中单击“圆心”按钮右侧的按钮，在弹出的快捷菜单中选择所需命令，如图 7-15（a）所示。AutoCAD 提供了 2 个绘制椭圆的命令和 1 个绘制椭圆弧的命令，其操作方法分别如图 7-15（b）和图 7-15（c）所示。

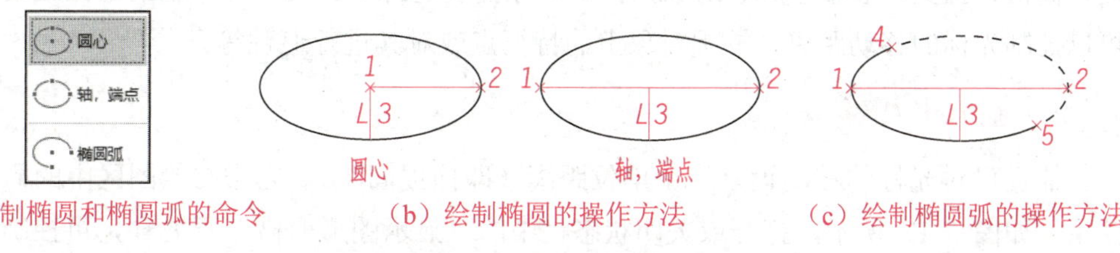

（a）绘制椭圆和椭圆弧的命令　　（b）绘制椭圆的操作方法　　（c）绘制椭圆弧的操作方法

图 7-15　绘制椭圆和椭圆弧的命令及操作方法

7. 绘制样条曲线

样条曲线是指经过或接近影响曲线形状的一系列点的平滑曲线，它的形状取决于所指定一系列点的位置。绘制样条曲线时，可先在“默认”选项卡的“绘图”面板中单击下方的“绘图”按钮，再在弹出的快捷菜单中选择所需命令，如图 7-16（a）所示。AutoCAD

提供了 2 个绘制样条曲线的命令，其操作方法如图 7-16（b）所示。

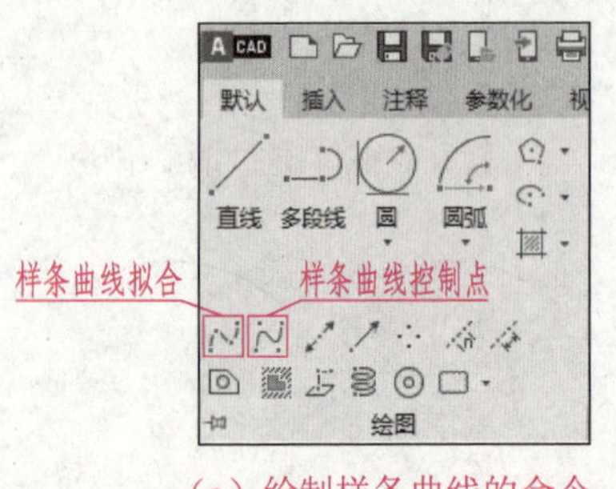

（a）绘制样条曲线的命令

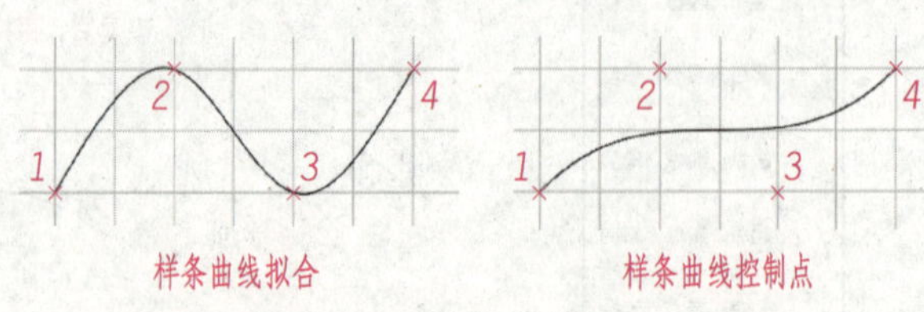

（b）操作方法

图 7-16　绘制样条曲线的命令及操作方法

笔记

三、辅助绘图工具的设置

为了方便、快捷、准确地绘制出图形，AutoCAD 还提供了许多辅助绘图工具，如捕捉、栅格、正交、极轴追踪、对象捕捉、对象捕捉追踪等。利用这些辅助绘图工具，用户可以控制光标的移动距离，捕捉对象上的特征点或对其进行追踪等。

1. 捕捉与栅格

捕捉可对光标的移动设定一个单位距离（即捕捉间距），它常与绘图区中的栅格配合使用。如图 7-17 所示，打开或关闭状态栏中的“显示图形栅格”开关，可控制是否显示栅格；打开或关闭状态栏中的“捕捉模式”开关，可打开或关闭捕捉工具。

打开捕捉工具后，单击“捕捉模式”开关右侧的按钮，可在如图 7-18 所示的快捷菜单中选择“栅格捕捉”或“极轴捕捉”选项。其中，选择“栅格捕捉”选项后可使光标在 *X* 轴和 *Y* 轴方向上按照所设置的捕捉间距进行移动，选择“极轴捕捉”选项后可使光标在极轴方向上按照所设置的捕捉间距进行移动。

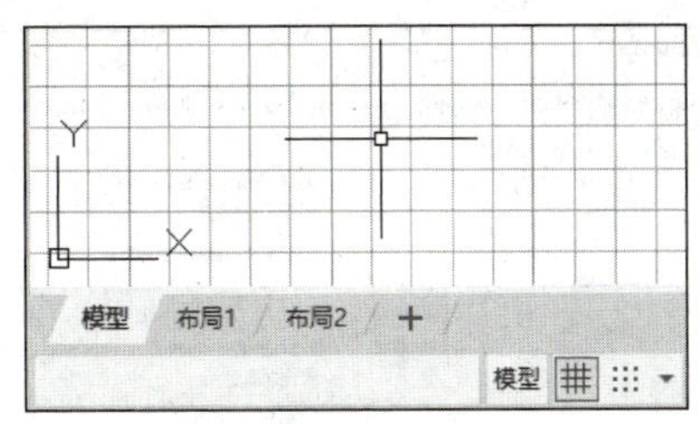

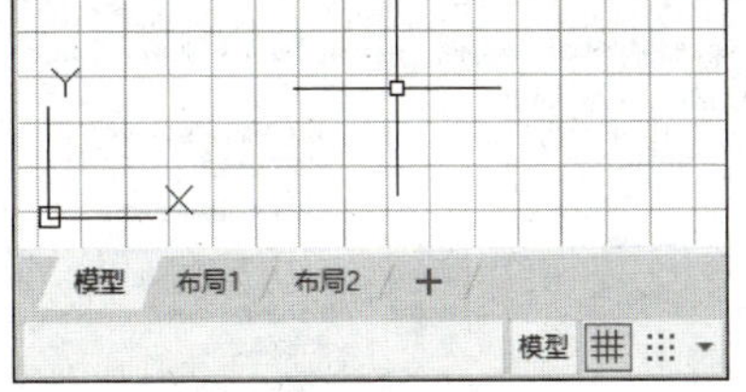

图 7-17 绘图区中的栅格

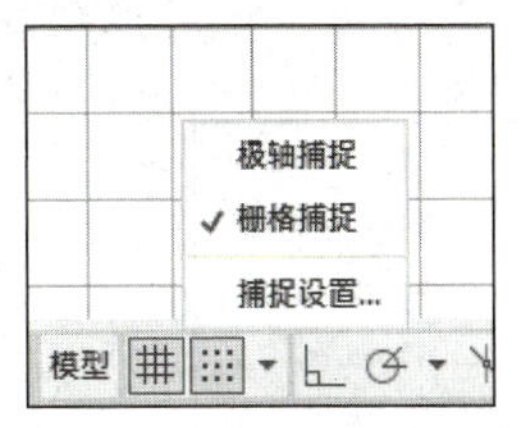

图 7-18 “捕捉模式”快捷菜单

在“显示图形栅格”开关上右击并选择“网格设置...”选项，或在“捕捉模式”开关上右击并选择“捕捉设置...”选项，可打开“草图设置”对话框。在该对话框的“捕捉和栅格”选项卡中，可设置捕捉间距、选择捕捉类型、设置栅格间距等，如图 7-19 所示。

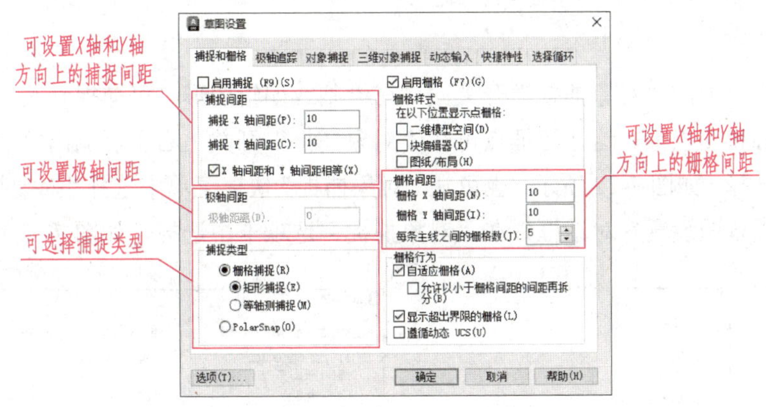

图 7-19 “草图设置”对话框的“捕捉和栅格”选项卡

小贴士

> 使用极轴捕捉时，必须同时打开状态栏中的“极轴追踪”开关，否则在执行绘图命令时光标将不能按照所设置的“极轴间距”进行移动。

2. 正交与极轴追踪

打开状态栏中的“正交”开关后，在绘制或编辑图形时，光标只能沿 *X* 轴和 *Y* 轴方向移动。当创建或移动对象时，可以使用正交模式将光标限制在 *X* 轴或 *Y* 轴方向上。

打开状态栏中的“极轴追踪”开关后，光标将按指定角度进行移动。执行绘图命令时，在状态栏中的“极轴追踪”开关上右击，或单击该开关右侧的按钮，然后在如图 7-20 所示的“极轴追踪”快捷菜单中选择所需极轴角，光标将只能沿所选极轴角方向移动。若“极轴追踪”快捷菜单中没有所需的极轴角，则可选择其中的“正在追踪设置...”选项，打开“草图设置”对话框，在“极轴追踪”选项卡中设置所需要的极轴角，如图 7-21 所示。

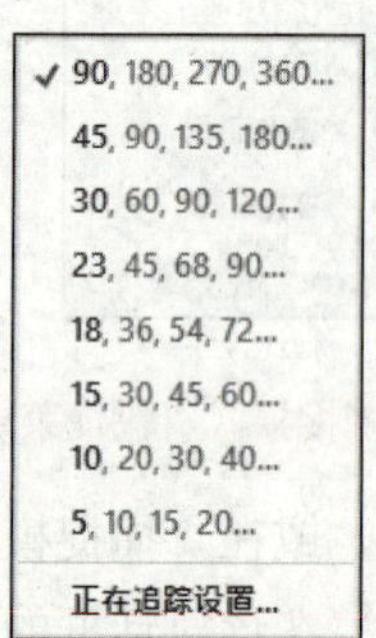

图 7-20 “极轴追踪”快捷菜单

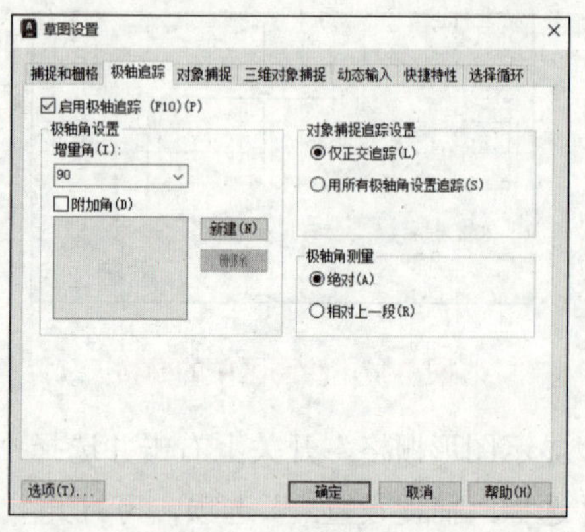

图 7-21 “草图设置”对话框的“极轴追踪”选项卡

3. 对象捕捉

打开状态栏中的“对象捕捉”开关，在绘制或编辑图形时可捕捉到对象的特征点，如端点、圆心和交点等。这些特征点可在“对象捕捉”开关上右击后调出的“对象捕捉”快捷菜单中选择，如图 7-22 所示；也可在“对象捕捉”快捷菜单中选择“对象捕捉设置...”选项，打开“草图设置”对话框，在“对象捕捉”选项卡中选择，如图 7-23 所示。

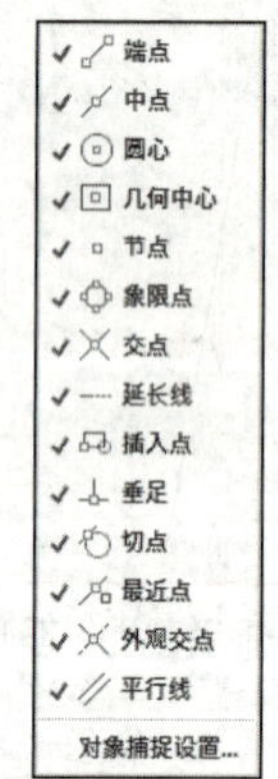

图 7-22 “对象捕捉”快捷菜单

图 7-23 “草图设置”对话框的“对象捕捉”选项卡

4. 对象捕捉追踪

打开状态栏中的“对象捕捉追踪”开关，在绘制或编辑图形时可捕捉到对象的特征点，如端点、圆心和交点等，并以该特征点为基点进行追踪。

对象捕捉追踪的模式取决于图 7-21 中“对象捕捉追踪设置”设置区中的设置。单击该设置区中的“仅正交追踪(L)”后，则只能在 X 轴和 Y 轴方向上进行对象捕捉追踪，如图 7-24（a）所示；单击该设置区中的“用所有极轴角设置追踪(S)”后，则可以在所有极轴方向上进行对象捕捉追踪，如图 7-24（b）所示。

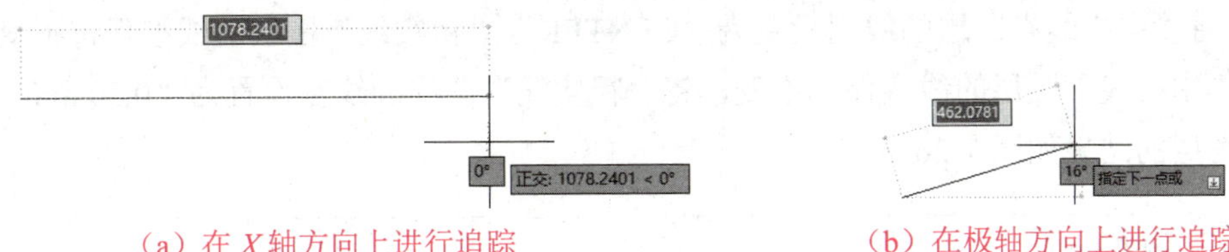

（a）在 X 轴方向上进行追踪　　（b）在极轴方向上进行追踪

图 7-24　不同的对象捕捉追踪模式示例

以前的工程师基本上都手绘图纸，随着科技的发展，现在的工程师已经可以用 AutoCAD 在电脑上绘制图纸了，极大地提高了绘图效率及准确度。科技的发展贵在不断地钻研，不断地创新，我国科技能有今天的成就正是全国人民不懈努力、不断创新的体现。未来，我们在自己的工作岗位上也要爱岗敬业、钻研创新，充分利用国家为人民提供的良好资源，为实现中华民族伟大复兴的中国梦贡献一份力量。

实践操作——使用 AutoCAD 绘制平面图形

1. 任务描述

为了让学生更好地掌握 AutoCAD 的绘图方法，请指导教师组织学生绘制如图 7-25 所示的平面图形并保存。要求：设置图层和辅助绘图工具，绘制图形但不标注尺寸。

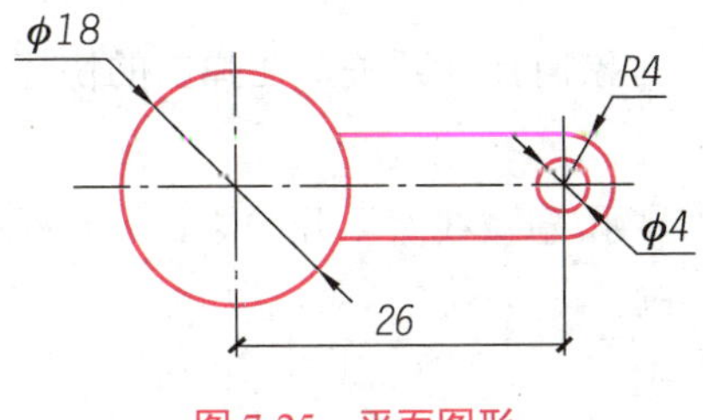

图 7-25　平面图形

2. 实施内容

1）新建图形文件

打开 AutoCAD，单击初始界面左侧的“新建”按钮，新建图形文件。

2）设置图层

（1）分别创建名称为“中心线”“粗实线”的新图层。

（2）“中心线”图层的颜色（默认为“白”）保持不变，将“粗实线”图层的颜色设置为“红”。

使用 AutoCAD 绘制平面图形

（3）将“中心线”图层的线型设置为“CENTER”，“粗实线”图层的线型保持不变。

（4）“中心线”图层的线宽保持不变，将“粗实线”图层的线宽设置为“0.50 mm”。

设置图层的结果如图 7-26 所示。

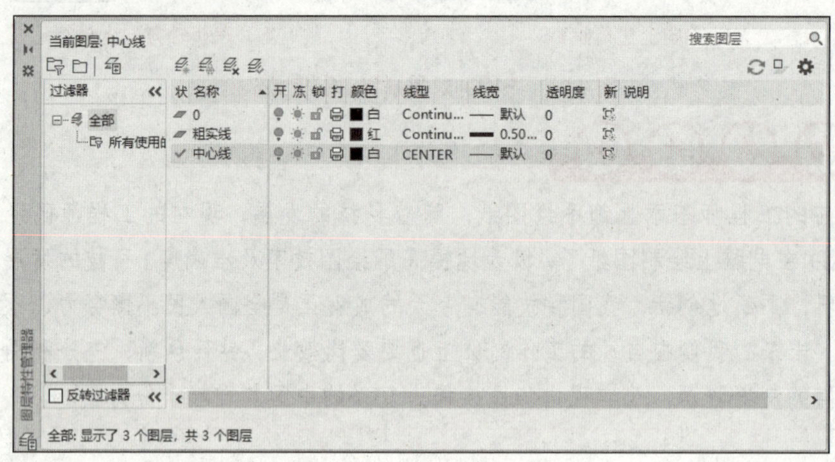

图 7-26　设置图层的结果

3）设置辅助绘图工具

（1）关闭状态栏中的“显示图形栅格”开关和“捕捉模式”开关，打开“极轴追踪”开关、“对象捕捉追踪”开关和“对象捕捉”开关。

（2）右击状态栏中的“极轴追踪”开关，在弹出的快捷菜单中选择“90，180，270，360…”选项。

（3）右击状态栏中的“对象捕捉”开关，在弹出的快捷菜单中选择“端点”“圆心”“象限点”“交点”选项。

（4）打开状态栏中的“显示/隐藏线宽”开关☰。

4）绘制图形

（1）绘制中心线。

① 将“中心线”设置为当前图层。

② 在命令窗口输入“L”并按 Enter 键，在绘图区的任意位置单击，然后向右移动光标，待出现如图 7-27（a）所示的水平极轴追踪线后输入长度“50”，以绘制水平中心线。利用鼠标或导航栏调整图面的大小和位置，以便观察图形。

③ 按 Enter 键重复执行“直线”命令，将光标移至水平中心线左端处，待出现“端点”提示信息后向右移动光标，待出现水平极轴追踪线时输入距离“14”，以指定大圆的圆心；接着沿竖直方向向上移动光标，待出现竖直极轴追踪线后输入长度“12”，以绘制大圆竖直中心线的上半部分，如图 7-27（b）所示。

④ 按 Enter 键重复执行“直线”命令，将光标移至大圆的圆心处，待出现“端点”提示信息后单击，然后向下移动光标，待出现竖直极轴追踪线后输入长度“12”，以绘制大

圆竖直中心线的下半部分，如图 7-27（c）所示。

⑤ 按 Enter 键重复执行“直线”命令，将光标移至大圆的圆心处，待出现“端点”提示信息后向右移动光标，待出现水平极轴追踪线时输入“26”并按 Enter 键，以指定小圆的圆心；然后按上述方法分别绘制小圆竖直中心线的上半部分和下半部分（长度均输入“6”），即可完成中心线的绘制，如图 7-27（d）所示。

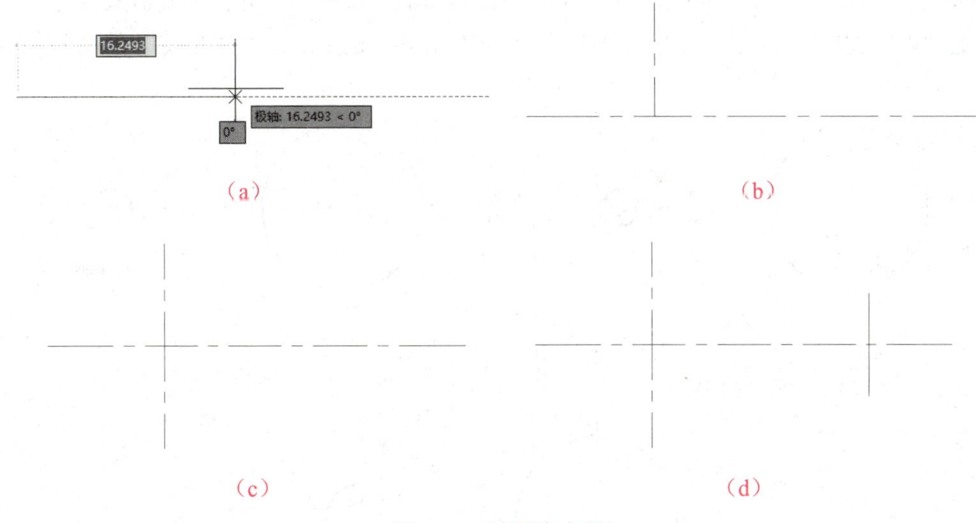

图 7-27 绘制中心线

（2）绘制大圆和小圆。

① 将“粗实线”设置为当前图层。

② 在“绘图”面板中单击“圆”按钮下方，在弹出的快捷菜单中选择“圆心，半径”命令。

③ 将光标移至大圆的圆心处，待出现“端点”提示信息后单击，然后输入半径“9”并按 Enter 键，即可完成大圆的绘制，如图 7-28（a）所示。

④ 重复执行“圆心，半径”命令，将光标移至小圆的圆心处，待出现“端点”提示信息后单击，然后输入半径“2”并按 Enter 键，结果如图 7-28（b）所示。

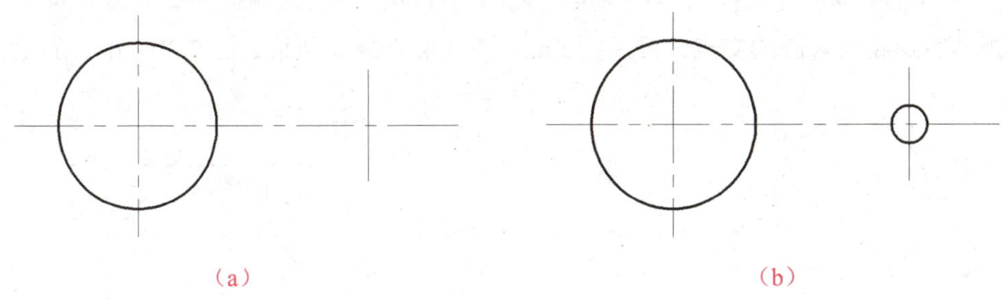

图 7-28 绘制大圆和小圆示例

（3）绘制圆弧。

① 在“绘图”面板中单击“圆弧”按钮下方，在弹出的快捷菜单中选择“圆心，起点，角度”命令。

② 将光标移至小圆的圆心处，待出现如图 7-29（a）所示的“端点”提示信息时单击，以指定圆弧的圆心。

③ 将光标从小圆的圆心处向下移动，待出现如图 7-29（b）所示的极轴追踪线时，输入半径“4”并按 Enter 键，然后输入角度“180”并按 Enter 键，结果如图 7-29（c）所示。

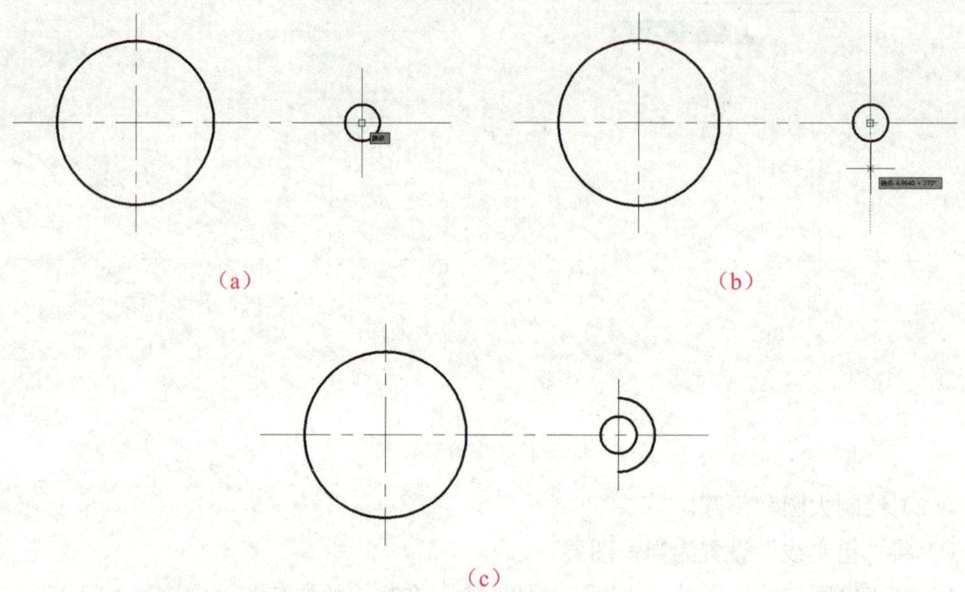

（a） （b）

（c）

图 7-29　绘制圆弧示例

（4）绘制大圆与小圆之间的直线。

① 在命令窗口输入“L”并按 Enter 键，用光标捕捉如图 7-30（a）所示的“端点”并单击，然后沿水平极轴追踪线向左移动光标，待出现如图 7-30（b）所示的“交点”提示信息时单击，最后按 Enter 键结束命令，结果如图 7-30（c）所示。

② 按 Enter 键重复执行“直线”命令，使用同样的方法依次捕捉并单击圆弧的下端点、水平极轴追踪线与大圆的交点，最后按 Enter 键结束命令，结果如图 7-30（d）所示。

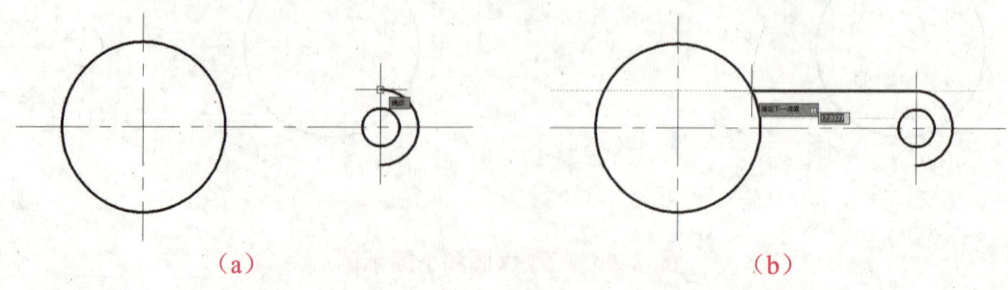

（a） （b）

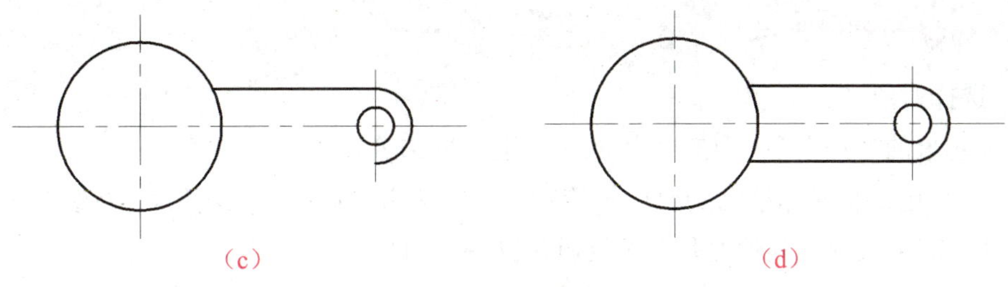

图 7-30　绘制大圆与小圆之间的直线示例

5）保存图形

按快捷键“Ctrl+S”，在打开的“图形另存为”对话框中设置图形文件的存放位置，输入文件名，最后单击“保存(S)”按钮即可保存该图形文件。

任务二　编辑图形、注释文字、标注尺寸

任务引入

小明是一家建筑设计公司的绘图员，现负责绘制并更新一个已存在的办公楼项目的施工图。这个项目需要他对现有的楼层平面图进行微调，包括修改房间布局、更新文字注释（为了反映最新的设计要求），以及精确标注各个房间和走廊的尺寸。

思考　如何利用 AutoCAD 修改房间布局、更新文字注释、标注房间和走廊的尺寸？

任务工单

请扫描下方二维码，获取任务工单。根据任务工单，学生可以在课前预习相关知识，在课后进行实施。

一、编辑图形

仅用绘图命令只能完成一些简单图形的绘制，还需要掌握一些常见编辑命令来编辑图形，如移动、旋转、修剪、延伸、复制、偏移、镜像、阵列对象，以及绘制圆角、倒角、剖面线等。下面先来介绍如何选择和删除对象，再来介绍如何用编辑命令来编辑图形。

1．选择和删除对象

1）选择对象

选择对象的方法很多，比较常用的有点选、框选等。

（1）点选。将光标移动到要选择的对象上后单击，可选择该对象。被选中的对象显示为虚线，若继续单击其他对象，可同时选择多个对象。

（2）框选。框选包括窗选、窗交等。

窗选：先单击一点，再自左向右移动鼠标，在适当的位置再次单击一点，这两个对角点所围成的矩形区域就是选择区，只有全部位于选择区的对象才能被选择。

窗交：先单击一点，再自右向左移动鼠标，在适当的位置再次单击一点，全部或部分位于选择区的对象都能被选择。

2）删除对象

选择对象后，可按 Delete 键删除所选对象，也可在“默认”选项卡的“修改”面板中单击“删除”按钮来删除所选对象。

2．移动、旋转、修剪和延伸对象

1）移动对象

使用“移动”命令可将所选对象从一个位置移动到另一个位置，并使该对象的方向和大小均保持不变，具体操作方法如下。

（1）打开图形文件，在命令窗口输入“M”并按 Enter 键，或在“默认”选项卡的“修改”面板中单击“移动”按钮。

（2）单击要移动的对象并按 Enter 键，以指定要移动的对象。

（3）先指定移动的基点，再指定第二个点，即将要移动的对象移动到新位置。

2）旋转对象

使用“旋转”命令可将所选对象绕指定的点旋转一定角度，并可在旋转过程中根据需要选择是否保留源对象，具体操作方法如下。

（1）打开图形文件，在命令窗口输入“RO”并按 Enter 键，或在“默认”选项卡的“修改”面板中单击“旋转”按钮。

（2）单击要旋转的对象并按 Enter 键，以指定要旋转的对象。

（3）先指定旋转的基点，再指定旋转角度，即将要旋转的对象旋转到新位置。

3）修剪对象

使用“修剪”命令可修剪对象，具体操作方法如下。

（1）打开图形文件，在命令窗口输入“TR”并按 Enter 键，或在“默认”选项卡的“修改”面板中单击“修剪”按钮。

（2）单击要修剪的对象来进行修剪，完成后按 Enter 键结束命令，如图 7-31 所示。

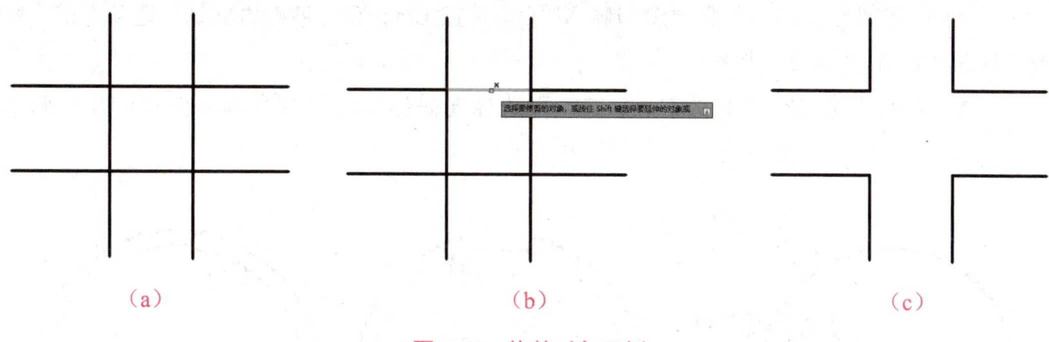

（a）　（b）　（c）

图 7-31　修剪对象示例

4）延伸对象

使用“延伸”命令可将对象延长至指定的延伸边界处，具体操作方法如下。

（1）打开图形文件，在命令窗口输入“EX”并按 Enter 键，或在“默认”选项卡的“修改”面板中单击“修剪”按钮右侧的▾按钮，在弹出的快捷菜单中选择“延伸”命令。

（2）单击要延伸的对象，完成后按 Enter 键结束命令。

3．复制、偏移、镜像和阵列对象

1）复制对象

使用“复制”命令可将一个或多个对象复制到指定位置，具体操作方法如下。

（1）打开图形文件，在命令窗口输入“CO”或“CP”并按 Enter 键，或在“默认”选项卡的“修改”面板中单击“复制”按钮。

（2）单击要复制的对象并按 Enter 键，以指定要复制的对象。

（3）先指定复制的基点，再指定第二个点，完成后按 Enter 键结束命令，结果如图 7-32 所示。

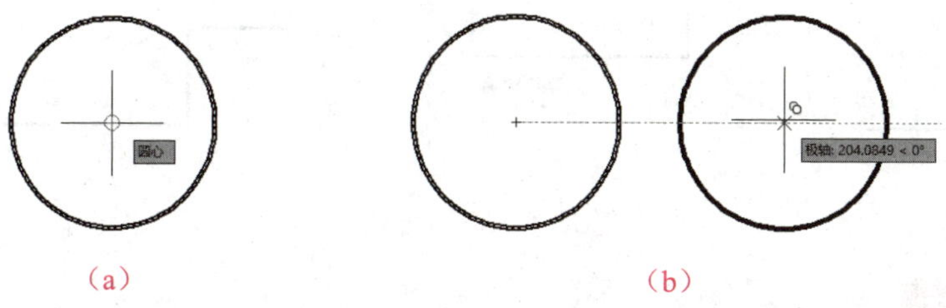

（a）　（b）

图 7-32　复制对象示例

2）偏移对象

使用“偏移”命令可创建与所选对象相似的对象，并使所创建的对象位于源对象的某一侧。在 AutoCAD 中，可以偏移的对象有直线、圆、圆弧、椭圆、椭圆弧、多边形、多段线、构造线、射线和样条曲线等，不能偏移的对象有点、块、文本和面域等。偏移对象的具体操作方法如下。

（1）打开图形文件，在命令窗口输入“O”并按Enter键，或在“默认”选项卡的“修改”面板中单击“偏移”按钮⊆。

（2）先输入偏移距离并按Enter键，再选择要偏移的对象并在其要偏移的那一侧单击，完成后按Enter键结束命令，如图7-33所示。

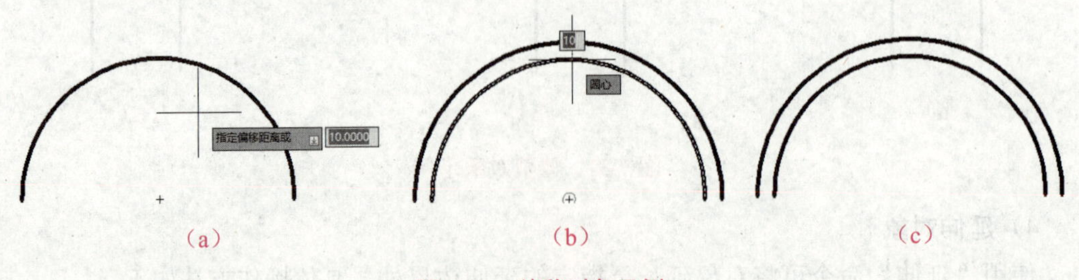

图7-33 偏移对象示例

3）镜像对象

使用“镜像”命令可在由两点定义的镜像线的另一侧创建当前所选图形的对称图形，具体操作方法如下。

（1）打开图形文件，在命令窗口输入“MI”并按Enter键，或在“默认”选项卡的“修改”面板中单击“镜像”按钮⚠。

（2）选择要镜像的对象并按Enter键，以指定要镜像的对象。

（3）依次指定镜像线的第一点和第二点，以指定镜像线，然后按Enter键并在提示信息“要删除源对象吗”中选择“否(N)”选项，如图7-34所示。

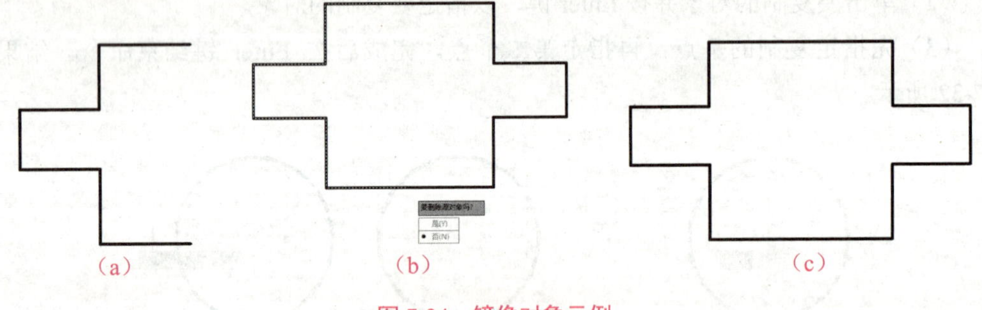

图7-34 镜像对象示例

 小贴士

镜像对象时，在选择要镜像的对象并指定镜像线后，若在提示信息中选择“是(Y)”选项，则会删除源对象。

4）阵列对象

使用“阵列”命令可将所选对象按照指定排列方式和数量进行复制。AutoCAD提供了3个“阵列”命令，即“矩形阵列”“路径阵列”“环形阵列”，如图7-35所示。下面以

“环形阵列”命令为例来介绍阵列对象。

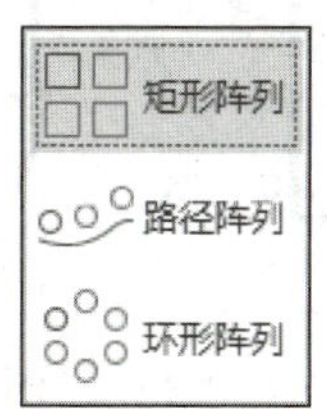

图 7-35 “阵列”命令

使用“环形阵列”命令可将要阵列的对象按照指定的中心点和数量以圆形或扇形的排列方式进行复制，具体操作方法如下。

（1）打开图形文件，在“默认”选项卡的“修改”面板中单击“矩形阵列”按钮右侧的▾按钮，在弹出的快捷菜单中选择“环形阵列”命令。

（2）选择要阵列的对象并按 Enter 键，以指定要阵列的对象。

（3）先单击要阵列的基点，以指定阵列的中心点，再在“阵列创建”选项卡“项目”面板的“项目数：”和“填充：”编辑框中输入数量和填充角度并依次按 Enter 键，如图 7-36 所示。

图 7-36 “阵列创建”选项卡

（4）按 Esc 键或者在“阵列创建”选项卡中单击“关闭阵列”按钮✔，结束“环形阵列”命令，即可完成绘图，如图 7-37 所示。

图 7-37 阵列对象示例

4. 绘制圆角和倒角

1）绘制圆角

使用“圆角”命令可在指定的两个对象之间绘制一段圆弧，并使该圆弧与这两个对象相切。适用于“圆角”命令的对象有直线、圆、圆弧、椭圆弧、多段线、样条曲线等。绘制圆角的操作方法如下。

（1）打开图形文件，在命令窗口输入“F”并按 Enter 键，或在“默认”选项卡的“修改”面板中单击“圆角”按钮⌜。

（2）选择命令窗口提示信息中的“半径(R)”选项，输入圆角半径并按 Enter 键；接着选择命令窗口提示信息中的“多个(M)”选项，进入连续修圆角模式。

（3）依次选择第一个对象和第二个对象，二者所夹直角将自动变为圆角，如图 7-38 所示。

图 7-38　绘制圆角示例

2）绘制倒角

使用“倒角”命令可以在两条不平行的直线间绘制斜线，即用斜线连接两条不平行的直线，具体操作方法如下。

（1）打开图形文件，在命令窗口输入“CHA”并按 Enter 键，或在“默认”选项卡的“修改”面板中单击“圆角”按钮右侧的▾按钮，在弹出的快捷菜单中选择“倒角”命令。

（2）采用系统默认选择的修剪模式，选择命令窗口提示信息中的“距离(D)”选项，然后输入第一个倒角距离并按 Enter 键，接着输入第二个倒角距离并按 Enter 键，最后选择命令窗口提示信息中的“多个(M)”选项，进入连续修倒角模式。

（3）依次选择相邻两条边，所夹直角将自动变为倒角，如图 7-39 所示。

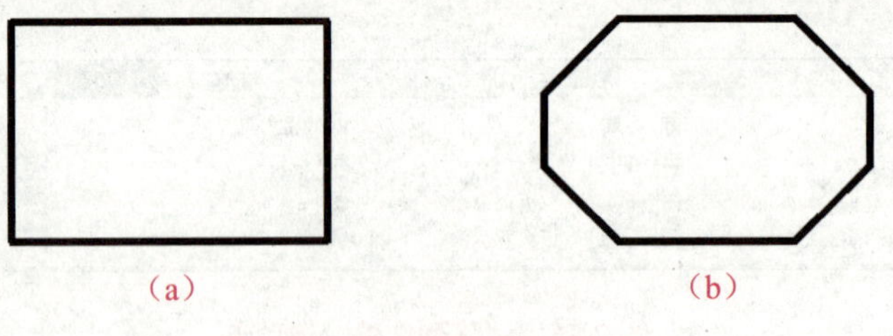

图 7-39　绘制倒角示例

5. 绘制剖面线

剖面线通常采用“图案填充”命令来绘制，具体操作方法如下。

（1）打开图形文件，在命令窗口输入“H”并按 Enter 键，或在“默认”选项卡的“绘图”面板中单击“图案填充”按钮▦，打开“图案填充创建”选项卡，如图 7-40 所示。在该选项卡的“图案”面板中选择图案（如“ANSI31”），然后在“特性”面板的“角度”和“填充图案比例”编辑框中分别输入相应的数值（如“1”和“0.5”）。

（2）将光标移至剖面区域并单击，然后按 Enter 键结束“图案填充”命令，即可完成剖面线的绘制。

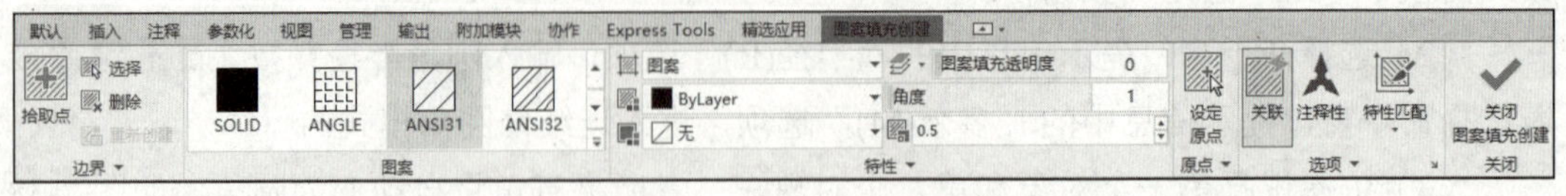

图 7-40　“图案填充创建”选项卡

小贴士

在“图案填充创建”选项卡的“图案”面板中选择“ANSI31”图案后，在“特性”面板的“角度”和“填充图案比例”编辑框中输入不同数值，可绘制出不同倾斜角度和间距的剖面线。

二、注释文字

1. 创建文字样式

文字样式主要用于控制文字的外观，如字体、高度、宽度、倾斜角度，以及文字是否颠倒、反向等。在添加文字注释前，通常先创建合适的文字样式，这样在修改文字样式后，可以同时改变所有采用该文字样式文字的外观。

默认情况下，系统会自动创建一个名为“Standard”的文字样式，用户既可以对该文字样式进行修改，也可以新建文字样式。例如，新建一个用于注写数字与字母的文字样式（字体为仿宋_GB2312，宽度因子为 0.7），具体操作方法如下。

（1）在命令窗口输入“ST”并按 Enter 键，或在“默认”选项卡的“注释”面板中单击下方的“注释”按钮，在弹出的快捷菜单中单击“文字样式”按钮，打开“文字样式”对话框，如图 7-41（a）所示。

（2）单击“文字样式”对话框中的“新建(N)...”按钮，打开“新建文字样式”对话框，如图 7-41（b）所示。此时，可在该对话框中输入文字样式的名称，如输入“数字与字母”，最后单击“确定”按钮，即可创建新的文字样式。

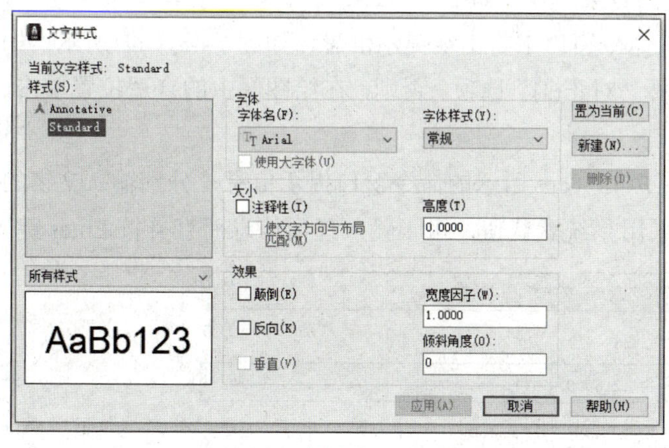

（a）“文字样式”对话框

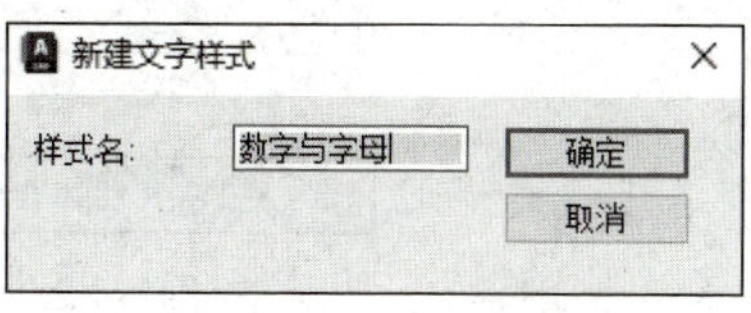

（b）“新建文字样式”对话框

图 7-41　新建文字样式

（3）返回“文字样式”对话框，在“字体名”的下拉列表中选择“仿宋_GB2312”，在“宽度因子”编辑框中输入“0.7”，如图 7-42 所示。

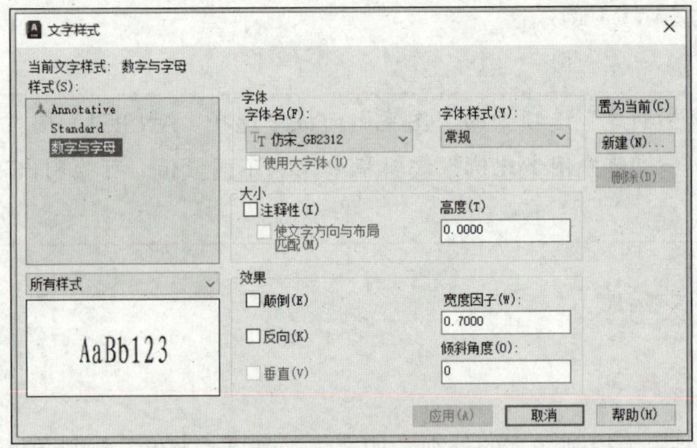

图 7-42　文字样式

（4）单击“应用”按钮并关闭该对话框，即可完成文字样式的设置。此时，系统会将所创建的文字样式设为当前文字样式。

2. 添加文字注释

在 AutoCAD 中，可使用“单行文字”和“多行文字”命令为图形添加文字注释。其中，“单行文字”命令通常用于注写简短的文字，如标题栏中的文字、对象的标记等；“多行文字”命令通常用于注写冗长的文字，如技术要求、工艺流程等。

“单行文字”和“多行文字”命令可在“默认”选项卡的“注释”面板中单击“文字”按钮A的下方，在弹出的快捷菜单中选择。

1）单行文字

使用“单行文字”命令注写文字的操作方法如下。

（1）选择“单行文字”命令，命令窗口中将出现提示信息，如图 7-43（a）所示。如果需要设置文字的对正方式，可选择“对正(J)”选项。否则，在绘图区中的合适位置单击，以指定文字的起点。

（2）按照如图 7-43（b）和图 7-43（c）所示的命令窗口提示信息，分别输入文字的高度和旋转角度并按 Enter 键。若采用系统默认值，可不输入任何信息而直接按 Enter 键。

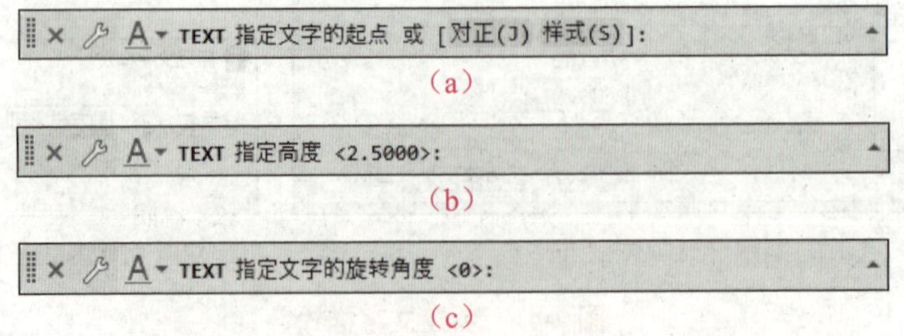

图 7-43　使用“单行文字”命令注写文字时的命令窗口提示信息

（3）在绘图区出现的编辑框中输入所需文字。若要输入下一行文字，可按 Enter 键后继续输入。否则，按两次 Enter 键结束命令。

 小贴士

在使用“单行文字”命令注写的多行文字中，每一行文字都是一个独立的对象。

2）多行文字

使用“多行文字”命令注写文字的操作方法如下。

（1）选择“多行文字”命令，然后按照命令窗口提示信息指定编辑框的两个角点。此时，绘图区中会出现一个带标尺的编辑框，而且功能区中会显示“文字编辑器”选项卡，如图 7-44 所示。利用“文字编辑器”选项卡中的工具，可以设置文字的字体、颜色、宽度因子，以及段落的行距、对齐方式等。

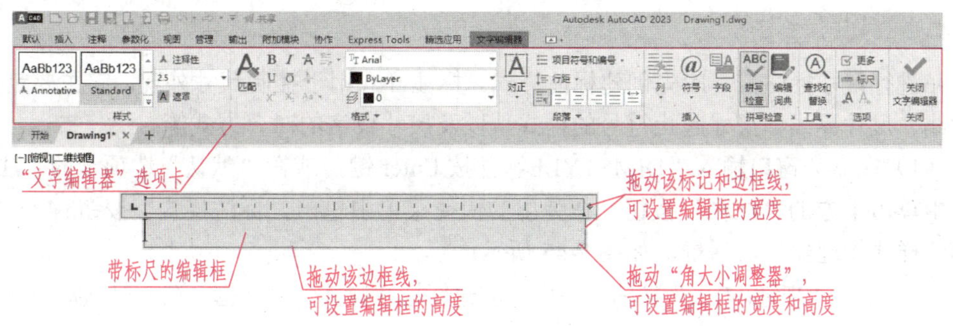

图 7-44　带标尺的编辑框和“文字编辑器”选项卡

（2）在编辑框内输入所需文字。当输入的文字位于编辑框的右边缘时，后续输入的文字将自动换行。若要在某处开始一个新的段落，可按 Enter 键；若要改变编辑框的宽度和高度，可按如图 7-44 所示的方法调整。

在编辑框内输入符号时，可在“文字编辑器”选项卡的“插入”面板中单击“符号”按钮@，然后在弹出的快捷菜单中选择。若没有所需符号，则可选择“其他…”选项，然后在打开的“字符映射表”对话框中选择。

（3）文字注写完成后，单击“文字编辑器”选项卡右侧的“关闭文字编辑器”按钮，或在绘图区的其他位置单击，均可结束“多行文字”命令。

此外，使用“单行文字”和“多行文字”命令注写文字时，均可通过输入所需符号的代码来输入该符号。表 7-1 列出了注写文字时常用的特殊符号及其代码，供注写文字时参考。

表 7-1 注写文字时常用的特殊符号及其代码

特殊符号	代码	特殊符号	代码
直径（ϕ）	%%C	几乎相等（≈）	\U+2248
正/负（±）	%%P	不相等（≠）	\U+2260
度数（°）	%%D	上标 2（^{2}）	\U+00B2
角度（∠）	\U+2220	下标 2（$_2$）	\U+2082

三、标注尺寸

标注尺寸是绘图过程中的重要环节，如果没有正确标注尺寸，绘制出的图形在工程建设中就没有意义。

1. 创建标注样式

在进行尺寸标注前，应先创建标注样式。标注样式用于控制尺寸外观，它主要定义了尺寸线、尺寸界线、尺寸起止符号的样式，以及尺寸数字的对齐方式等。

（1）在命令窗口输入“DIMSTYLE”并按 Enter 键，或在“默认”选项卡的“注释”面板中单击下方的“注释”按钮，在弹出的快捷菜单中单击“标注样式”按钮，打开“标注样式管理器”对话框，如图 7-45 所示。

（2）单击“新建(N)...”按钮，弹出“创建新标注样式”对话框。在该对话框中可以为要创建的标注样式指定样式名称（如土建制图）、基础样式（默认为 ISO-25）和用于标注特定对象的子样式，如图 7-46 所示。

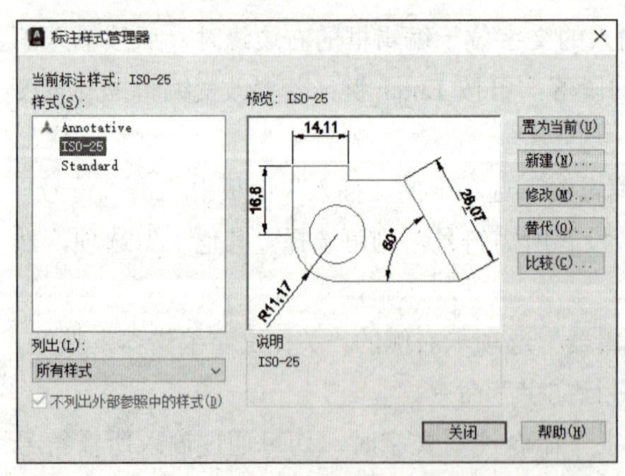

图 7-45 “标注样式管理器”对话框

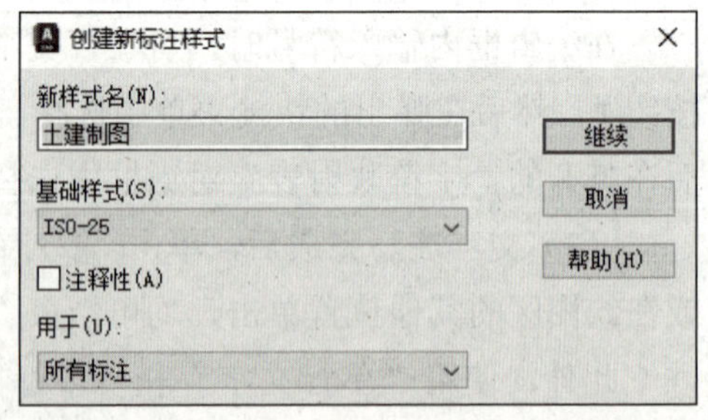

图 7-46 “创建新标注样式”对话框

（3）单击“继续”按钮，弹出“新建标注样式：土建制图”对话框，如图 7-47 所示。利用该对话框中的“线”“符号和箭头”“文字”“调整”“主单位”“换算单位”“公差”等选项卡，可以设置新建标注样式的尺寸线、尺寸界线、尺寸起止符号、文字外观等。

（4）设置完成后，依次单击“确定”和“关闭”按钮即可。

2. 常用的尺寸标注命令

在“默认”选项卡的“注释”面板中单击“线性”按钮 右侧的 按钮，可在如图 7-48 所示的弹出列表中选择各尺寸标注命令，其功能和标注方法如表 7-2 所示。

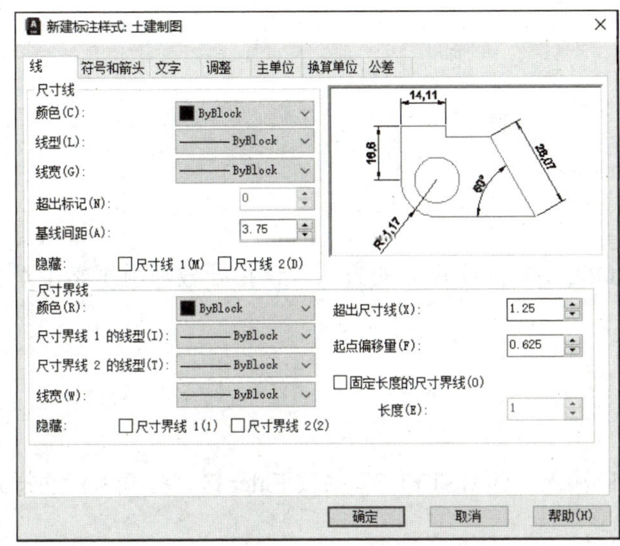

图 7-47 “新建标注样式：土建制图”对话框

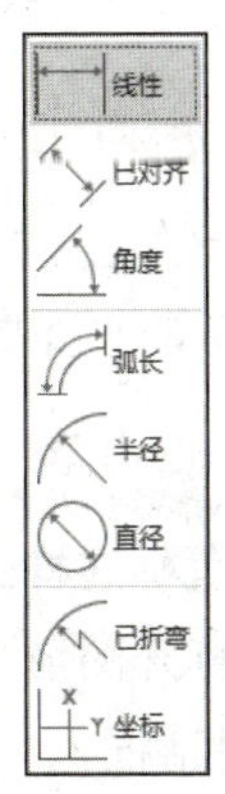

图 7-48 尺寸标注命令的弹出列表

表 7-2 尺寸标注命令的功能和标注方法

<table>
<tr><th>命令</th><th>功能</th><th>标注方法</th></tr>
<tr><td>线性</td><td>标注两点之间水平或竖直方向上的距离</td><td rowspan="2">依次单击尺寸界线的起点和终点、尺寸数字的位置</td></tr>
<tr><td>已对齐</td><td>标注两点之间的直线距离，且所标注的尺寸线始终与标注点之间的连线平行</td></tr>
<tr><td>角度</td><td>标注圆弧的角度、两条直线间的角度和三点间的夹角</td><td>选择可作为尺寸界限的两个对象，然后指定尺寸数字的位置</td></tr>
<tr><td>弧长</td><td>标注圆弧的长度，其中尺寸数字包含一个弧长符号，以便与其他标注区分开来</td><td rowspan="3">选择要标注的对象，然后指定尺寸数字的位置</td></tr>
<tr><td>半径</td><td>标注圆弧和圆的半径</td></tr>
<tr><td>直径</td><td>标注圆弧和圆的直径</td></tr>
<tr><td>已折弯</td><td>标注半径过大或圆心位于图纸（或布局）之外的圆弧的半径</td><td>选择标注对象，然后依次指定圆心的替代位置和两个折弯位置</td></tr>
<tr><td>坐标</td><td>基于当前坐标系标注任意点的 X 坐标或 Y 坐标</td><td>指定要标注的点，然后向 X 轴方向或 Y 轴方向移动光标并单击</td></tr>
</table>

笔记

实践操作——使用 AutoCAD 标注尺寸

1. 任务描述

为了让学生更好地掌握使用 AutoCAD 标注尺寸的方法，请指导教师组织学生对如图 7-25 所示的平面图形标注相应尺寸。

2. 实施内容

1）设置标注样式

（1）打开图形文件，在命令窗口输入“DIMSTYLE”并按 Enter 键，打开“标注样式管理器”对话框。

（2）单击该对话框中的“新建(N)...”按钮，弹出“创建新标注样式”对话框，在新样式名中输入“土建制图”。

（3）单击“继续”按钮，弹出“新建标注样式：土建制图”对话框，在该对话框中对新建的标注样式进行设置。其中，“线”选项卡的设置如图 7-49 所示，“符号和箭头”选项卡的设置如图 7-50 所示，“文字”选项卡的设置如图 7-51 所示，且在“文字样式”中单击按钮，将字体设置为“长仿宋体”，宽度因子设置为“0.7”。

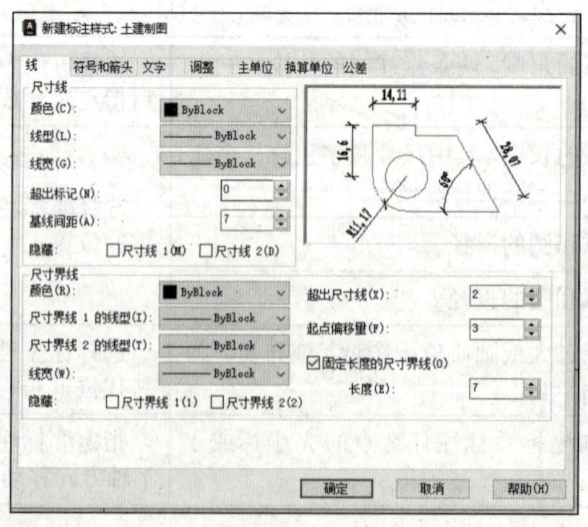

图 7-49 “线”选项卡的设置

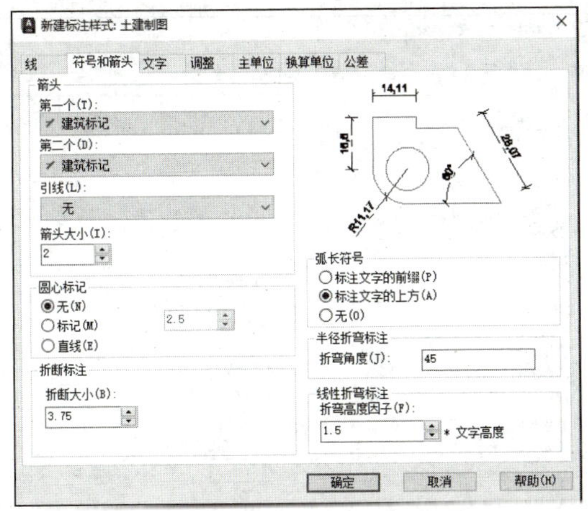

图 7-50　“符号和箭头”选项卡的设置（一）

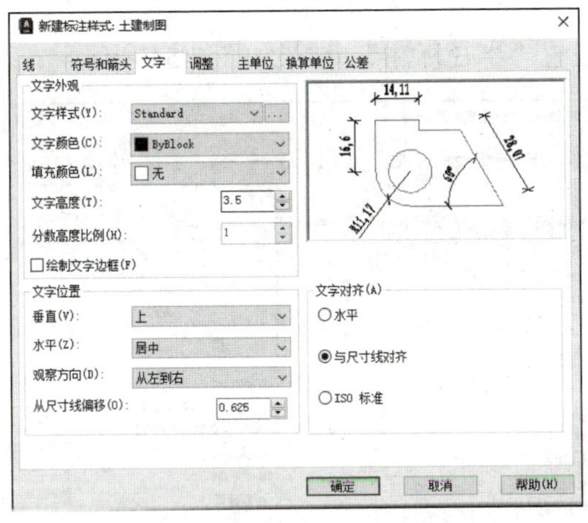

图 7-51　“文字”选项卡的设置

（4）在“标注样式管理器”对话框中，单击“新建”按钮，弹出“创建新标注样式”对话框，在“用于”快捷菜单中选择“直径标注”，如图 7-52 所示。

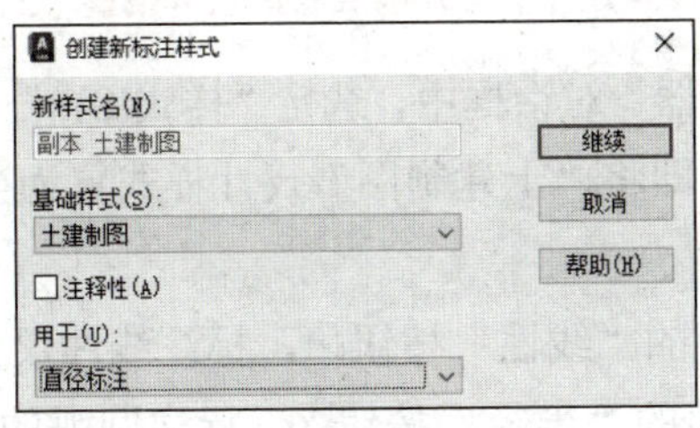

图 7-52　设置“直径标注”

（5）单击继续按钮，打开“新建标注样式：土建制图：直径”对话框，只需要设置“符号和箭头”选项卡即可，如图 7-53 所示。

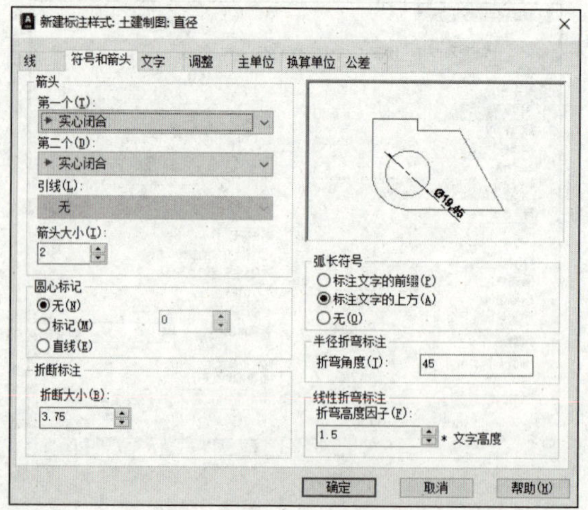

图 7-53　“符号和箭头”选项卡设置（二）

（6）按上述步骤设置“半径标注”，结果如图 7-54 所示。

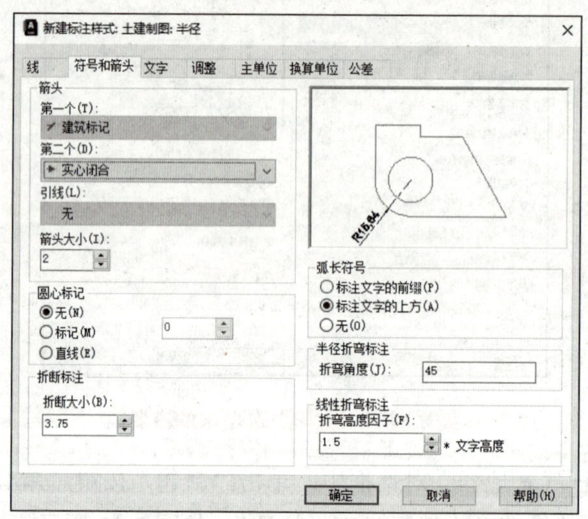

图 7-54　“符号和箭头”选项卡设置（三）

（7）在“标注样式管理器”对话框中，选定“样式(S):”列表中的“土建制图”样式，单击“置为当前(U)”按钮，即将“土建制图”尺寸样式置为当前。

2）标注尺寸

（1）单击标注工具栏中的“线性”按钮，标注线性尺寸，如图 7-55 所示。

（2）单击标注工具栏中的“半径”按钮，标注圆弧的半径，如图 7-56 所示。

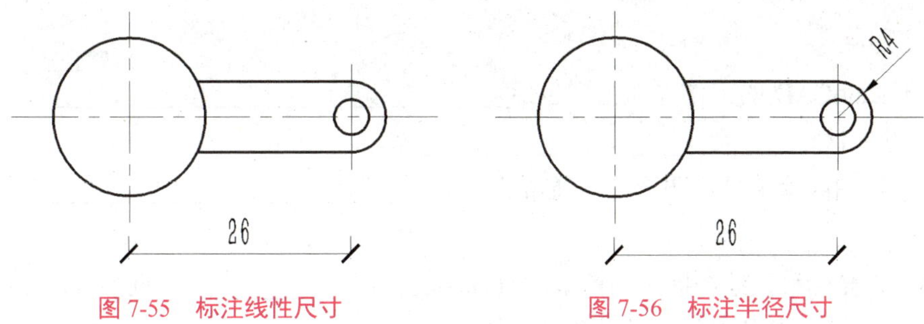

图 7-55　标注线性尺寸　　　　图 7-56　标注半径尺寸

（3）单击标注工具栏中的“直径”按钮⊘，标注圆的直径，如图 7-57 所示。

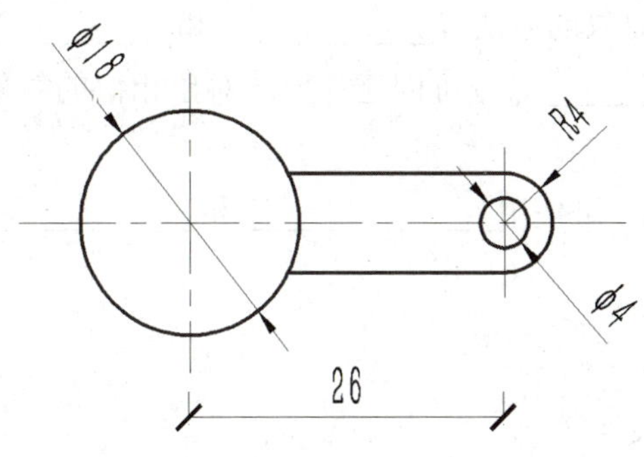

图 7-57　标注直径尺寸

3）保存图形

按快捷键“Ctrl+S”，在打开的“图形另存为”对话框中设置图形文件的存放位置，输入文件名，最后单击“保存(S)”按钮即可保存该图形文件。

项目考核

一、单选题

（1）“SAVE”可以（　　）。

A．退出 AutoCAD　　B．保存图形
C．定期将信息保存在磁盘上　　D．以上都是

（2）在 AutoCAD 中，可以用快捷键（　　）来打开图形文件。

A．Ctrl+S　　B．Ctrl+P　　C．Ctrl+O　　D．Ctrl+N

（3）在 AutoCAD 中，设置图幅用（　　）命令。

A．NEW　　B．LIMITS　　C．EXTEND　　D．RECTANGLE

（4）在命令窗口输入（　　）可以启动“直线”命令。

A．TR　　B．M　　C．L　　D．REC

二、填空题

（1）AutoCAD 的工作界面主要包括＿＿＿＿＿＿、＿＿＿＿＿＿、＿＿＿＿＿＿、功能区、绘图区、＿＿＿＿＿＿、＿＿＿＿＿＿等。

（2）绘图区除了显示图形外，通常还显示＿＿＿＿＿＿、＿＿＿＿＿＿、＿＿＿＿＿＿和＿＿＿＿＿＿等。

（3）将光标移至绘图区，向前滚动鼠标滚轮，可＿＿＿＿＿＿；向后滚动鼠标滚轮，可＿＿＿＿＿＿；按住鼠标滚轮并移动鼠标，可＿＿＿＿＿＿。

（4）＿＿＿＿＿＿是用于控制图形元素的颜色、线型等属性及显示状态的重要工具。

（5）较常用的选择对象的方法有＿＿＿＿＿＿和＿＿＿＿＿＿。

（6）使用＿＿＿＿＿＿命令可创建与所选对象相似的对象，并使所创建的对象位于源对象的某一侧。

（7）在 AutoCAD 中，可使用＿＿＿＿＿＿和＿＿＿＿＿＿命令为图形添加文字注释。

三、简答题

（1）如何保存图形文件？

（2）如何设置绘图环境？

（3）简述图层及其作用。

四、实操题

创建一个名为“user”的文字样式，字体为“楷体”，字体高度为“5”，倾斜角度为“15°”，然后利用“单行文字”或“多行文字”命令注写“平面图”字样。

项目评价

指导教师根据学生实际学习成果对其进行评价，学生配合指导教师完成如表 7-3 所示的项目评价表。

表 7-3 项目评价表

班级		组号		日期	
姓名		学号		指导教师	
项目名称	AutoCAD 绘图基本知识和操作				
评价项目	评价内容			满分/分	评分/分
知识（40%）	AutoCAD 的工作界面及基本操作			8	
	平面图形的绘制			8	
	辅助绘图工具的设置			6	
	编辑图形			6	
	注释文字			6	
	标注尺寸			6	
技能（40%）	使用绘图命令绘制平面图形			15	
	使用编辑命令编辑平面图形			15	
	对平面图形进行文字注释和尺寸标注			10	
素养（20%）	积极参加教学活动，主动学习、思考、讨论			6	
	认真负责，按时完成学习、实操任务			4	
	团结协作，与组员密切配合			4	
	服从指挥，遵守课堂纪律			4	
	守正创新，自信自强			2	
合计				100	
自我评价					
指导教师评价					

参考文献

[1] 王毅. 建筑工程制图与识图 [M]. 北京：清华大学出版社，2020.

[2] 游普元. 建筑制图 [M]. 2 版. 重庆：重庆大学出版社，2021.

[3] 刘颖，张重阳. 建筑制图与 CAD [M]. 2 版. 北京：清华大学出版社，2022.

[4] 朱平，刘靖. 建筑制图基础与 CAD [M]. 长沙：中南大学出版社，2021.

[5] 吴慕辉. 建筑制图与 CAD [M]. 3 版. 北京：化学工业出版社，2020.